达人迷®

（第2版）

从零开始学Python

Beginning Programming with Python

[美] 约翰 · 保罗 · 穆勒
（John Paul Mueller） 著
武传海 译

人 民 邮 电 出 版 社
北 京

图书在版编目（C I P）数据

从零开始学Python : 第2版 / (美) 约翰·保罗·穆勒 (John Paul Mueller) 著 ; 武传海译. -- 北京 : 人民邮电出版社, 2019.4(2020.5重印)
(达人迷)
ISBN 978-7-115-50675-7

Ⅰ. ①从… Ⅱ. ①约… ②武… Ⅲ. ①软件工具—程序设计 Ⅳ. ①TP311.561

中国版本图书馆CIP数据核字(2019)第020274号

版权声明

◆ 著　　[美] 约翰·保罗·穆勒（John Paul Mueller）
译　　武传海
责任编辑　胡俊英
责任印制　焦志炜
◆ 人民邮电出版社出版发行　北京市丰台区成寿寺路 11 号
邮编 100164　电子邮件 315@ptpress.com.cn
网址 http://www.ptpress.com.cn
固安县铭成印刷有限公司印刷
◆ 开本：800×1000　1/16
印张：21
字数：466 千字　2019 年 4 月第 1 版
印数：2 701－3 000 册　2020 年 5 月河北第 3 次印刷
著作权合同登记号　图字：01-2018-3404 号

定价：69.00 元

读者服务热线：(010) 81055410　印装质量热线：(010) 81055316
反盗版热线：(010) 81055315
广告经营许可证：京东工商广登字 20170147 号

内容提要

Python 是一种高级程序设计语言，近年来，它得到了越来越多的技术人士的认可和追捧。其应用领域也非常广泛，涉及数据分析、自然语言处理、机器学习、科学计算、推荐系统构建等各个方面，为开发者提供了高效、灵活的编程体验。

本书面向 Python 初学者，帮助读者快速、有效地把握 Python 编程的技巧。全书共分 5 个部分，由浅入深地向读者呈现了 Python 必学的各大知识要点。无论是简单的 Python 安装，还是基本的编程语法，抑或是典型的问题处理，本书都给出了详细、直观的编程示例，以便读者能够精准把握要点。

关于作者

约翰·保罗·穆勒（John Paul Mueller）是一位自由作家兼技术编辑。他是一位高产的作家，至今已经创作了 104 本图书，撰写了 600 多篇文章，涉及的主题广泛，从网络到人工智能，从数据库管理再到程序编写。在最近的一些书中，他还讨论了数据科学、机器学习、算法等，并且讲解这些内容时全都选用了 Python。同时，他拥有十分出色的技术编辑能力，帮助 70 多位作者修改过书稿。他还为各种杂志提供技术编辑服务，做各种技术咨询，以及编写认证考试内容。你可以去他的博客阅读各种文章，也可以通过 John@JohnMuellerBooks.com 联系到他，当然你也可以去他的个人网站了解更多信息。

献词

谨以此书献给那些每天花时间给我写信的读者们。每天早上，我都会收到各种各样的邮件——有些是请求，有些是抱怨，还有一些只是道声谢谢。所有这些电子邮件都在鼓励和督促着我，让我的书和我自己都变得更好。

谢谢你们！

致谢

首先，感谢我的妻子 Rebecca，虽然现在她已故去，但她的精神长存于我创作的每本书中，体现在每个页面的每个字眼上。她相信我，就算全世界都不再相信我，她依然会坚定不移地选择相信我。

其次，感谢 Russ Mullen，他为本书做了大量的技术编辑工作，让本书内容更准确，也更有深度。Russ 一直为我推送各种有用的 URL 链接，帮我开拓思维和想法。Russ 认真审阅本书的内容，测试了书中代码，并提供了非常宝贵的意见。Russ 使用的计算机设备和我的不同，为我指出一些我之前没有注意到的问题。

再次，感谢我的经纪人 Matt Wagner，他首先帮我拿到了本书写作合同，并且替我想到了大多数作者都考虑不到的细节。对于他的付出，我总是满怀感激。知道有人在真心帮你是件很幸福的事。

有很多人阅读了这本书的部分或全部内容，帮助我调整了相关方法、测试示例代码，并提供许多读者希望得到的资料。在本书的出版过程中，这些志愿者帮了大忙。借此机会，特别感谢 Eva Beattie、Glenn A. Russell、Col Onyebuche、Emanuel Jonas、Michael Sasseen、Osvaldo Téllez Almirall、Thomas Zinckgraf，他们提供了很多有用的资料，阅读了整本书，无私地投身到这个项目中。

最后，感谢 Katie Mohr、Susan Christophersen，以及其他帮助出版本书的编辑人员和制作人员。

前言

就能否胜任其目标领域的工作来说，Python 无疑是一个正面的例子。这可不是我的一面之词：在最受欢迎的编程语言投票中，Python 排在第 5 位。Python 的迷人之处在于，你的确可以在一个平台上编写应用程序，然后在需要支持的其他平台上使用它。相比于其他允诺与平台无关的编程语言，Python 说到做到，真正实现了平台无关性。

Python 强调代码的可读性和语法的简洁性。同样一个应用程序，选用 Python 编写所需要的代码行数要比其他编程语言更少。你还可以使用符合你自身需求的编码风格，因为 Python 同时支持函数式、命令式、面向对象和过程式编码风格（详细内容见第 3 章）。另外，由于 Python 独特的工作方式，你会发现它在各种非程序员群体中也有着广泛的应用。本书第 2 版面向的读者相当广泛，即便你不是专业的编程人员，也可以通过本书的学习把 Python 迅速掌握起来，并且将其应用到实际工作中。

有些人把 Python 看作一门脚本语言，但它远不止于此（第 18 章将向你介绍一些依赖 Python 才能正常工作的活动）。不过，Python 确实适合用于教育和其他一些无法使用其他编程语言实现的用途。事实上，本书使用的是 Jupyter Notebook，它依赖于斯坦福大学计算机科学家 Donald Knuth 所提出的高度可读性的文学编程范式（详细内容见第 4 章）。借助这种编程范式，你编写的代码看起来像是可读性很强的报告，几乎每个人都能轻松地理解它。

关于本书

本书第 2 版讲的是有关如何快速学会用 Python 编程的内容。通过阅读本书，你可以快速地学会 Python，并高效地运用它来完成你真正的工作。与其他大部分讲解这个主题的书籍不同，本书一开始就向你介绍了 Python 和其他语言的不同点，以及 Python 如何帮助你在编程之外的工作中做一些有用的工作。因此，从一开始你就可以了解到自己需要做什么，使用实用案例，并且花费大量时间去做实际有用的工作。当然，从本书中你也可以学到有关如何把 Python 安装到自己所用系统的知识。

当你把 Python 正确安装到自己所用的系统上之后，就可以从基础知识学起，然后逐步深入地学习有关 Python 的各种知识。在学完本书全部内容，并且亲手做过书中给出的各个示例之后，你就能使用 Python 写出一些简单的程序，做一些简单的工作，比如发送电子邮件。虽然通过本书的学习，你还无法成为 Python 专家，但至少你可以使用 Python 来解决自身工作中一些问题。为了帮助大家更轻松地理解相关概念，本书使用如下约定。

- 需要你动手输入的文本采用粗体显示，但有个例外：在操作步骤中，要输入的文本并非粗体显示，因为每个操作步骤都是用粗体显示的。
- 对于输入文本中以斜体形式显示的部分，你需要根据自己的实际情况选用相应的值进行替换。比如，当你看到“输入*你的名字*后按 Enter 键”时，你得用实际的名字来代替“你的名字”。
- 网页地址和程序代码采用等线体。如果你使用一台联网设备阅读本书的电子版，通过单击正文中出现的网址，即可跳转到相应网站。
- 当需要输入命令序列时，你可以看到它们由一个特定的箭头分隔，比如，文件 ➪ 新文件。这种情况下，你要先进入“文件”菜单，而后在其中选择“新文件”菜单项，最终你会创建出一个新文件。

一些假设

写作之前，我已经对你们的情况做了一些假设，这听上去难以置信，毕竟，我还没见过你们呢！虽然大多数假设都是愚蠢的，但我还是得做一些假设，以便为本书提供一个写作的起点。

熟悉你要用的平台很重要，因为本书没有提供任何有关这方面的指导。第 2 章讲了各种平台下的 Python 安装指南；第 4 章讲了如何安装 Anaconda，包括 Jupyter Notebook 这个集成开发环境（IDE）。为了最大限度地向你提供关于 Python 的信息，本书不讨论与特定平台有关的问题。在开始学习这本书之前，你需要知道如何安装应用程序、使用应用程序，以及所用平台的基本用法。

这本书还假设你可以在互联网上找到相关信息。网上有大量的在线参考资料，好好利用它们有利于增加你自身的知识。然而，只有当你真正发现并使用它们时，这些额外的资源才能发挥作用。

本书约定

阅读本书内容时，你会在页边空白处看到各种图标，里面介绍了各种有趣的知识（或许不是，这要视情况而定）。下面介绍一下各种图标的含义。

TIP

这是一些提示内容，有助于你节省时间或者不需要你付出太多精力来完成一些工作。我会在这个部分向你介绍一些帮你节省时间的技巧，或者向你推荐一些学习资源，以便帮你最大限度地利用好 Python。

WARNING

我不想让自己听起来像一个愤怒的家长或疯子，但你应该避免做任何带有警告标志的事情。不然，你会发现你的程序只会让用户感到困惑，最终导致他们拒绝使用它。

TECHNICAL STUFF

在这个图标之下，我会向你介绍一些高级的技巧或技术。你可能会觉得，这些内容读起来有点太枯燥了，但是它们可能包含了你运行某个程序所需要的解决方法。当然，只要你愿意，你完全可以跳过这些内容。

REMEMBER

如果你没能从特定的章节或部分获得对自己有用的知识，那请你着重留意这个图标下的内容，其中通常包含了一些有用的知识和一些必不可少的过程。只有掌握它们，你才能成功编写出 Python 程序。

本书之外

这本书并不是你学习 Python 编程的终点，相反它只是一个起点。我为你提供了丰富的在线内容，这些内容让这本书更灵活、更能满足你的需要。这样一来，当我收到你的电子邮件时，我就可以为你解答一些问题，并且告诉你有关 Python 或相关库的更新会给本书所讲的内容带来什么影响。实际上，你可以访问下面所有这些很酷的内容。

- **备忘单**：你还记得自己上学时为应对考试而打的小抄吗？你做过吗？备忘单有点像小抄。它向你提供了一些注意事项，以帮助你更好地使用 Python 完成所做的任务，并且这些内容并非所有开发者都了解。你可以通过访问 Dummies 网站并搜索“Begin Programming With Python For Dummies Cheat Sheet”来找到本书的备忘单，其中包含了非常棒的信息，比如开发者使用 Python 时易犯的十大错误，以及一些开发者容易用错的 Python 语法等。
- **更新**：有时现实情况会发生一些变化。而我在写这本书时也不大可能

> 会预见这些变化。在过去，这仅仅意味着这本书过时了，用处不大了，但是现在，你可以访问 Dummies 网站，搜索本书书名来查找有关本书的更新。

除了这些更新之外，你也可以访问作者的博客，在里面我回答了很多读者提出的问题，还对书中涉及的技术做了进一步讲解。若感兴趣，可以认真读一读。

如何阅读本书

是时候，开启我们的 Python 编程之旅了！如果你是一个零基础的编程新手，你应该从第 1 章学起，循序渐进，尽可能多地吸收书中讲解的各种知识。

如果你是个急脾气，想尽快把 Python 用起来，你可以直接跳到第 2 章，从 Python 安装的相关知识学起。如果你已经安装好了 Python，你可以直接从第 3 章学起，但我还是建议你要认真看一看第 2 章的内容，这样你就可以了解我为写作本书而做的一些假设。

如果你对 Python 已经有了一些了解，你可以直接跳到第 4 章进行学习，这可以为你节省不少时间。要想进入 Jupyter Notebook，必须安装 Anaconda，这是本书使用的 IDE。不然，你将无法轻松地使用下载好的源代码。Anaconda 是免费的，不需要你花一分钱。

如果你已经安装好了 Jupyter Notebook，并且知道了如何使用它，你可以直接学习第 6 章。遇到问题时，你总是可以随时回到前面的章节进行学习。不过，学习时最重要的是先理解每个示例的工作原理，然后再转到下一个示例学习。每个示例都包含重要的内容，如果一开始就跳过太多的内容，你很有可能会错过一些非常重要的内容。

资源与支持

本书由异步社区出品，社区（https://www.epubit.com/）为您提供相关资源和后续服务。

配套资源

本书提供配套源代码，要获得该配套资源，请在异步社区本书页面中点击 配套资源 ，跳转到下载界面，按提示进行操作即可。注意：为保证购书读者的权益，该操作会给出相关提示，要求输入提取码进行验证。

提交勘误

作者和编辑尽最大努力来确保书中内容的准确性，但难免会存在疏漏。欢迎您将发现的问题反馈给我们，帮助我们提升图书的质量。

当您发现错误时，请登录异步社区，按书名搜索，进入本书页面，点击“提交勘误”，输入勘误信息，点击“提交”按钮即可。本书的作者和编辑会对您提交的勘误进行审核，确认并接受后，您将获赠异步社区的 100 积分。积分可用于在异步社区兑换优惠券、样书或奖品。

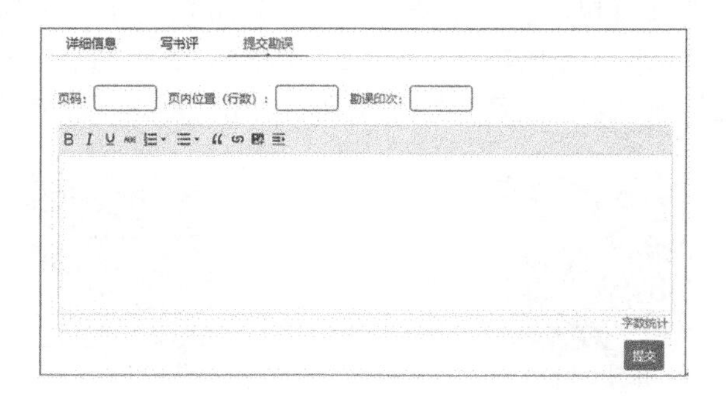

扫码关注本书

扫描下方二维码，您将会在异步社区微信服务号中看到本书信息及相关的服务提示。

与我们联系

我们的联系邮箱是 contact@epubit.com.cn。

如果您对本书有任何疑问或建议，请您发邮件给我们，并请在邮件标题中注明本书书名，以便我们更高效地做出反馈。

如果您有兴趣出版图书、录制教学视频，或者参与图书翻译、技术审校等工作，可以发邮件给我们；有意出版图书的作者也可以到异步社区在线提交投稿（直接访问 www.epubit.com/selfpublish/submission 即可）。

如果您是学校、培训机构或企业，想批量购买本书或异步社区出版的其他图书，也可以发邮件给我们。

如果您在网上发现有针对异步社区出品图书的各种形式的盗版行为，包括对图书全部或部分内容的非授权传播，请您将怀疑有侵权行为的链接发邮件给我们。您的这一举动是对作者权益的保护，也是我们持续为您提供有价值的内容的动力之源。

关于异步社区和异步图书

“异步社区”是人民邮电出版社旗下 IT 专业图书社区，致力于出版精品 IT 技术图书和相关学习产品，为作译者提供优质出版服务。异步社区创办于 2015 年 8 月，提供大量精品 IT 技术图书和电子书，以及高品质技术文章和视频课程。更多详情请访问异步社区官网 https://www.epubit.com。

“异步图书”是由异步社区编辑团队策划出版的精品 IT 专业图书的品牌，依托于人民邮电出版社近 30 年的计算机图书出版积累和专业编辑团队，相关图书在封面上印有异步图书的 LOGO。异步图书的出版领域包括软件开发、大数据、AI、测试、前端、网络技术等。

异步社区

微信服务号

目录

第 1 部分 Python 预备知识

内容概要

- 与计算机交流
- 在 Linux、Mac、Windows 系统下安装 Python
- 与 Python 交互
- 安装并使用 Anaconda 编写第一个程序
- 使用 Anaconda 做一些有用的工作

本章概要

与计算机交流

编写程序和计算机交流

理解程序及其编写

选用 Python 的理由

第1章 与计算机交流

和计算机对话听起来有点像科幻电影的场景，比如在《星际迷航》中，企业号的船员们就经常和计算机进行交谈，计算机还经常跟他们顶嘴。随着苹果 Siri、亚马逊 Echo 和其他交互软件的崛起，也许你不会再觉得这样的对话有什么不可思议了。

向计算机询问信息是一回事，而向计算机提供指令又是另一回事。本章主要讲解你为何想向计算机下指令，以及你会从中得到什么好处。你还会发现在与计算机进行这种交流时需要用到一种特殊的语言，以及我们为什么要使用 Python 来完成它。通过本章的学习，你会认识到，编程只是我们和计算机进行交流的一种方式，它与其他一些我们用来和计算机进行交流的方式类似。

1.1 理解我们为何要与计算机进行交谈

和计算机交谈看起来可能很奇怪，但是这是必需的，因为目前计算机还无法直接读取我们的想法。即使计算机能够读取你的想法，它还是得和你交流、沟通。如果你不和计算机交互信息，就什么事也做不了。

- 读取你的邮件
- 记录假期
- 找到世间最棒的礼物

上面这些活动都是你和计算机进行交流的例子。计算机进一步和其他机器或人员进行交流以解决你提出的请求，这是对“要结果必须有交流”这个基本思想的简单扩展。

大多数情况下，交流是在你几乎看不见的情况下进行的，你认真想想就会明白这一点。例如，当你进入某个在线聊天室后，你可能会认为自己在和另一个人交流。但其实，你是在和你的计算机进行交流，你的计算机通过聊天室（无论它由什么组成）与另一个人的计算机进行交流，而另一个人的计算机正在和那个人进行交流。图 1-1 描述了真实的情况。

图1–1 对你而言，和计算机交流可能是透明的，但只要你认真想想就会明白这一点，例如聊天室

请注意图 1-1 中间位置的“云朵”，它可能包含任何东西，但是你知道它至少包含一些运行着其他应用程序的计算机。这些计算机让你能够和朋友在线聊天。现在，使用聊天程序和别人聊天变得很容易，其中涉及的各种复杂的事情都是在后台进行的，你看起来是在直接和朋友聊天，其背后复杂的过程对你是透明的。

1.2 应用程序就是我们与计算机交流的形式

我们和计算机的交流是通过各种应用程序实现的。比如，你可以使用一个应用程序来回复电子邮件，使用另一个来购物，再使用另一个来创建 PPT。应用程序为我们提供了一种向计算机表达我们自身想法的手段，让计算机能够理解我们的意图，同时还定义了一系列工具，它们使用特定方式把“交流”变为数据。那些用来描述 PPT 内容的数据和你用来为妈妈买礼物的数据是不一样的。对于不同的任务，我们查看、使用、理解相应数据的方法都是不同的，所以我们必须使用不同的应用程序和相应的数据打交道，并且要选用一种计算机和我们都理解的方式。

今天，各种应用程序不计其数，它们几乎能够满足你所有常规的需求。事实上，你还可能会遇到一些应用程序，它们的用途你甚至压根都没想到过。这些年来，程序员们一直忙于编写各种应用程序，出现了数以百万的应用程序，因此，你再想发明某种通过应用程序和计算机交互的新方法，那实在是太难了。答案归结于数据本身以及你想要的交互方式。有些数据不常见，程序员注意不到它们，或者你需要的数据格式比较特殊，目前还没有任何应用程序对它提供支持，在这种情况下，你就无法用计算机处理这些数据，除非你自己专门编写一个应用程序来处理它。

下面几节将从使用某种特殊的方式处理独特数据的角度描述应用程序。例如，你可能访问了一个视频数据库，但是现有的访问方法对你没什么用。数据是一样的，但是你的访问需求是特殊的，这时，你可能想创建一个应用程序来处理数据和你的需求。

1.2.1 想想你的日常生活步骤

简单地说，程序就是你用来完成某项任务的一系列步骤。比如，你可能会使用如下步骤来烤制面包：

1. 从冰箱取出面包和黄油；
2. 打开面包袋，取出两片面包；
3. 从烤面包机上拿下盖子；
4. 把每片面包放入烤制槽内；
5. 推下拉杆，开始烤面包；
6. 等待烤制完成；
7. 从烤面包机上取出面包；
8. 把烤好的面包放入盘子；
9. 在面包上抹黄油。

你使用的实际步骤可能与这里的不同，但你不太可能在把烤面包片放入烤面包机前涂上黄油。当然，在烤面包之前，你确实需要先去掉面包的包装纸（把面包带着包装纸等东西一起放入烤面包机中将会产生不可预料的后果）。大多数人从来没有考虑过烤面包的步骤。不过，即便你没有考虑过，也会使用上面这样的步骤。

REMEMBER

如果没有步骤，计算机什么事也做不了。你必须告诉计算机要执行的步骤、执行它们的顺序，以及可能导致失败的例外规则。所有这些信息（以及更多）都包含在应用程序中。简而言之，应用程序是一个事先写好的书面步骤，用来告诉计算机该做什么，什么时候做，以及如何做。我们一生都在使用各种各样的做事步骤，我们真正需要做的就是将这些已经拥有的知识应用到计算机需要了解的特定任务上。

1.2.2 写下步骤

我上小学时，老师让我们写一篇关于烤面包的论文。我们交完论文之后，她带来了烤面包机和面包。我们写的每篇论文她都会认真阅读并进行验证。结果我们每个人写的步骤都没有达到预期效果，它们大都带来了一些让人啼笑皆非的结果。在我写的烤制步骤中，我忘了告诉老师要把面包从包装中拿出来，于是她很忠实地把面包、包装纸等一起塞进烤面包机里。这堂课给我带来深深的触动。写下详细的步骤可能会十分困难，我们清楚地知道自己要做什么，所以经常会漏掉一些步骤——因为我们经常假定其他人也知道我们想做什么。

生活中的许多事都是围绕着程序步骤展开的。想想飞行员在操控飞机起飞前所使用的检查清单。如果操作步骤不对，飞机就可能会坠毁。要写出好的程序步骤虽然需要花一些时间来学习，但这是切实可行的。为了得到一个正确的操作步骤，你可能需要多尝试几次，但最终你都会创建出一个步骤清单。只把程序步骤写下来是不够的，我们还需要找一些对这项任务不熟悉的人就程序步骤的正确性进行测试。在使用计算机时，计算机将是你最好的测试对象。

1.2.3 应用程序是一系列步骤的集合

在前面举的例子中，我提到了小学老师，计算机就像是一位小学老师。当你编写某个应用程序时，你其实是在编写完成某个工作的一系列步骤，计算机按照这些步骤执行就能完成我们指定给它的工作。如果你漏掉了某个步骤，计算机就无法给出你所期望的结果。计算机不了解你的想法，也不知道你要让它做哪些事情。计算机唯一知道的就是你提供给它的特定执行步骤，它只是按照这些步骤按部就班地执行而已。

1.2.4 计算机只是机械地执行程序步骤

最终，人们都会习惯于你编写的做事步骤，他们会对你步骤中的缺陷进行自动补全，或者记下你遗漏的东西。换句话说，人们会自动纠正你步骤中存在的问题。

当你开始编写计算机程序时，你会感到沮丧，因为计算机只会读取你提供的指令并严格按照这些指令来做相应的工作，十分机械、死板。例如，如果你告诉计算机某个数值应该等于 5，那么计算机就会去找一个正好等于 5 的值。而当我们人在看到 4.9 时，可能会觉得这个值已经足够好了，但是计算机不这么看，4.9 就是 4.9，它并不等于 5。简而言之，计算机只是一台冰冷的机器，它不灵活，没有直觉，还缺乏想象力。当你为计算机编写程序时，计算机总是严格按照你的要求执行相应操作，它绝对不会修改你给出的执行步骤，也不会揣测你的真实意图。

1.3 应用程序是什么

前面我们也说过，应用程序提供了一些方法，借助这些方法，计算机能够理解我们人类的想法。为了实现这个目标，应用程序要依赖一个或多个程序步骤，告诉计算机如何执行与数据操作及表示相关的任务。你在屏幕上看到的文字来自于文字处理程序，为了让你看到它们，计算机需要先在磁盘上搜索它们，而后将它们转换成你能理解的形式，最后再呈现给你。在接下来的几节中，我们会进一步讲解应用程序的各种细节。

1.3.1 计算机使用某种特殊语言

人类语言复杂又难懂，即使像使用了人工智能技术的苹果公司的 Siri 和亚马逊公司的 Alexa 这类应用程序也很难完全听懂你在说什么。经过多年的发展，从一定程度上说，计算机初步具备了接收人类语言的能力，它们能够把人类语言转换为数据，并从中提取特定的单词，转换为相应的命令，但是总体上看，计算机理解人类语言的能力还十分初级，人们在这方面取得的研究成果也并不理想。人类语言本身复杂又难懂，这一点我们可以从律师的工作得到印证。当你阅读法律术语时，你会感觉它们怪怪的，像是胡言乱语。其实，这些法律术语的目标是尽可能精确地表述人们的思想和观念，并最大限度地消除歧义。律师的工作就是为了实现这个目标，但是这往往很难办到，因为人类语言本身就是不精确的。

通过前面几部分内容的学习，我们可以知道，计算机永远不可能借助人类语言来理解我们编写的程序步骤。计算机总是从字面上理解事物，如果你使用人类语言编写应用程序，那最终你就无法得到预期结果。正因如此，我们才要使用一些特殊的语言（称为“编程语言”）来跟计算机进行交流。对于使用这些特殊语言编写的程序，我们人类和计算机都可以理解。

TECHNICAL STUFF

其实，计算机什么语言都不会说。它们使用二进制代码翻转内部开关以及执行数学计算。计算机也不认字母，它们只认数字。一个特殊的应用程序会把你使用某种计算机专用语言编写的程序转换成二进制代码。有关计算机在二进制层面的工作原理不在本书的讨论范围之内，不了解相关的底层细节并不会影响你对本书的学习，大家大可不必担心。但这里有一点需要大家明白，那就是计算机其实根本不懂什么语言，它只懂数学和数字。

1.3.2 帮助人类和计算机交流

编写应用程序时，记住它的目的是很重要的。应用程序可以帮助人类以一种特定的方式和计算机进行交流。每个应用程序处理的都是某种类型的数据，这些数据作为输入数据进入应用程序中，而后被存储、操作并输出，这样我们通过这个应用程序获得预期的结果。不论应用程序是一款游戏还是电子表格，它们的基本思想都是一样的。计算机处理人们提供它的数据，然后输出人们期望的结果。

当你创建某个应用程序时，你其实是在提供一种与计算机对话的新方法。你创建的新方法能够使其他人以新的方式查看数据。人与计算机之间的交流应该足够简单，这样人们就能把注意力从应用程序本身上移开，专注于数据的交互。想一想你过去使用过的那些应用程序，好的应用程序就是那些可以让你专注于与数据本身进行交互的应用程序。例如，一个游戏应用程序如果可以让你专注于拯救地球或驾驶飞船，而不是让你专注于做这些事情的程序本身，那么我们就会把这款游戏称为是沉浸式的。

学习创建应用程序的最佳方法之一是借鉴其他人创建应用程序的方式。认真研究别人编写的应用程序，写下你喜欢和不喜欢的地方，这个方法很有用，你可以使用这种方法确定你要创建的应用程序的外观和工作方式。在研究别人编写的应用程序时，你可以问自己如下一些问题：

- 哪些地方会让人分心？
- 哪些地方好用？
- 哪些地方不好用？
- 应用程序是怎样让我们与数据交互变得容易的？
- 我怎样让数据更易用？
- 我希望自己的应用程序实现哪些这个应用程序不具备的功能？

作为创建应用程序的一部分，专业开发人员还会问很多其他的问题，但上面这些问题都是很好的入门问题，它们有助于你把应用程序视为帮助人类和计算机进行交流的手段。如果你曾经对自己使用过的某个应用程序感到沮丧，那么你就已经知道，创建应用程序时不问这些问题会给其他人带来什么样的感受。不管你要创建什么应用程序，方便用户和计算机交流是我们首先要考虑的。

在为你做的事情编写程序步骤时，你还要考虑自己的做事方式。进行时，最好每次做一步，然后写下你能想到的与这步相关的一切事情。当你做完整件事之后，还要请别人试试你写的步骤，看看它们是不是正确。你可能会惊讶地发现，即使自己付出了很多努力，一些步骤还是被轻易地忘掉了。

世界上最糟糕的应用程序通常是由这样的程序员写出来的：他不知道应用程序要做什么，不知道应用程序的特殊之处在哪，不知道处理的对象是什么，也不知道用户是谁。当你决定创建某个应用程序时，请一定要弄清创建它的原因以及希望它实现什么。制订计划会让整个编程过程变得轻松有趣。编写应用程序时，你可以一次只完成一个小目标，这样循序渐进，直到你写好整个应用程序，然后把它给你的朋友看，所有人都会觉得你创建的这个应用程序很酷。

1.4 为何Python这么酷

现在有很多编程语言可以使用。事实上，一个学生即使在大学里学上一整个学期的计算机语言，还是学不完所有的计算机语言（我在大学时就是这么做的）。你可能会觉得这么多语言对程序员来说应该足够了，编写程序时从中选择一种就够了，但他们还是不满足，他们还在不断地发明更多的语言。

程序员不断地创造新语言是有充分理由的。每一种编程语言都有其独特之处以及最擅长的方面。此外，随着计算机技术的发展，编程语言也处在不断发展中。因为创建应用程序完全是为了实现与计算机的高效交流，许多程序员都懂多种编程语言，这样他们可以根据要做的任务选择最合适的语言使用，比如使用某种语言可以更好地从数据库中获取数据，而使用另一种语言则可以创建出更棒的用户界面元素。

与其他各种编程语言一样，Python 在某些方面做得非常好，开始使用 Python 之前，你需要了解 Python 这门语言的优势在哪里。使用 Python 你能做出很多酷炫的事，这很可能会让你感到惊讶不已。了解一门编程语言的优点和缺点有助于你更好地使用它，还有助于你避免因选错编程语言而带来的挫折。下面的内容将帮助你了解 Python，以及判断某个项目是否适合使用 Python 来做。

1.4.1　选用Python的理由

大多数编程语言都是针对特定目标而创建的。这些目标有助于定义语言的特征，并且帮助你搞清楚可以用它来做什么。人们在创建应用程序时有相互竞争的目标和需要，所以实际上没有任何方法可以帮助我们创建出一种能够实现一切目标的编程语言。说到 Python 这门编程语言，其主要目标是帮助程序员提高编程的工作效率。基于这一点，下面列出了 Python 的一些优点，它们会让你在创建某个应用程序时首先考虑使用 Python。

- **大大缩短应用程序开发时间：**相比于使用 C/C++、Java 等语言编写的代码，使用 Python 编写的代码要少 2 ～ 10 倍，也就是说，应用程序的编写时间会大大缩短，你可以拿出更多时间来使用它。
- **代码易读性强：**编程语言像其他语言一样，你需要阅读使用某种编程语言编写的代码，以便了解某段代码的用途是什么。相比于其他编程语言，使用 Python 编写的程序代码更容易阅读，这意味着你在理解程序代码上花费的时间更少，这样就可以把更多时间投入到代码的修改上。
- **缩短学习时间：**很多编程语言有一些古怪的规则，这让这些编程语言难以学习，Python 去掉了这些古怪的规则，让人们学习起来更容易，这正是 Python 创建者想要实现的目标。毕竟，程序员使用编程语言的目标是为创建应用程序，而不是学习什么晦涩难懂的语言。

尽管 Python 是一种流行的语言，但它并非总是最流行的语言，这取决于你要看哪个站点的比较数据。事实上，它目前在 TIOBE 等网站上排名第五，TIOBE 是一个跟踪使用统计数据（以及其他内容）的组织。不过，如果你查看 IEEE Spectrum 等网站，你会发现 Python 在他们看来是居于第一位的语言。而在 Tech Rapidly 网站十大流行编程语言的排行中，Python 位居第三。

如果你学习编程语言只是为了获得一份工作，那么 Python 将会是一个不错的选择，但 Java、C/C++，或者 C# 或许是更好的选择，这取决于你想要得到什么样的工作。Visual Basic 也是一个很好的选择，不过它目前没有 Python 那么流行。选择编程语言时，一定要选择一种你喜欢并且能够满足应用程序开发需要的语言，同时也要根据你想要实现的目标进行选择。Python 在 2007 年和 2010 年都是年度最佳语言，在 2011 年 2 月最流行的编程语言排名中位居第四位。所以，如果你只是为了找一份工作，那 Python 的确是一个不错的选择，但不一定是最好的选择。不过，你可能会惊讶地发现，现在许多大学都使用 Python 来讲解编程，并且 Python 已经成为教学领域中最流行的语言。

1.4.2 确定如何从Python获益

事实上，你可以使用任何编程语言来编写任何类型的应用程序。但是工作中如果你选错了编程语言，那么完成工作的整个过程将是非常缓慢、容易出错且充满 bug，你绝对不喜欢这样——但你仍然可以把工作完成。当然，我们大多数人都希望避免这种可怕的痛苦经历，所以你需要了解一下人们通常都使用 Python 来创建什么样的应用程序。下面列出了 Python 最常见的一些用途（当然人们还使用 Python 来做其他事）。

- **做应用程序的原型：**在实际开发应用程序之前，开发人员通常需要创建一个原型（一个粗糙的应用程序样例）。Python 十分注重生产效率，你可以使用它快速创建出应用程序的原型。
- **编写基于浏览器的应用程序：**JavaScript 是用于编写基于浏览器的应用程序的最流行的语言，而 Python 紧随其后。Python 提供了一些 JavaScript 不具备的功能，Python 的高效性让我们可以更快地创建出基于浏览器的应用程序（这在当今快节奏的世界中绝对是个很棒的优势）。
- **编写数学、科学、工程应用程序：**有趣的是 Python 拥有一些非常酷的库，这些库使创建数学、科学和工程应用程序变得更容易。其中，两个最流行的库是 NumPy 和 SciPy。在编程过程中，使用这些库会大大减少你编写专用于执行常见的数学、科学和工程任务的代码的时间。
- **处理 XML：**可扩展标记语言（XML）是当今互联网和许多桌面应用程序中大多数数据存储的基础。在大多数语言中，XML 只是其中一颗小小的螺丝钉，而在 Python 中，XML 则是“一等公民”。如果你需要使用 Web 服务（互联网上交换信息的主要方法），Python 将是一个很好的选择。
- **与数据库交互：**商业高度依赖数据库。虽然 Python 并不是一种类似于结构化查询语言（SQL）或语言集成查询（LINQ）的查询语言，但是它在与数据库交互方面做得很好，并且使创建连接和操作数据相对轻松。

» **开发用户界面**：在 C# 等编程语言中，一般都内置有设计器，你可以直接从工具箱中将界面元素拖曳到用户界面中，Python 和这些语言不同，它有大量的图形用户界面（GUI）框架，利用这些框架，我们可以更容易地创建用户图形界面。这些框架中有一些有设计人员参与设计，这使得用户界面的创建过程变得更容易。重点是 Python 提供了多种创建用户界面的方法——你可以根据自身需要选用最适合的方法。

1.4.3　有哪些组织使用Python

Python 的确很擅长做分内之事。这其实就是许多大型组织使用 Python 做某些应用程序开发的原因所在。你需要一种编程语言，它受到这些大型组织的良好支持，因为这些组织往往会花钱让这种语言变得更好。表 1-1 列出了使用 Python 最多的大型组织。

表1-1　使用Python的大型组织

厂商	应用程序类型
爱丽丝教育软件——卡内基梅隆大学	教育软件
费米实验室	科学应用程序
Go.com	基于浏览器的应用程序
谷歌	搜索引擎
工业光魔	几乎所有编程需要
劳伦斯利福摩尔国家实验室	科学应用程序
美国国家航空航天局（NASA）	科学应用程序
纽约证券交易所	基于浏览器的应用程序
红帽子	Linux 安装工具
雅虎	雅虎邮件系统
YouTube	图形引擎
Zope – Digital Creations	出版应用程序

上面这些只是众多使用 Python 的组织中的一小部分，你可以在 Python 官网找到一个更完整的组织列表。成功案例很多，列表不足以把它们全部列出来，因此官方以分类的方式来更好地组织它。

1.4.4　有用的Python应用程序

现在你的计算机上就有可能跑着一个用 Python 编写的应用程序，只是你没有注意到而已。Python 在当今市场上有着广泛的应用，使用 Python 开发的应用程序包括从控制台运行的实用程序到完整的 CAD/CAM 套件。有些应用程序运行在移动设备上，有些应用程序运行在企业级大型服务器上。简言之，你可以使用 Python 编写任何应用程序，它确实有助于你查看其他人的工作。你可以在网上找到很多地方，这些地方列出了大量使用 Python 编写的应用程序。

作为一名 Python 程序员，你还需要了解那些可以让你的工作变得更加轻松的 Python 开发工具。在编写程序（用来告诉计算机要做什么）的过程中，开发工具可以为我们提供一定程度的自动化。你使用的开发工具越多，意味着你在开发应用程序的过程中投入的时间越少。开发人员喜欢分享他们最喜欢的工具列表，你可以在 Python 官网上找到一个有着良好分类的工具列表。

REMEMBER

当然，本章也描述了许多工具，比如 NumPy 和 SciPy（两个科学库）。在本书的其他章节我们还会介绍其他一些工具，请确保你已经把自己喜欢的工具下载下来并且安装好了。

1.4.5 Python与其他语言比较

把一种语言和另一种语言进行比较有些不妥，因为语言的选择不只是一个可量化的科学事实，同时也与个人的口味和偏好有关。为了避开语言狂热者的攻击，在开始讲解如下内容之前，我先做个重要说明，那就是我也用过很多编程语言，并且发现它们之间有一些层面上是相似的。这个世界上没有十全十美的语言，只有最适合特定应用的语言。基于这个想法，下面我们将 Python 和其他编程语言大致进行比较（你可以进一步了解 Python 与其他各种语言的比较情况）。

1. C#

许多人说 C# 语言是微软简单模仿 Java 的产物。尽管如此，相比于 Java，C# 确实有一些优点（和缺点）。C# 背后的主要意图（无可争议）是创建一种比 C/C++ 更好的语言——一种更容易学习和使用的语言。不过，我们要在这里将 C# 和 Python 进行比较。与 C# 相比，Python 有以下优点：

- 更容易学习；
- 代码更少（更简洁）；
- 开源且受全面支持；
- 多平台支持更好；
- 允许使用多个开发环境；
- 更容易使用 Java 和 C/C++ 扩展；
- 拥有众多强大的科学计算和工程库支持。

2. Java

多年来，程序员一直在寻找一种编程语言，使用这种编程语言，你只需编写一次应用程序，即可让它运行在多种平台之下。Java 就是一种跨平台的编程语言，为此 Java 需要使用一些技巧，相关内容你会在本书后面了解到。而现在，你只需要知道：Java 可以成功地运行在各种平台之下，其他各种编程语言都在试图模仿 Java 这一特性（模仿的成功程度各不相同）。尽管如此，与 Java 相比，Python 还是拥有如下一些优势：

- 更容易学习；
- 代码量更少（更简洁）；
- 增强型变量（计算机内存中的存储盒子），运行时根据应用程序的需求存储不同类型的数据（动态类型）；
- 开发时间更短。

3. Perl

Perl 最初是“实用报表提取语言”（Practical Extraction and Report Language）的首字母缩写。现在，人们简单地称这种语言称为 Perl，并且一直沿用下去。不过，Perl 语言本身仍然表现出明显的发明初衷，它很擅长从数据库中获取数据并以报告的形式呈现数据。当然，现在 Perl 已经扩展了很多功能——你可以使用它来编写各种应用程序（我甚至还用它编写了一个 Web 服务程序）。相比于 Perl，Python 拥有如下优点：

- 更容易学习；
- 更容易阅读；
- 数据的增强型保护；
- 能够与 Java 更好的集成；
- 跨平台性能更好。

4. R

在数据处理领域，数据科学家通常很难在 R 和 Python 之间做出选择，因为这两种语言都擅长做统计分析和各种图表（数据科学家通过这些图表来了解数据模式）。这两种语言都是开源的，并且支持大量平台。不过，相比于 Python，R 语言的专用性更强，更多用在学术研究领域。和 R 语言相比，Python 拥有如下优势：

- 强调生产效率和代码的可读性；
- 为企业设计使用；
- 调试更容易；
- 使用一致的编码技术；
- 灵活性更好；
- 更容易学习。

本章概要

- 下载 Python
- 安装 Python
- 找到并使用 Python
- 确保 Python 安装正常

第2章 下载并安装Python

一般来说，创建应用程序时，你需要用到其他应用程序，除非你编写的是底层应用，并且选用机器代码来编写应用程序，这其实非常困难，即便编程高手也不想这么做。如果你想使用 Python 编程语言来编写应用程序，那么你就需要用到一些应用程序，这些应用程序不仅帮助你使用 Python 编写程序代码，还能根据你的需要提供一些有用的帮助信息，让你编写的代码正常运行。本章我们将讲解下载并安装 Python 应用程序的方法，了解如何找到已经安装好的 Python 应用程序，方便你使用它们，此外，我们还要对安装进行测试，学习 Python 的工作方式。

2.1 下载合适的Python版本

每个平台（计算机硬件和操作系统软件的组合）在运行应用程序时都遵循一些特定规则。Python 应用程序向你隐藏这些细节。你使用 Python 编写的代码可以运行在 Python 支持的各种平台上，Python 应用程序把这些代码转换为相应平台可理解的代码。但是，为了进行转换，你必须安装一个适用于特定平台的 Python 版本。Python 支持如下平台（可能还有其他平台）：

- AIX（Advanced IBM UNIX）；
- Android；
- BeOS；
- BSD（Berkeley Software Distribution）/FreeBSD；

- HP-UX（Hewlett-Packard UNIX）；
- IBM i（Application System 400 或 AS/400、iSeries 以及 System i）；
- iOS（iPhone Operating System）；
- Linux；
- Mac OS X（OS 预装）；
- MS-DOS（Microsoft Disk Operating System）；
- MorphOS；
- OS/2（Operating System 2）；
- OS/390（Operating System 390）与 z/OS；
- PalmOS；
- PlayStation；
- Psion；
- QNX；
- RISC OS（原 Acorn）；
- Series 60;
- Solaris；
- VMS（Virtual Memory System）；
- Windows 32 位（XP 及更高版本）；
- Windows 64 位；
- Windows CE/Pocket PC。

原来 Python 可以支持这么多平台！本书示例在 Windows、Mac OS X、Linux 平台下测试正常。当然，这些示例也可以在其他平台上正常运行，因为它们不依赖于任何特定平台的代码。如果你在其他平台（非 Windows、Mac 或 Linux 平台）上也正常运行了这些示例，请发电子邮件（John@JohnMuellerBooks.com）告知我。写作本书之时，Python 最新版本为 3.6.2。你可以在作者的博客中找到有关 Python 的更新内容，也可以找到书中一些问题的答案。

为了下载到符合你所用平台的 Python 版本，你要先前往 Python 官网。下载区域位于页面底部，你需要向下滚动页面，如图 2-1 所示，里面包含针对 Windows、Mac OS X、Linux 平台的下载链接，这些链接为你提供了默认设置，本书会采用默认设置。页面左侧特定于平台的链接显示了可供你选择的 Python 配置，你可以根据自身需求灵活选择。比如，如果你对 Python 默认包中提供的编辑器不满意，想使用更高级的编辑器，你可以选择相应的配置方案，它会为你提供一个。

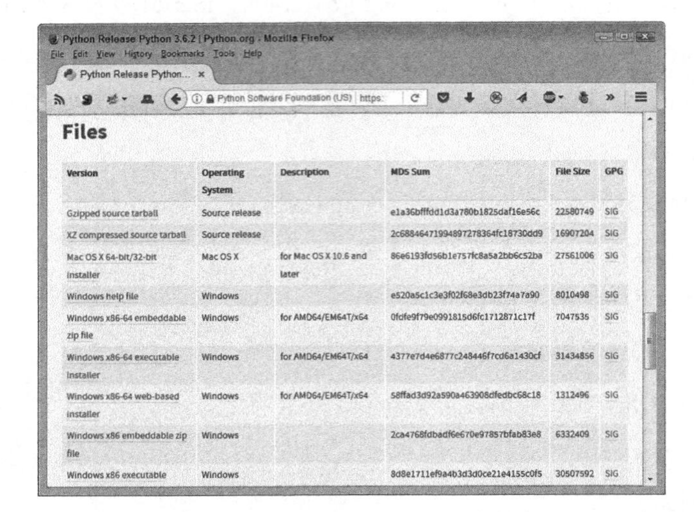

图2-1
在下载页面中有多个Python版本可供下载

如果你所用的平台不在这个页面中，请前往 Python 官网找一找，你会看到适用于各种平台的 Python 安装包，如图 2-2 所示。其中很多 Python 安装包是由志愿者维护的，与创建在 Windows、Mac OS X、Linux 平台下运行的 Python 版本的人不是一拨人。当你遇到安装问题时，请一定联系这些人，他们知道如何帮你在所用平台上安装好 Python。

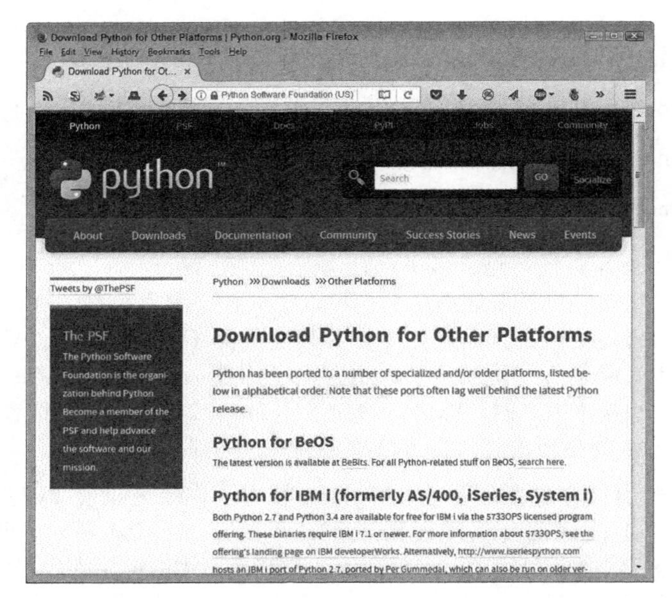

图2-2
志愿者维护着运行在各种平台下的Python版本

2.2 安装Python

下载好 Python 之后，接下来就要把它安装到你的系统中。下载文件中包含你需要的一切，如下：

- Python 解释器；
- 帮助文件（文档）；
- 命令行工具；
- 集成开发环境（IDLE）；
- pip（Python 包管理工具）；
- 卸载程序（并非所有平台都需要它）。

本书假定你用的是 Python 默认设置，你可以在 Python 官网找到它们。如果你使用的是其他版本（非 3.6.2 版本），书中的某些例子可能无法像预期那样工作。接下来，我们会讲如何在常见的 3 种平台上安装 Python（Windows、Mac OS X、Linux），本书所有示例都可以在这 3 种平台下正常运行。

2.2.1 在Windows平台上安装Python

在 Windows 平台上安装 Python 的过程和安装其他应用程序是一样的。首先，你要找到下载好的文件，这样你才能启动安装程序。下面的安装过程适用于所有 Windows 平台，也适用于 32 位的 Python 和 64 位的 Python。

1. 找到下载好的 Python 安装文件。

   Python 安装文件的名称有好几个，python-3.6.2.exe 针对的是 32 位系统，而 python-3.6.2-amd64.exe 针对的则是 64 位系统。文件名称中包含版本号，请注意本书使用的是 3.6.2 版本。

2. 双击安装文件。

   双击 Python 安装文件时，你可能会看到一个文件打开安全警告对话框，询问你是否想运行这个文件。单击"是"，运行 Python 安装程序，然后你会看到一个 Python 安装对话窗口，如图 2-3 所示。你下载的 Python 安装程序版本不同，看到的这个对话框也会有所不同。

3. 选择用户安装选项（本书使用默认设置，针对所有用户安装）。

   使用个性化安装会让我们在多用户环境下更容易管理系统。某些情况下，选择个性化安装也会减少弹出安全警告对话框的次数。

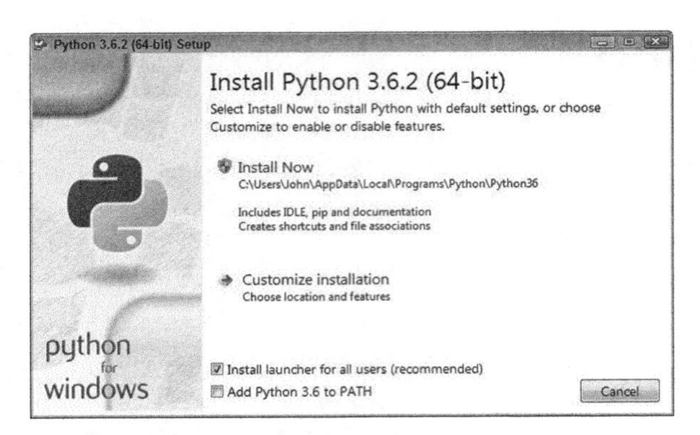

图2-3 Python安装程序的初始界面，询问哪些用户可以访问Python

4. 选择“Add Python 3.6 to PATH”。

TIP

选择这个选项后，你可以从硬盘的任何位置访问 Python。如果不选这个选项，以后你必须手动把 Python 添加到环境变量中。

5. 单击“Click Customize Installation”。

安装程序会询问你要安装哪些特性到你的系统中，如图 2-4 所示。这里我们全选，不过，你在安装 Python 时，可能会发现自己其实并不需要安装所有的特性。

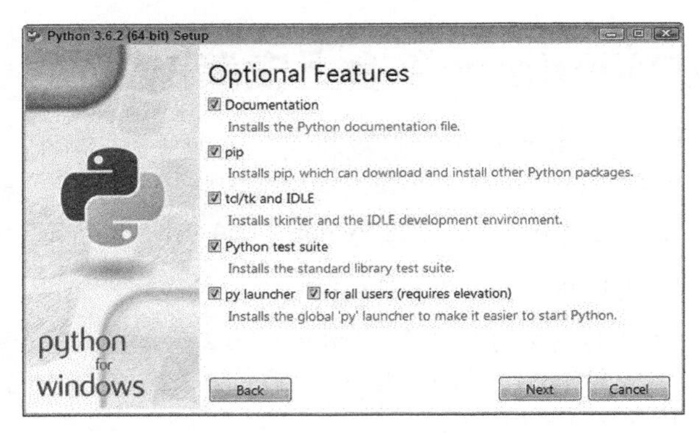

图2-4 选择要安装的特性

6. 单击“Next”。

你会看到“Advanced Options”对话框，如图 2-5 所示。请注意，默认状态下，“Install for all users”仍然处于未选中状态，前面我们已经要求这样做了，这里还要把这个选项选中。安装程序还要求我们指定 Python 的安装位置，使用默认路径会为你日后节省大量的时间和精力。不过，你可以根据需要把 Python 安装到任意位置。

WARNING

把安装位置指定为“\Program Files”或“\Program Files (x86)”文件夹会有问题，原因有二：首先，这两个路径名称中都包含空格，这使得我们很难从应用程序内部访问；其次，访问这两个文件夹一般都需要管理员权限，如果你把 Python 安装到这两个文件夹中，你得经常和 Windows 的 UAC（用户账户控制）功能做斗争。

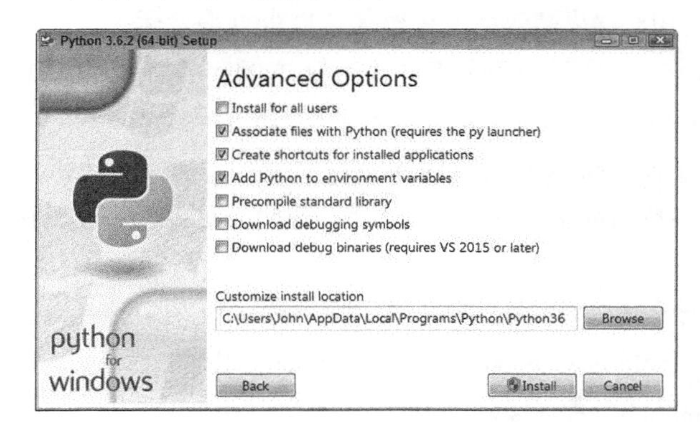

图2-5 指定Python的安装位置

7. 选择“Install for All Users”，确保安装程序允许每个人访问 Python。

请注意，选择这个选项后，“Precompile Standard Library”会被自动选中，若不是，请确保该选项处于选中状态。

8. 如果需要，请输入目标安装位置。

本书采用的安装位置为：C:\Python36。

9. 单击“Install”。

你会看到一个显示安装进度的窗口。安装过程中，可能会弹出用户账户控制对话框，询问你是否想进行安装，单击“是”，安装过程继续往下进行。安装完毕后，会弹出安装完成对话框。

10. 单击“Close”按钮。

到这里，Python 就安装好了。

2.2.2 在Mac平台下安装Python

在 Mac 平台下，Python 已经预装在其中了。不过，所安装的 Python 版本一般会比较旧，或者至多是你安装 Mac 系统时的 Python 版本。本书示例在这些旧版本的 Python 上也可以正常运行。毕竟我们的目标并不是为了测试 Python 编程技术的局限性的，因此这些旧版本的 Python 一般来说也是够用的。

TECHNICAL STUFF

OS X Leopard 10.5 使用的是 Python 2.5.1，这是一个非常旧的版本，它不能直接访问 IDLE 应用程序。如此一来，书中的某些示例可能无法得到正确运行。经过测试，本书示例代码在 OS X 10.12 中能够正常运行，所使用的版本是 Python 2.7.10，本书示例代码在这个版本下运行时不会出现问题。在更新的 OS X 和 Python 下，本书示例代码同样能够正常运行，但是运行过程中，你可能会看到一些有关库使用和兼容性问题的警告信息。

根据实际需求，你可能需要更新 Mac 系统中的 Python 版本。为此，你必须安装 GCC 工具，这样 Python 才能访问自己需要的底层资源。下面我们要讲一下在 Mac OS X 10.6 或更高版本下安装新版 Python 的方法。

1. 在 Python 官网，你可以看到有关最新版 Python 的信息，如图 2-1 所示。
2. 单击“Mac OS X 64-bit/32-bit installer”链接。

   此时，开始自动下载 Python 磁盘映像。整个下载过程需要几分钟，请保持耐心。大多数浏览器允许我们查看下载进度，这样你可以轻松地了解下载耗费的时间。
3. 在下载文件夹中，双击 python-3.6.2-macosx10.6.pkg。

   你会看到一个欢迎对话框，告诉你与 Python 相关的信息。
4. 单击“Continue”按钮 3 次。

   安装程序显示有关 Python 的最新信息、许可信息（浏览完许可信息后，单击“Agree”按钮）和安装位置对话框。
5. 单击“Install”按钮。

   安装程序可能要求你输入管理员密码。如需要，请在对话框中输入管理员名称和密码，而后单击“OK”。你会看到一个安装 Python 的对话框，其中内容会随着安装进程发生变化，通过它你可以知道安装程序正在安装 Python 的哪一部分。

   安装完成后，你会看到一个安装成功对话框。
6. 单击“Close”按钮。

   到这里，Python 就安装好了，此时你可以关闭 Python 磁盘映像，并将其从系统中删除。

2.2.3 在Linux下安装Python

有些版本的 Linux 已经预装好了 Python 环境。比如，在 SUSE、Red Hat、Yellow Dog、Fedora Core、CentOS 等基于红帽程序包管理器（Red Hat Package Manager，RPM）的 Linux 中，Python 已经被安装到你的系统之中，你无需再做什么。

TECHNICAL STUFF

在不同版本的 Linux 系统下，Python 的版本会有所不同，有些系统并不包含 IDLE（交互式开发环境）应用程序。如果你安装的是 Python 2.5.1（或更早）这类旧版本，你可能需要安装更新版本的 Python 才能访问 IDLE。本书中的许多练习都需要用到 IDLE。

其实，在 Linux 下安装 Python 的方法有两种，第一种方法是在所有 Linux 发行版中都能使用，而第二种方法需要具备一定条件才能使用。下面我们讲解这两种方法。

2.2.3.1　在Linux下安装

标准 Linux 安装方法适用于在任何 Linux 系统上安装 Python。不过，使用这种方法时，需要你在终端窗口中输入一些命令，并且根据你所用 Linux 版本的不同，需要用到的命令也有所不同。除了下面这些我们要讲的步骤之外，你还可以在 Python 官方提供的提示文档中找到一些有用的帮助信息。

1. 在 Python 官网，你会看到与 Python 最新版本相关的信息，如图 2-1 所示。

2. 根据你用的 Linux 版本，单击相应链接：

（1）Gzipped source tarball（适用于所有 Linux 系统）；

（2）XZ compressed source tarball（压缩率更高且下载速度更快）。

3. 若询问你想打开还是保存这个文件，选择“保存”。

这时，Python 源文件开始下载。源文件下载需要 1 ～ 2 分钟，请保持耐心。

4. 双击下载好的文件。

打开 Archive Manager 窗口，对文件解压缩。文件解压缩完毕后，在 Archive Manager 窗口中，你会看到 Python 3.6.2 文件夹。

5. 双击 Python 3.6.2 文件夹。

Archive Manager 会把文件解压缩到 home 文件夹下的 Python 3.6.2 子文件夹中。

6. 打开终端窗口。

打开一个终端窗口。如果你之前从来没有在你的系统中构建过任何软件，你必须先安装 build essential、SQLite、bzip2，不然无法安装 Python。如果你已经安装好这些工具，请直接跳到第 10 步。

7. 在终端窗口中，输入“sudo apt-get install build-essential”，并按 Enter 键。

在 Linux 中构建包时，需要安装 Build Essential 支持。

8. 输入“sudo apt-get install libsqlite3-dev”，并按 Enter 键。

在 Linux 中安装 SQLite 支持，以便 Python 操作数据库。

9. 输入“sudo apt-get install libbz2-dev”，并按 Enter 键。

在 Linux 中安装 bzip2 支持，以便 Python 解压缩文档。

10. 在终端窗口中，输入“CD Python 3.6.2”，并按 Enter 键。

把目录切换到 Python 3.6.2 文件夹。

11. 输入“./confgure”，并按 Enter 键。

脚本先检查系统的构建类型，再根据你所用的系统执行一系列的任务。由于待检查的项目很多，所以这个过程需要 1 ～ 2 分钟才能完成。

12. 输入“make”，并按 Enter 键。

Linux 执行 make 脚本，开始创建 Python 应用程序。整个 make 过程可能需要 1 分多钟，具体取决于你所用计算机的处理速度。

13. 输入“sudo make altinstall”，并按 Enter 键。

系统可能会要求你输入管理员密码。输入你的管理员密码，并按 Enter 键。这时，系统开始执行大量的任务，并最终把 Python 安装到你的计算机中。

2.2.3.2 图形界面安装

上面讲的“标准 Linux 安装”方法适用于所有版本的 Linux 系统。此外，有一些基于 Debian 的 Linux 系统（比如 Ubuntu 12.x 及更高版本）还提供了更简便的图形界面安装方法。使用这种安装方法时，需要用到管理员组（sudo）密码，事先把它准备好能够帮你节省很多时间。下面我们以 Ubuntu 系统为例，讲解如何使用图形界面安装 Python，这个安装方法也适用于其他类似的 Linux 系统。

1. 打开 Ubuntu Software Center 文件夹（在其他平台下，这个文件夹可能被命名为 Synaptics）。

   你会看到一个列表，里面列出了一些最流行的软件，供用户下载安装。

2. 从软件下拉列表中，选择“Developer Tools”（Development）。

   你会看到一个开发者工具列表，其中包括 Python。

3. 双击 Python 3.6.2 项。

   Ubuntu Software Center 给出了有关 Python 3.6.2 的细节，并帮助你安装它。

4. 单击“Install”。

   Ubuntu 开始安装 Python，你会看到一个进度条，显示下载和安装状态。安装完成后，Install 按钮会变成 Remove 按钮。

5. 关闭 Ubuntu Software Center 文件夹。

   你会看到一个 Python 图标被添加到桌面上。这时，Python 已经安装好了。

2.3 访问安装好的Python

在系统中安装好 Python 之后，我们还需要知道如何找到它。为此，在某些方面，Python 已经尽力为我们做好了一切，比如安装期间把 Python 路径添加到机器路径中。尽管如此，我们还是得知道如何访问机器中已经安装好的 Python。

关于屏幕截图

在本书学习过程中，开始时，我们会通过 IDLE 或 Python 命令行工具来使用 Python。随后，我们会使用 Anaconda，它为我们与 Python 交互提供了更容易使用的方法。IDLE 或 Anaconda 这两个图形环境（GUI）的名称在这 3 个平台上是完全相同的，在展现形式上，你看不出它们之间有什么明显的差异。其实，它们之间的差异非常微小，你在阅读本书时，完全可以忽略它们。有鉴于此，本书使用了大量 Windows 截屏——为了保持一致性，你所看到的截屏都是从 Windows 系统中截取的。

Python 命令行工具在这 3 个平台上的工作方式也完全相同。与 IDLE 或 Anaconda 相比，其展现形式在不同平台下可能会有一些不同，因为每个平台的 Shell 会略有不同。不过，你在一个平台上键入的命令和另一个平台是完全相同的。输出也是一样。看屏幕截图时，请着重看截图的内容，不要过多关注 Shell 展现形式的差异。

2.3.1 在Windows平台下访问Python

在 Windows 平台下安装好 Python 之后，你会在“开始”菜单中看到一个新文件夹，里面包含着我们安装好的 Python 应用程序。通过“开始 – 所有程序 – Python 3.6”，你可以访问 Python 应用程序。在使用 Python 编写新应用程序时，我们经常会使用 IDLE（Python GUI）和 Python 3.6（命令行工具）。（第 4 章我们会讲如何安装、配置以及使用 Anaconda 来创建你的第一个应用程序，但是我们仍然要知道该如何使用 Python IDLE 和命令行工具。）

在“开始”菜单的 Python 3.6 文件夹下，单击 IDLE（Python GUI）会打开一个图形交互环境，如图 2-6 所示。当你打开这个环境时，IDLE 会自动显示一些信息，通过这些信息，你可以知道自己打开的程序是否正确。这些信息中包含了 Python 版本号（这里是 Python 3.6.2），以及当前你正使用什么样的系统来运行 Python。

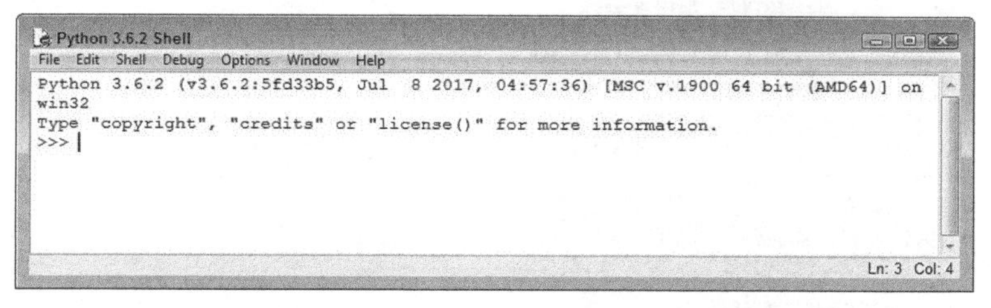

图2-6 在Windows平台下使用IDLE图形环境

在“开始”菜单的 Python 3.6 文件夹下，单击“Python 3.6”，打开 Python 命令行窗口，如图 2-7 所示。在这个命令行窗口中会自动显示有关 Python 的版本和主机平台的信息。

```
Python 3.6 (64-bit)
Python 3.6.2 (v3.6.2:5fd33b5, Jul  8 2017, 04:57:36) [MSC v.1900 64 bit (AMD64)]
 on win32
Type "help", "copyright", "credits" or "license" for more information.
>>> _
```

图2-7 Python命令行窗口，速度快并且灵活

第 3 种访问 Python 的方法是直接打开一个命令行窗口，在其中输入“Python”后，按 Enter 键。相比于 Python 环境，使用这种方法我们能够获得更多的灵活性，可以自动加载各个项目，或者在一个更高的权限环境中（在这个环境中你能获得更多的安全权限）运行 Python。Python 为我们提供了大量的命令行选项，在命令行窗口中，输入“Python/?”，按 Enter 键，你会看到有哪些命令行选项可以使用，如图 2-8 所示。本书不会使用这些选项，所以你无需担心记不住它们，但是你要知道有如此多的选项存在，这会很有用。

```
Administrator: Command Prompt
C:\Python36>Python /?
usage: Python [option] ... [-c cmd | -m mod | file | -] [arg] ...
Options and arguments (and corresponding environment variables):
-b     : issue warnings about str(bytes_instance), str(bytearray_instance)
         and comparing bytes/bytearray with str. (-bb: issue errors)
-B     : don't write .pyc files on import; also PYTHONDONTWRITEBYTECODE=x
-c cmd : program passed in as string (terminates option list)
-d     : debug output from parser; also PYTHONDEBUG=x
-E     : ignore PYTHON* environment variables (such as PYTHONPATH)
-h     : print this help message and exit (also --help)
-i     : inspect interactively after running script; forces a prompt even
         if stdin does not appear to be a terminal; also PYTHONINSPECT=x
-I     : isolate Python from the user's environment (implies -E and -s)
-m mod : run library module as a script (terminates option list)
-O     : optimize generated bytecode slightly; also PYTHONOPTIMIZE=x
-OO    : remove doc-strings in addition to the -O optimizations
-q     : don't print version and copyright messages on interactive startup
-s     : don't add user site directory to sys.path; also PYTHONNOUSERSITE
-S     : don't imply 'import site' on initialization
-u     : unbuffered binary stdout and stderr, stdin always buffered;
         also PYTHONUNBUFFERED=x
         see man page for details on internal buffering relating to '-u'
-v     : verbose (trace import statements); also PYTHONVERBOSE=x
         can be supplied multiple times to increase verbosity
-V     : print the Python version number and exit (also --version)
         when given twice, print more information about the build
-W arg : warning control; arg is action:message:category:module:lineno
         also PYTHONWARNINGS=arg
-x     : skip first line of source, allowing use of non-Unix forms of #!cmd
-X opt : set implementation-specific option
file   : program read from script file
-      : program read from stdin (default; interactive mode if a tty)
arg ...: arguments passed to program in sys.argv[1:]

Other environment variables:
PYTHONSTARTUP: file executed on interactive startup (no default)
PYTHONPATH   : ';'-separated list of directories prefixed to the
               default module search path.  The result is sys.path.
PYTHONHOME   : alternate <prefix> directory (or <prefix>;<exec_prefix>).
               The default module search path uses <prefix>\lib.
PYTHONCASEOK : ignore case in 'import' statements (Windows).
PYTHONIOENCODING: Encoding[:errors] used for stdin/stdout/stderr.
PYTHONFAULTHANDLER: dump the Python traceback on fatal errors.
PYTHONHASHSEED: if this variable is set to 'random', a random value is used
   to seed the hashes of str, bytes and datetime objects.  It can also be
   set to an integer in the range [0,4294967295] to get hash values with a
   predictable seed.
PYTHONMALLOC: set the Python memory allocators and/or install debug hooks
   on Python memory allocators. Use PYTHONMALLOC=debug to install debug
   hooks.

C:\Python36>_
```

图2-8 标准命令行为我们提供了很大的灵活性，你可以通过各种选项改变Python的工作方式

在使用第 3 种方法运行 Python 时，你必须把 Python 路径放入到 Windows 的 path 变量中。正因如此，前面我们在 Windows 平台下安装 Python 时才需要把“Add Python 3.6 to PATH”这个项选中。若安装时，你未选中该项，则需要你手动进行添加。你可以使用这种方法添加其他 Python 环境变量，比如：

- PYTHONSTARTUP；
- PYTHONPATH；
- PYTHONHOME；
- PYTHONCASEOK；
- PYTHONIOENCODING；
- PYTHONFAULTHANDLER；
- PYTHONHASHSEED。

你不会在本书中见到这些环境变量。如果你想了解更多有关这些环境变量的内容，请访问 Python 官网。

2.3.2 在Mac平台下访问Python

如果你使用的是 Mac，那你可能不需要再安装 Python 了，因为它已经被安装到 Mac 系统中了。不过，你仍然需要知道在哪里找到 Python。接下来，我们讲解如何访问在不同安装方式下安装的 Python。

1.找到默认安装的Python

大多数情况下，默认安装在 OS X 中的 Python 都没有对应的 Python 文件夹。你必须通过“应用程序 – 实用工具 – 终端”来打开终端窗口。然后，输入“Python”，按 Enter 键，访问 Python 命令行窗口，你会看到一个类似于如图 2-7 所示的界面。和 Windows 一样（见上一节内容），在终端窗口中打开 Python 之后，你可以使用各种选项来改变 Python 的工作方式。

2.打开更新后的Python

在 Mac 系统中安装好 Python 之后，打开“应用程序”（Applications）文件夹。在这个文件夹中，你可以看到一个名为 Python 3.6 的文件夹，它包含如下内容：

- Extras 文件夹；
- IDLE 应用程序（GUI 开发环境）；
- Python Launcher（交互式命令开发）；
- Update Sh. . . command。

双击 IDLE 应用程序，将打开一个图形交互环境，类似于图 2-6。虽然呈现方式略有不同，但窗口内容是一样的。双击 Python Launcher，打开一个命令行环境，类似于图 2-7。这个环境使用所有 Python 默认设置，为我们提供一个标准的运行环境。

即使你在 Mac 上安装了新版本的 Python，你也不必非得使用默认环境。你仍然可以打开终端窗口访问 Python 命令行开关。不过，当你从 Mac 终端应用程序访问 Python 时，你需要确保自己访问的不是默认安装的 Python。请务必把 /usr/local/bin/Python3.6 添加到在 shell 搜索路径中。

2.3.3 在Linux系统下访问Python

在 Linux 系统中安装好 Python 之后，你可以在 home 文件夹中找到一个名为 Python 3.6 的子文件夹。Python 3.6 在 Linux 系统中的物理位置一般是 /usr/local/bin/Python3.6 文件夹。这个信息很重要，因为你可能需要手动调整系统路径。注意：在终端窗口中访问 Python 3.6.2 时，你需要输入的是 Python 3.6，而非 Python。

2.4 测试安装是否成功

安装好 Python 之后，你需要测试一下，检查安装是否成功。这点很重要，因为只有安装成功了，Python 才能正常工作，才能产生你想要的结果。当然，测试时，我们需要编写一个 Python 应用。首先，我们打开 IDLE，其中显示了一些有关 Python 版本和主机信息的内容（见图 2-6）。

为了检查 Python 是否正常工作，输入 print（“This is my first Python program.”），并按 Enter 键。如图 2-9 所示，Python 会把你刚才输入的内容显示出来。print() 命令用来把你告诉它的内容显示在屏幕上。这个命令在本书中的使用频率很高，多用来显示 Python 执行任务的结果，它是你最常用的命令之一。

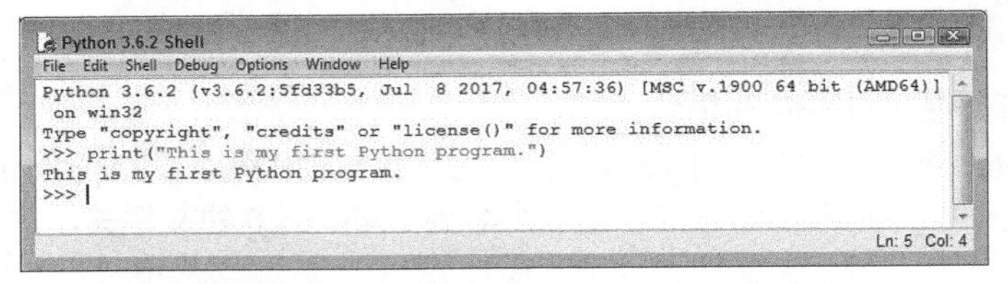

图2-9 print()命令用来把你告诉它的内容显示在屏幕上

请注意，在 IDLE 中代码的不同部分是以不同颜色显示的，这更方便你识别和理解代码。这些代码颜色表示你做对了。在图 2-9 中出现了 4 种颜色（在本书纸质版中你看不到这些颜色）。

- 紫色：表示你输入的是一个命令。
- 绿色：表示要传递给命令的内容。

» 蓝色：表示一个命令的输出。

» 黑色：表示非命令实体。

现在，你知道 Python 可以正常工作了，因为你能向它发送命令，并且它也能对你发送的命令进行响应。接下来，我们再看一个很有趣的命令，输入 3 + 4，按回车键。Python 会输出 7，如图 2-10 所示。请注意，3 + 4 显示为黑色，因为它并不是命令。不过，7 显示为蓝色，因为它是输出结果。

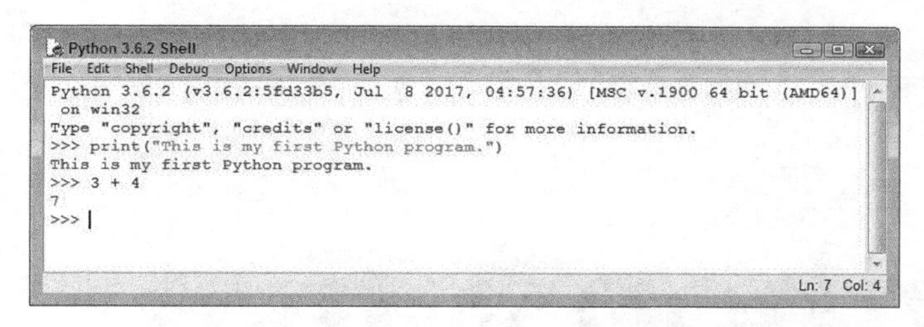

图2-10 在交互环境中Python直接支持数学

如果你想退出 IDLE 会话，请输入 quit()，并按下 Enter 键。这时，IDLE 会显示一个询问对话框，问你是否真的想关闭它，如图 2-11 所示，单击“OK”按钮，即可结束会话。

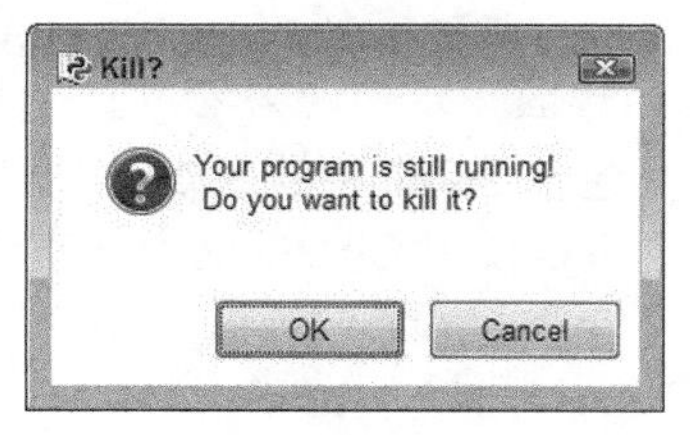

图2-11 IDLE弹出一个询问对话框，问你是否真的想结束会话

请注意，在 quit() 命令中，圆括号是必须有的，print() 命令也是一样。所有命令都必须有圆括号，这是它们的标志。不过，你不需要为 quit() 命令传入任何参数，也就是说，要保持圆括号中是空白的。

本章概要

- 访问命令行
- 使用命令执行任务
- 获取 Python 帮助
- 关闭命令行会话

第3章 与Python交互

归根结底，你创建的所有应用程序都要和计算机及其包含的数据进行交互。数据是重点，因为没有数据，我们就没有必要创建应用程序了。你所使用的任何应用程序（包括 Solitaire 这种简单的纸牌游戏）都在以某种方式处理数据。事实上，我们可以使用 CRUD 这个缩略词概括大多数应用程序的功能：

- Create（创建）；
- Read（读取）；
- Update（更新）；
- Delete（删除）。

如果你记住 CRUD 这个缩略词，你就能总结出大多数应用程序对你的计算机所包含的数据都做了些什么（有些应用程序确实非常糟糕）。然而，在你的应用程序访问计算机之前，你必须与一种编程语言打交道，使用一种计算机能够理解的语言创建一系列任务。这正是本章要讲的内容。Python 先获取你想针对计算机数据进行处理的一系列步骤，然后再把它们转换成计算机能够理解的形式。

3.1 打开命令行

Python 为我们提供了多种与底层语言交流的方式。比如，你可以使用我们在第

2 章中提到过的 IDLE 集成开发环境。在第 4 章中，我们将学习另外一种功能更完整的集成开发环境——Anaconda。IDLE 为我们开发 Python 程序提供了很大的便利。不过，有时你只是想测试或运行一个已有的应用程序。这时，使用 Python 命令行的方式往往会更方便，因为我们可以通过使用各种命令行参数来更好地控制 Python 环境，并且占用的系统资源更少，操作界面也异常简洁，这样你可以把更多的精力放在代码测试上，而不用和复杂的 GUI 过多地纠缠。

3.1.1 启动Python命令行

Python 命令行的启动方式有多种，具体要看你使用的是哪种平台。常用方法有如下两种：

- 在“开始”菜单的 Python 3.6 文件夹中有一个“Python 3.6(64-bit)”菜单项，点它即可启动一个使用默认设置的 Python 命令行会话；
- 打开一个命令提示符或终端，输入“python”，然后按回车键。当你想使用各种命令行参数配置 Python 环境时，这种方式会为你提供更大的灵活性。

认识 README 文件的重要性

大多数应用程序中都包含一个 README 文件。这个文件中通常包含一些更新信息，在应用程序投入生产之前，这些信息不会写入文档中。然而，不幸的是大部分人都忽视了这个文件，有些人甚至还不知道有这样一个文件存在。因此，那些应该对公司新产品的特点有所了解的人永远也发现不了它。在 \Python36 目录下存在一个 NEWS.txt 文件。打开这个文件，你会看到各种有趣的信息，其中大部分内容都与 Python 更新有关，这些内容是真正需要你了解的。

打开并阅读 README 文件（这个文件被命名为 NEWS.txt，以防止人们忽略它）会让你成为一个 Python 天才。人们会惊讶于你懂 Python 这么多有趣的东西，他们会问你各种问题，并认真听你的回答。其实，你自己心里明白这根本不算什么，只要坐下来认真阅读一下 README 文件就能找到想要的答案。

- 找到 Python 文件夹，比如 Windows 下的 C:\Python36，直接打开 Python.exe 文件，这也会打开一个采用默认设置的命令行会话，你不但可以使用更高权限来打开它（有些应用程序需要访问计算机受保护的资源），也可以通过调整可执行文件的属性来添加命令行参数。

不管你采用以上哪种方式，最终你都会打开一个相似的命令行界面，如图 3-1

所示（如果你使用的不是 Windows 平台，或者你使用的是 IDLE 而非 Python 命令行，或者你的系统配置和我的不一样，又或者你使用的是其他版本的 Python，那么你看到的界面可能和图 3-1 有所不同）。在命令行界面中显示了 Python 版本、主机操作系统，以及获取更多信息的方法。

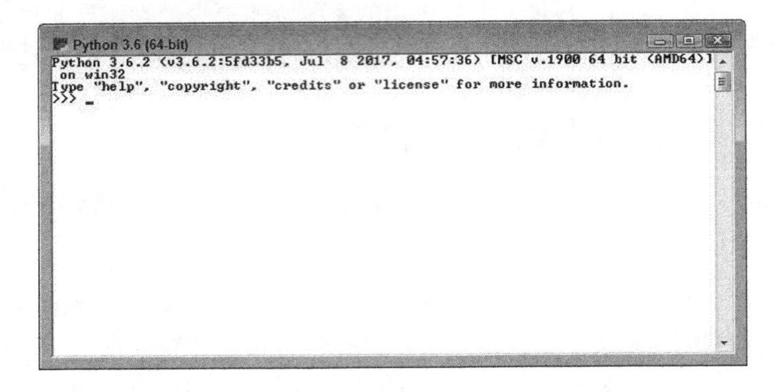

图3–1 在Python命令行界面中显示了一些与Python环境有关的信息

3.1.2 使用命令行

这部分内容有点复杂，本书学习过程中不会用到这些知识，但是了解它们对你来说是有好处的，因为迟早你会用到它们。在这里，你可以先简单地了解一下这些内容，当你真正需要它们时再回来仔细看看。

打开命令提示符窗口，输入“Python”，按回车键。不仅如此，你还可以提供其他一些信息来改变 Python 的工作方式。

- **选项：**选项（或称命令行开关）以一条短划线打头，后面跟着一个或多个字母。比如，如果想获取 Python 帮助，你可以先输入“Python -h”，再按 Enter 键。你会看到许多有关如何在命令行中使用 Python 的信息。关于选项的更多内容，我们稍后讲解。
- **文件名：**输入时提供一个文件名，让 Python 加载并运行它。你可以运行本书下载代码中的所有示例程序，只需要在输入时给出包含示例的文件名即可。比如，你的示例文件名是 SayHello.py，要运行它，你只要先输入“Python SayHello.py”，再按回车键就可以了。
- **参数：**一般应用程序都会接收一些额外的信息来控制自身的运行方式。这些额外的信息称为参数。现在，大家不必担心太多与参数有关的问题，本书后面会讲解。

到目前为止，大多数选项我们都还用不上，日后当你需要用到它们时，你可以再次回到这里认真看看（其实就本书而言，在这里讲这些内容是最合适的）。看看这些内容，大致了解一下有哪些选项可用对我们很有好处，当然你也可以跳过这些内容，需要的时候，再返回来看看。

Python 提供的选项是大小写敏感的，比如 -s 和 -S 就是两个完全不同的选项。Python 提供的主要选项有如下这些。

- -b：当你的应用程序用到 Python 特定的功能（比如 str(bytes_instance)、str(bytearray_instance)）以及使用 str() 比较字节或字节数组时，你可以使用这个选项向输出添加警告。
- -bb：当你的应用程序用到 Python 特定的功能（比如 str(bytes_instance)、str(bytearray_instance)）以及使用 str() 比较字节或字节数组时，你可以使用这个选项向输出添加错误。
- -B：当导入一个模块时，阻止创建 .py 或 .pyco 文件。
- -c cmd：使用 cmd 提供的信息启动程序。同时这个选项也告诉 Python 不要把其余信息看作选项（其余信息被看作命令的一部分）。
- -d：启动调试器（调试器用来定位应用程序中的错误）。
- -E：忽略所有用来配置 Python 的环境变量，比如 PYTHONPATH。
- -h：把与选项和基本环境变量相关的帮助信息显示在屏幕上。执行完这个任务后，Python 会退出，不做任何事情，这样你就可以看到这些帮助信息。
- -i：脚本执行后进入交互命令行模式，方便我们检查代码。即使 stdin（标准输入设备）不是终端，它也会强制打开命令行提示。
- -m mod：以脚本形式运行 mod 指定的库模块。同时这个选项也告诉 Python 不要把其余信息看作选项（其余信息被看作命令的一部分）。
- -O：对解释器产生的字节码进行优化，以加快其运行速度。
- -OO：对解释器产生的字节码进行优化，并删除优化代码中的文档字符串。
- -q：单步启动时，告诉 Python 不要打印版本和版权信息。
- -s：阻止 Python 把用户站点目录添加到 sys.path（这个变量用来告诉 Python 去哪里查找模块）。
- -S：阻止包含 site 的初始化模块。这意味着 Python 不会查找那些可能包含所需模块的路径。
- -u：不缓冲 stdout（标准输出）和 stderr（标准错误）。stdin 设备总是带缓冲的。
- -v：详细模式，你可以看到所有导入语句。多次使用该选项，可以获得更详细的信息。

- -V：显示 Python 版本号，然后退出。
- --version：显示 Python 版本号，然后退出。
- -W arg：修改警告级别，以便 Python 显示更多或更少信息，所允许的 arg 值有如下这些。
  - action
  - message
  - category
  - module
  - lineno
- -x：忽略源代码文件的第一行，允许使用非 Unix 格式的 #!cmd。
- -X opt：设置一个特定于实现的选项。（你所用版本的 Python 文档中会讲解这些选项）

3.1.3 使用Python环境变量

环境变量是一些特殊设置，它们是操作系统命令行或终端环境的一部分。环境变量使用一种一致的方式来配置 Python，它们所起的作用与我们启动 Python 时所用选项的作用是一样的，但是环境变量是永久性的，这样每次启动 Python 时都能以相同的方式来配置它，你不必手工提供相应的选项。

TECHNICAL STUFF

和选项一样，就现在来说，大多数环境变量对我们没什么用处。尽管如此，还是希望你先大致了解一下这部分内容，本书后面我们会用到一些环境变量。当然，你也可以先跳过这部分内容，当以后碰到相关内容时再回来看看。

大多数操作系统都为环境变量提供了两种设置方法：一种是在特定会话中配置，这是临时性的；另一种是把这些环境变量作为操作系统设置的一部分进行配置，这种配置是永久性的。具体采用哪种方法配置环境变量取决于你所用的操作系统。比如，在 Windows 系统下，你可以使用 Set 命令，或者依靠特定的 Windows 配置特性

REMEMBER

当你经常需要以相同方式配置 Python 时，使用环境变量将是十分明智的选择。下面列出了常用的 Python 环境变量。

- PYTHONCASEOK=x：解析 import 语句时，强制忽略大小写。这个环境变量只存在于 Windows 系统下。
- PYTHONDEBUG=x：和 -d 选项功能一样。

- PYTHONDONTWRITEBYTECODE=x：功能和 -B 选项一样。
- PYTHONFAULTHANDLER=x：强制 Python 转存有关重大错误追溯（导致错误产生的调用列表）。
- PYTHONHASHSEED=arg：指定用来为各种数据生成哈希值时所用的种子值。当把这个变量设置为 random 时，Python 会使用一个随机值作为种子为 str、bytes、datetime 对象生成哈希值。其所允许的整数取值范围是 0~4294967295。进行测试时，使用特定的种子值可以得到预期的哈希值。
- PYTHONHOME=arg：指定默认搜索路径，Python 使用这个路径查找模块。
- PYTHONINSPECT=x：功能和 -i 选项一样。
- PYTHONIOENCODING=arg：为 stdin、stdout、stderr 设备指定编码方案。这是一个 encoding[:errors] 形式的字符串，比如 utf-8。
- PYTHONNOUSERSITE：功能和 -s 选项一样。
- PYTHONOPTIMIZE=x：功能和 -O 选项一样。
- PYTHONPATH=arg：指定模块搜索目录列表，各个项目采用英文的分号（;）分隔。这个值存储在 Python 的 sys.path 变量中。
- PYTHONSTARTUP=arg：指定 Python 启动时要运行的文件名称。这个环境变量没有默认值。
- PYTHONUNBUFFERED=x：功能和 -u 选项一样。
- PYTHONVERBOSE=x：功能和 -v 选项一样。
- PYTHONWARNINGS=arg：功能和 -W 选项一样。

3.2 输入命令

打开 Python 命令行界面之后，你就可以在其中输入命令了。通过输入命令，你可以让 Python 执行各种任务，测试你对应用程序的各种想法，以及探索更多 Python 的功能特征。使用命令行有助于你获得实际经验，深入了解 Python 底层工作细节，这些细节在 IDLE 等交互式 IDE 中被隐藏了起来。接下来，我们将学习命令行的使用方法。

3.2.1 告诉计算机做什么

与其他现存的编程语言一样，Python 也依赖于各种命令。简单地说，一条命令就是一个程序步骤。在第 1 章中，我们说到“从冰箱取出面包和黄油”是烤面包程序的一个步骤。同样地，使用 Python 时，一条命令（比如 print()）也是一个程序步骤。

要告诉计算机做什么，你要发送一条或多条 Python 能够理解的命令。Python 会把这些命令翻译成计算机能够理解的指令，然后你就能看到命令的运行结果。一条命令（比如 print()）能够把结果显示在屏幕上，这样你能立即得到结果。不过，Python 中有很多命令不会在屏幕上显示任何结果，但是这些命令做的事情是十分重要的。

随着学习的深入，你会用到多个命令来执行各种任务。每个任务都会帮你实现一个目标，就像你做事的步骤那样。当看上去所有的 Python 命令都变得过于复杂时，只要记得把它们看作某个过程中的一些步骤就好。有时人类做事的程序也会变得很复杂，但如果你一步一步地去做，你就会逐步了解它们是如何工作的。Python 命令也是如此，不要总想着一下搞定它们，相反，你应该一次只看一个，并且只专注于那一步。

3.2.2 告诉计算机你做完了

你编写的做事步骤在某个时候会终结。比如，做面包时，当你抹完黄油时，你的工作就完成了。计算机程序也一样，它们有起点也有终点。输入命令时，回车键就是一个特定步骤的终点。当你按下回车键时，计算机就知道你的命令输完了。随着本书学习的深入，你会发现 Python 提供了很多方法来指示某个步骤、某组步骤或者整个应用程序完成了。不管任务是如何完成的，计算机程序总是有一个明确的起点和终点。

3.2.3 查看结果

现在，你已经知道一条命令就是一个程序步骤，并且每条命令都有一个明确的起点和终点。此外，命令组和整个应用程序也有一个明确的起点和终点。接下来，让我们了解一下相关原理。下面这些步骤将帮你查看某条命令的执行结果。

1. 打开 Python 命令行。

   在 Python 命令行窗口中，你会看到一个跳动的光标，这就是我们要输入命令的地方，如图 3-1 所示。

2. 在 Python 命令行窗口中，输入“print(“This is a line of text.”)”。

   请注意，此时什么也不会发生。不错，你的确输入了一条命令，但是你还没有告诉 Python 这条命令你已经输完了。

3. 按回车键（Enter）。

按下回车键，就表示命令已经输入完毕，紧接着，你就能看到这条命令的输出结果了，如图 3-2 所示。

图3-2 输入命令让Python知道要让计算机做什么

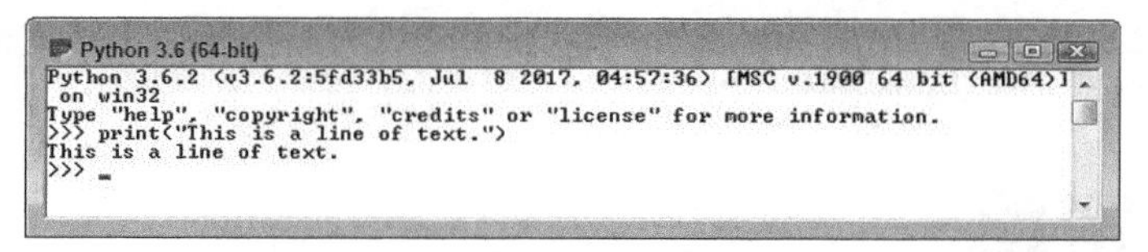

上面这个例子反映出了 Python 的内部运作方式。你输入的每条命令都在执行某个任务，但是你得以某种方式告诉 Python 命令已经输完了。print() 命令用来在屏幕上显示数据，你必须把要显示的文本数据提供给它。请注意，当你输完命令并按回车键后，输出结果会立即显示出来，如图 3-2 所示，因为 Python 命令行是一个交互式环境，在这样的环境中，当你输入命令后，Python 会立即执行并把结果显示出来。以后，当你开始创建应用程序时，你会注意到有时结果不会立即显示出来，这是由应用程序环境带来的延迟造成的。尽管如此，一旦应用程序告诉 Python 某条命令结束了，Python 就会立即执行它。

Python 编码风格

大多数编程语言只使用一种编码风格，这大大降低了程序员的灵活性。不过，Python 与众不同。在 Python 中，你可以使用多种编码风格来实现不同效果。4 种常用的 Python 编码风格如下。

- **函数式风格：**每条语句都是一个数学方程。这种编码风格很适合用在并行处理活动中。
- **命令式风格：**计算由程序状态的变化驱动。这种风格最适合用来操纵数据结构。
- **面向对象风格：**这种风格在其他语言中常见，通过使用对象模拟真实世界来简化编程环境。Python 并没有完全实现这种编码风格，因为它不支持数据隐藏等特性，但是在很大程度上，你仍然可以使用这种风格编写代码。本书后面你会看到采用这种风格编写的代码。
- **过程式风格：**迄今为止，你编写的所有代码都是过程式的（本书最初代码也大都采用这种风格），这意味着任务是一步步向前推进的。这种风格最适合用来进行迭代、排序、选择和模块化，它也是你可以使用的最简单的编码形式。

> 尽管本书没有涵盖上面所有编码风格（以及 Python 支持的其他风格），但是了解这些编码风格是很有用的，这可以让你在使用特定编码风格编写代码时不致陷入困境。Python 支持多种编码风格，编写一个应用程序时，你可以混用这些风格，也可以根据特定需求选择最合适的方式来使用 Python。

3.3 使用帮助

Python 是一门计算机语言，不是一门人类语言。一开始你不可能说得很流畅。稍微思考一下，你就会发现你无法流畅地使用 Python 是有道理的（就像大多数人类语言一样，即使你能熟练地使用 Python，你也不可能知道它的所有命令）。你必须一点点地学习 Python 的各种命令，这和你学说其他人类语言是一样的。如果你常说英语，并试着使用德语，你就得需要一些指导来帮助你。否则，你说的任何话都是胡言乱语，人们也会用十分奇怪的眼神看你。即使你能说出一些有意义的句子，它也有可能不是你想要表达的。晚餐时间到了，你去一家餐馆吃饭，点了个热轮毂罩，而实际上你想吃的是牛排。

同样，当你试着使用 Python 时，你也需要一个指南来帮助你。幸运的是，Python 非常人性化，它为我们提供了即时帮助，防止你订购那些你其实并不想要的东西。Python 提供的帮助有两个级别。

- **帮助模式**：在这个级别下，你可以浏览所有可用命令的帮助。
- **直接帮助**：在这个级别下，你可以获取某个特定命令的帮助。

上面这两种帮助用起来没有优劣之分，使用时，根据实际情况，选择一种适合的就好。接下来，我们讲解如何获得帮助。

3.3.1 进入帮助模式

首次启动 Python 时，除了与 Python 版本号、系统相关的信息之外，你还会看到一些有用的提示信息（如图 3-1 所示），其中包含如下 4 个命令（这其实也是你看到的第一个帮助信息）：

- help；
- copyright；
- credits；
- license。

上面这 4 个命令为你提供了一些与 Python 相关的帮助。比如，copyright() 命令会告诉你一些有关 Python 拷贝、许可和分发的信息。credits() 命令会告诉谁把 Python 汇总在一起。license() 命令描述了你和版权所有人之间的使用协议。不过，对我们最有用的命令还是 help() 命令。

输入 help() 并按回车键，即可进入帮助模式。需要注意的是，输入命令时，必须在命令名之后加上圆括号，即使帮助文本中没有出现圆括号，你也要主动添上。每个 Python 命令都带有一对圆括号。当你输入 help() 并按回车键后，Python 会进入帮助模式，你会看到如图 3-3 所示的界面。

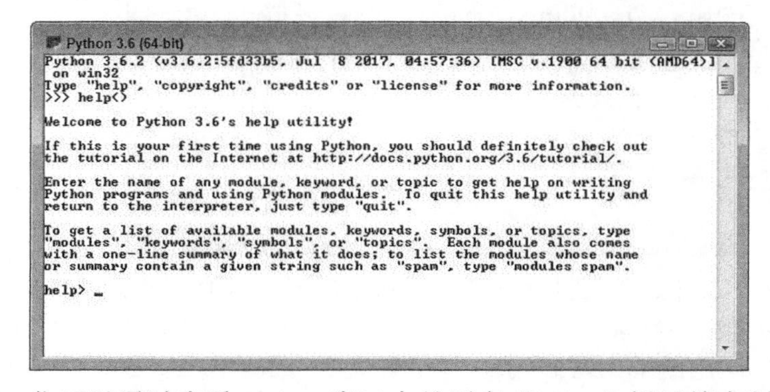

图3-3 在帮助模式下，你可以获取其他命令的帮助信息

REMEMBER

你可以通过查看 Python 窗口中是否有“help>”提示符来判断当前是否处在帮助模式之下。只要你看到了“help>”提示符，就表明你当前正处在帮助模式下。

3.3.2 获取帮助

要获取帮助，首先你必须知道要问什么。进入帮助模式（如图 3-3 所示）后，你会看到一些有用的帮助信息，从这些信息你可以了解到自己要问哪些类型的问题。如果你想了解更多有关 Python 的内容，你可以使用如下 4 个主题：

- modules（模块）；
- keywords（关键字）；
- symbols（符号）；
- topics（主题）。

前两个主题我们暂时不讲，到本书第 10 章我们才会用到模块（modules）。关键字（keywords）会很有用，从第 4 章开始你会认识到这一点。当然，符号（symbols）和主题（topics）也很有用，因为它们有助于你了解从哪里开启你的 Python 冒险。输入 symbols 并按回车键，你会看到一个 Python 符号列表。要想查看有哪些主题可用，只要输入“topics”后按回车键即可，你就会看到如图 3-4 所示的一个主题列表。

```
Python 3.6 (64-bit)
help> symbols

Here is a list of the punctuation symbols which Python assigns special meaning
to. Enter any symbol to get more help.

!=                  *=                  <<                  ^
"                   +                   <<=                 ^=
"""                 +=                  <=                  _
%                   ,                   <>                  __
%=                  -                   ==                  `
&                   -=                  >                   b"
&=                  .                   >=                  b'
'                   ...                 >>                  j
'''                 /                   >>=                 r"
(                   //                  @                   r'
)                   //=                 J                   |
*                   /=                  [                   |=
**                  :                   \                   ~
**=                 <                   ]

help> topics

Here is a list of available topics.  Enter any topic name to get more help.

ASSERTION           DELETION            LOOPING             SHIFTING
ASSIGNMENT          DICTIONARIES        MAPPINGMETHODS      SLICINGS
ATTRIBUTEMETHODS    DICTIONARYLITERALS  MAPPINGS            SPECIALATTRIBUTES
ATTRIBUTES          DYNAMICFEATURES     METHODS             SPECIALIDENTIFIERS
AUGMENTEDASSIGNMENT ELLIPSIS            MODULES             SPECIALMETHODS
BASICMETHODS        EXCEPTIONS          NAMESPACES          STRINGMETHODS
BINARY              EXECUTION           NONE                STRINGS
BITWISE             EXPRESSIONS         NUMBERMETHODS       SUBSCRIPTS
BOOLEAN             FLOAT               NUMBERS             TRACEBACKS
CALLABLEMETHODS     FORMATTING          OBJECTS             TRUTHVALUE
CALLS               FRAMEOBJECTS        OPERATORS           TUPLELITERALS
CLASSES             FRAMES              PACKAGES            TUPLES
CODEOBJECTS         FUNCTIONS           POWER               TYPEOBJECTS
COMPARISON          IDENTIFIERS         PRECEDENCE          TYPES
COMPLEX             IMPORTING           PRIVATENAMES        UNARY
CONDITIONAL         INTEGER             RETURNING           UNICODE
CONTEXTMANAGERS     LISTLITERALS        SCOPING
CONVERSIONS         LISTS               SEQUENCEMETHODS
DEBUGGING           LITERALS            SEQUENCES

help> _
```

图3-4
主题帮助为你提供一个探索Python的起点

REMEMBER

从第 7 章开始我们将讨论有关 Python 符号的内容，并且学习 Python 运算符的使用方法。当你看到一个感兴趣的主题（比如 FUNCTIONS）时，你可以继续输入那个主题并按回车键，以了解更多的相关内容。要了解其中的工作原理，输入“FUNCTIONS”并按回车键（请注意输入时必须使用大写，不必担心，Python 不会认为你在大喊大叫），你就会看到如图 3-5 所示的帮助信息。

```
Python 3.6 (64-bit)
help> FUNCTIONS
Functions
*********

Function objects are created by function definitions.  The only
operation on a function object is to call it: "func(argument-list)".

There are really two flavors of function objects: built-in functions
and user-defined functions.  Both support the same operation (to call
the function), but the implementation is different, hence the
different object types.

See Function definitions for more information.

Related help topics: def, TYPES

help> _
```

图3-5
当请求主题信息时，你必须使用大写

学习本书示例的过程中，你会见到很多有趣的命令，或许你想进一步了解它们。比如，在前面“查看结果”一节中，我们用到了 print() 命令。要想查看更多有关 print() 命令的信息，你只要输入 print 并按回车键就行了（请注意这次输入 print 时并没有圆括号，因为我们要获取的是有关 print() 的帮助，而非使用 print() 命令本身），这样你就能获得有关 print() 命令的帮助信息，如图 3-6 所示。

```
Python 3.6 (64-bit)
help> print
Help on built-in function print in module builtins:

print(...)
    print(value, ..., sep=' ', end='\n', file=sys.stdout, flush=False)

    Prints the values to a stream, or to sys.stdout by default.
    Optional keyword arguments:
    file:  a file-like object (stream); defaults to the current sys.stdout.
    sep:   string inserted between values, default a space.
    end:   string appended after the last value, default a newline.
    flush: whether to forcibly flush the stream.

help> _
```

图3-6
通过输入命令名称即可获取相应命令的帮助信息

TIP

然而，不幸的是，就目前来看，阅读这些帮助信息对你的用处可能不太大，因为现在你对 Python 了解得还不多，帮助信息中出现的一些内容你还不懂。这时，你可以继续针对那些不懂的部分获取帮助信息。比如，你在某个帮助信息中遇到了 sys.stdout，显然它所在的帮助信息不会告诉你它是什么，此时你可以输入 sys.stdout 并按回车键，获取专门针对它的帮助信息，如图 3-7 所示。

```
Python 3.6 (64-bit)
Help on TextIOWrapper in sys object:

sys.stdout = class TextIOWrapper(_TextIOBase)
 |  Character and line based layer over a BufferedIOBase object, buffer.
 |
 |  encoding gives the name of the encoding that the stream will be
 |  decoded or encoded with. It defaults to locale.getpreferredencoding(False).
 |
 |  errors determines the strictness of encoding and decoding (see
 |  help(codecs.Codec) or the documentation for codecs.register) and
 |  defaults to "strict".
 |
 |  newline controls how line endings are handled. It can be None, '',
 |  '\n', '\r', and '\r\n'.  It works as follows:
-- More  --
```

图3-7
你可以就帮助中那些不懂的部分继续请求帮助

你可能还没看到自己所需要的有用信息，但至少你已经了解得多了一些。就上面的帮助信息来说，Python 为我们提供的帮助内容有很多，但这些内容不可能全部放在一个屏幕上。请留意屏幕底部的一个条目，如下：

```
-- More --
```

这时，按键盘上的空格键，Python 将为我们展现下一页的帮助信息，你可以看到更多相关的帮助信息。每当你看完一页，都可以按空格键来显示下一页的内容。并且，翻过去的页面也不会消失不见，你可以向上拖动右侧边栏中的滑块，回看之前页面中的帮助信息。

3.3.3 退出帮助模式

某些情况下，你需要退出帮助模式，以便做一些其他工作。这时，只要按一下回车键就行了，其他什么也不需要做。当按下回车键时，你会先看到一条与退出帮助有关的信息，然后就进入标准的 Python 命令行提示符模式下，如图 3-8 所示。

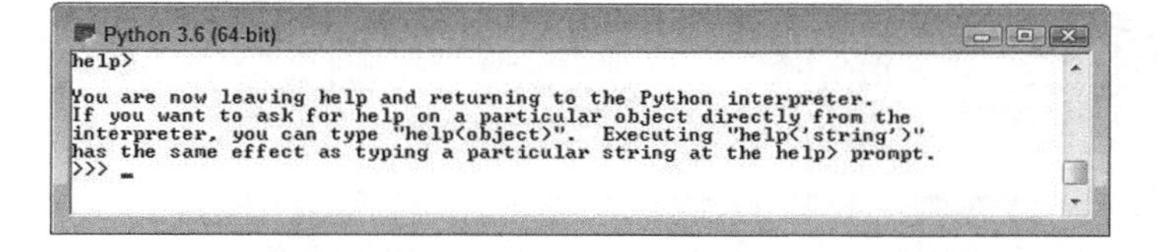

图3-8
按回车键退出帮助模式

3.3.4 直接获取帮助

一般来说，进入帮助模式是没有必要的，除非你想浏览所有相关内容（你要是真想看，那当然好了），或者你根本不知道自己要找什么。如果你很清楚自己要找什么，那你可以直接请求帮助（对 Python 来说，这是件很好的事）。这时，你并不需要进入帮助模式，只需输入 help，然后是左括号和单引号，你想找的东西，另一个单引号和右括号。例如，如果你想了解更多有关 print() 命令的信息，你可以输入 help(' print ') 并按回车键，你会看到如图 3-9 所示的帮助信息。

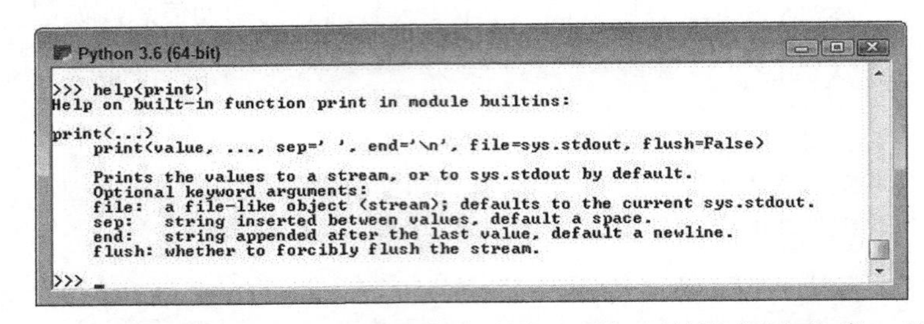

图3–9 在Python命令行提示符模式下，你可以随时获得帮助

当然，你也可以在 Python 命令行提示符下浏览帮助信息。比如，输入 help（‘topics’）并按回车键，你会看到一个主题列表，如图 3-10 所示。你可以把这个列表和图 3-4 所示的列表进行比较。两个列表完全一样，只是一个显示在帮助模式下，另一个则显示在 Python 命令行模式下。

TIP

你可能不解：既然我们在 Python 命令行模式下能够获得一样的帮助信息，为何它还要提供帮助模式。答案是方便，在帮助模式下浏览帮助信息会更容易。此外，虽然在命令行提示符模式下很省力，并不需要你打太多字，但在帮助模式下你会更省力。而且，帮助模式还为我们提供了更多帮助，比如为我们列出了那些可以输入的命令，如图 3-3 所示。这样看来，当你需要 Python 为你提供大量帮助时，使用帮助模式将会是你更好的选择。

```
Python 3.6 (64-bit)
>>> help('topics')

Here is a list of available topics.  Enter any topic name to get more help.

ASSERTION           DELETION            LOOPING             SHIFTING
ASSIGNMENT          DICTIONARIES        MAPPINGMETHODS      SLICINGS
ATTRIBUTEMETHODS    DICTIONARYLITERALS  MAPPINGS            SPECIALATTRIBUTES
ATTRIBUTES          DYNAMICFEATURES     METHODS             SPECIALIDENTIFIERS
AUGMENTEDASSIGNMENT ELLIPSIS            MODULES             SPECIALMETHODS
BASICMETHODS        EXCEPTIONS          NAMESPACES          STRINGMETHODS
BINARY              EXECUTION           NONE                STRINGS
BITWISE             EXPRESSIONS         NUMBERMETHODS       SUBSCRIPTS
BOOLEAN             FLOAT               NUMBERS             TRACEBACKS
CALLABLEMETHODS     FORMATTING          OBJECTS             TRUTHVALUE
CALLS               FRAMEOBJECTS        OPERATORS           TUPLELITERALS
CLASSES             FRAMES              PACKAGES            TUPLES
CODEOBJECTS         FUNCTIONS           POWER               TYPEOBJECTS
COMPARISON          IDENTIFIERS         PRECEDENCE          TYPES
COMPLEX             IMPORTING           PRIVATENAMES        UNARY
CONDITIONAL         INTEGER             RETURNING           UNICODE
CONTEXTMANAGERS     LISTLITERALS        SCOPING
CONVERSIONS         LISTS               SEQUENCEMETHODS
DEBUGGING           LITERALS            SEQUENCES

>>>
```

图3–10 只要你愿意，同样可以在Python命令行模式下浏览帮助信息

REMEMBER

不论你采用哪种方式向 Python 寻求帮助，都得注意帮助主题的大小写问题，因为 Python 是对大小写敏感的。例如，你想了解与函数有关的信息，你必须输入 help（‘FUNCTIONS’），而非 help('Functions') 或 help('functions')。如果你用错了大小写，Python 只会告诉你它不懂你的意思，或者找不到相应的帮助主题，而不会提示你用错了大小写。也许有朝一日，计算机能明白你原本的意思，并帮你纠正类似的输入错误，但是目前它们还做不到这一点。

3.4 关闭命令行

终于有一天，你想退出 Python 了。虽然这很难让人相信，但是除了整天玩 Python 之外，毕竟人们还有许多其他事情要做。退出 Python 的方法有多种，其中有两种方法是标准的方法，其他都是非标准的方法。一般来说，使用标准的方法可以确保 Python 按照你的预想行事。当然如果你只是在玩 Python，并且没有用它做严肃的项目，那你也可以使用其他非标准方法来退出 Python。常用的标准方法有如下两种：

- quit()；
- exit()。

使用上面这两种方法都能把 Python 交互环境关闭。Python shell 程序同时支持这两种方法。

上面这两个命令都可以带参数。比如，你可以输入 quit(5) 或 exit(5)，然后按回车键退出 Python 环境。其中数字参数用来设置 ERRORLEVEL 环境变量，你可以在命令行中拦截它，或者让其成为批处理文件的一部分。当应用程序没有发生什么错误时，通常的做法是使用 quit() 或 exit()，具体操作如下。

1. 打开一个命令提示符或终端窗口。

   你会看到一个跳动的光标。

2. 输入 Python 并按回车键，启动 Python。

   你会看到一个 Python 提示符。

3. 输入 quit(5) 并按回车键。

   此时返回到命令提示符下。

4. 输入 echo %ERRORLEVEL%，并按回车键。

   你会看到一个错误码，如图 3-11 所示。如果你使用的是其他非 Windows 平台，那需要输入的可能就不是 echo %ERRORLEVEL%，而是其他命令了。比如，在使用 bash 脚本时，我们就应该输入 echo $ 这个命令了。

```
Administrator: Command Prompt
C:\>Python
Python 3.6.2 (v3.6.2:5fd33b5, Jul  8 2017, 04:57:36) [MSC v.1900 64 bit (AMD64)]
 on win32
Type "help", "copyright", "credits" or "license" for more information.
>>> quit(5)

C:\>echo %ERRORLEVEL%
5

C:\>_
```

图3-11 添加错误码，告知其他人 Python的退出状态

在众多非标准的退出方法中，最常用的方法之一是单击命令提示符或终端窗口

的“关闭”按钮。使用这种方法时，你的应用程序可能没有时间做必要的清理工作，这有可能会导致产生怪异的行为。如果你用 Python 做的是一些比较重要的工作，那最好还是用标准的方法来关闭 Python。

必要时，你还可以使用其他多种方法来关闭命令提示符窗口。但是，大多数情况下，你都不必使用它们，所以如果你愿意，你完全可以跳过本章剩余部分。

当你使用 quit() 或 exit() 时，Python 会执行很多任务确保会话结束前一切工作都得到了妥善处理。如果你怀疑某个会话可能没有正确退出，你都可以使用下面这两个命令中的一个来关闭命令提示符窗口。

- sys.exit()
- os._exit()

上面这两个命令只用在紧急状况下。sys.exit() 命令为我们提供了一些特殊的错误处理功能，相关内容我们会在第 9 章中讲解。使用 os._exit() 命令会直接退出 Python，而不会做任何常规的清理工作。不管你使用上面哪个命令，在使用它们之前，你都得先导入相应模块（sys 或 os）才行。例如，要使用 sys.exit() 命令，你得像下面这样做：

```
import sys
sys.exit()
```

在使用 os._exit() 时，你必须提供一个错误码，因为这个命令只有发生严重错误时才会用到。使用这个命令时，如果不提供错误码，将会触发参数缺失错误。要使用 os._exit() 命令，你应该像下面这样做（错误码为 5）：

```
import os
os._exit(5)
```

第 10 章我们将详细讲解有关模块导入的内容。这里，大家只需要知道上面这两个命令有特定的用途，平时你不会用到它们就够了。

本章概要

选用 Anaconda 中的 Jupyter Notebook 作为集成开发环境（IDE）

编写和运行你的第一个应用程序

格式化你的程序代码

高效使用注释

使用 Anaconda 管理应用程序

第4章 编写你的第一个应用程序

很多人都认为开发软件就像变魔术一样，极客们只要挥舞几下键盘，一款小巧好用的软件就诞生了。但，其实没这么玄乎。

软件开发要遵循许多流程，并且有着严格的程序步骤，但绝对不是什么魔法。亚瑟·C·克拉克曾经说过："任何先进的技术，如果你不深入了解相关的细节，都无法将其和魔法区分开来"。本章将为大家逐一揭去软件开发的神秘面纱，带领大家了解其中涉及的相关技术。当学完本章内容后，相信大家都能开发出一个简单的应用程序（并且也不会再用魔法这个词来形容软件开发了）。

就像其他工作一样，人们在编写应用程序时也要用到一些工具。在使用 Python 开发应用程序时，你可以不用其他集成开发工具，但是使用它们能够让开发过程变得更简单，所以进行软件开发时我们一般都会选择某个集成开发工具供使用。在本章中，我们会选用一个人们常用的集成开发环境（IDE）——Jupyter Notebook，它是 Anaconda 工具集的一部分。IDE 是一种特殊的应用程序，使用它可以让代码的编写、测试、调试工作变得更容易。前面一章，我们用过了 Python 命令行工具，相比于 Python 命令行工具，Anaconda 提供了更多功能，为我们编写应用程序提供了更大便利。

除此之外，编写 Python 应用程序时，还有许多其他工具可供我们选用。本书不会详细讲解这些工具，只讲 Anaconda，并且它也是免费的。不过，随着自身水平的提高，你可能会发现其他工具有很多你感兴趣的功能，比如 Komodo Edit。

4.1 为何IDE如此重要

一个好问题是：既然 Python 命令行工具已经很不错了，那使用 Python 为什么还要使用 IDE 呢？其实，Python 本身就包含了一个功能有限的 IDE——IDLE。也许有人会说学习期间只使用 IDLE 这个工具就足够了，甚至认为使用它也能开发出完整的应用程序。然而，令人遗憾的是，Python 附带的工具功能有限，只适合用来帮助大家入门，它们真的无法帮助我们轻松开发出有用的应用程序。如果你打算长期进行 Python 开发，那你必须选用一个更好的集成开发环境使用，原因有如下几点。

4.1.1 编写出质量更高的代码

一款好的 IDE 必须拥有一定的智能性。比如，当关键字输入错误时，IDE 能够提供修正建议，或者提示你某一行代码无法正常工作。IDE 拥有的智能越多，你写出的代码质量就越高，同时付出的努力也越少。开发软件时，编写高质量代码是至关重要的，因为没有人愿意花几个小时来查找代码中的错误（bugs）。

TIP

从智能的水平和类别来看，不同的 IDE 有着很大的区别，这也是这么多 IDE 共存的原因。有的 IDE 提供的帮助水平可能无法满足你的需求，而另外一个 IDE 可能正合你意，就像一只母鸡妈妈一样对你呵护备至。每个开发者有着不同的需求，因此需要有不同的 IDE 存在。关键是选择一款符合你实际需求的 IDE 使用，让它帮助你更容易、更快地写出更简洁、高效的代码。

4.1.2 调试功能

我们把查找代码 bug（错误）的行为称为代码调试。即便是世界上最优秀的软件开发专家，也需要花时间进行代码调试工作。几乎没人一下子就能写出完美的代码。当然，如果你能做到，那我真的该祝贺你一下，因为这样的人实在太少了。因此，在软件开发过程中，IDE 的调试功能至关重要。不过，令人遗憾的是 Python 自带的工具几乎没有调试功能。当你花时间进行调试时，你很快就会发现 Python 自带工具十分让人恼火，因为它们不会告诉你任何与代码相关的信息。

TIP

好的 IDE 还是一种学习的工具。一款功能强大的 IDE 能够帮助你阅读学习专家们编写的代码。应用程序跟踪从来都是学习新技术和磨炼已有技能的好方法。知识方面一些看似微不足道的进步往往都会为你带来莫大的好处。选择 IDE 时，不要只把其调试功能看作是除错的手段，还要把它看作是学习 Python 新知识、新技术的手段。

4.1.3 为什么Notebook有用

大多数 IDE 看起来都像漂亮的文本编辑器，这正是它们的本质。不错，它们会为你提供各种各样的智能特性、暗示、提示、代码着色等，但说到底，它们都是些文本编辑器。文本编辑器没什么不好，但本章不会讲它们。不过，鉴于 Python 开发人员经常开发科学应用，纯文本的展现形式无法满足他们的要求，这种情况下，使用 Notebook 会非常有帮助。

REMEMBER

Notebook 不同于文本编辑器，它着眼于一种称为“文学编程”的方法（由斯坦福计算机科学家 Donald Knuth 提出）。你可以使用文学编程创建代码、笔记、数学方程、图形的某种表示。简言之，你最终得到了一位科学家的笔记本，里面包含你理解代码所需的一切。在 Mathematica、MATLAB 等高价包中，你会经常看到文学编程技术的应用。Notebook 开发适合应用在如下场景中：

- 演示；
- 协作；
- 研究；
- 教学目标；
- 展示。

本书使用 Anaconda 工具集，因为它不仅能为你提供良好的 Python 编程经验，还有助于你发现文学编程方法的巨大潜力。如果你要花大量时间进行科学研究，那 Anaconda 等工具就是必不可少的。另外，Anaconda 是免费的，你能享受到文学编程带来的好处，而又无需花钱购买其他包。

4.2 下载Anaconda

前面提到过，Anaconda 并不是 Python 自带的工具。当然，如果你愿意，你完全可以使用 Python 自带的 IDLE 来运行本书的示例代码，但我还是强烈建议你试试 Anaconda 这个强大的工具。鉴于此，接下来，我们要讲解如何下载 Anaconda，并将其安装在本书所支持的 3 种平台上。

4.2.1 下载Anaconda

你可以免费下载基础 Anaconda 包。只要单击页面上的下载按钮，你就能免费下载到 Anaconda。当然，你得提供一个电子邮件地址，输入你的电子邮件地址之后，页面会跳转到另一页，然后根据你所用的系统类型选择相应的安装程序。Anaconda 支持如下 3 种平台：

» Windows 32 位和 64 位（你可能只能看到 64 位或 32 位版本，网站会检测你的 Windows 版本）；

» Linux 32 位和 64 位；

» Mac OS X64 位。

本书使用的是 Anaconda 4.4.0，它支持 Python 3.6.2。如果你用的不是这个版本的 Anaconda，你会发现有些示例无法正常运行，你看到的结果和书中给出的也不一样，即使你使用 Windows 也会出现这种情况。书中的截图是在 Windows 64 位系统下截取的，如果你使用 Anaconda 4.4.0，不管在哪种系统平台下，这些图应该都相差不大。

你还可以下载支持更旧版本 Python 的 Anaconda。如果你想使用更旧版本的 Python，请单击页面底部的安装程序存档链接。我一般不建议你使用旧版本 Python，除非你迫切需要它。

使用 Miniconda 安装程序能够帮助我们节省安装时间，但这样会限制我们安装的功能数量。并且，找出哪些包是你需要的是一个容易出错且耗时的过程。一般来说，我们会把 Anaconda 完整地安装到系统中，这样可以保证你需要的一切全部安装好了。其实，下载 Anaconda 并将其完整地安装到系统中也用不了多少时间和精力。

就学习本书内容来说，使用免费版的 Anaconda 就足够了。不过，在 Anaconda 官方网站上，你还可以看到有许多其他辅助产品可供你使用。这些产品能够帮你创建出可靠的应用程序。例如，你可以通过使用 Accelerate 让 Anaconda 拥有支持多核和 GPU 加速的能力。有关这些产品使用方法的介绍已经超出本书的讨论范围，但你可以去 Anaconda 官网了解更多的相关内容。

4.2.2 在Linux下安装Anaconda

在 Linux 系统下安装 Anaconda 需要在命令行下进行，它并没有为我们提供图形安装界面。开始安装之前，首先要从 Continuum Analytics 网站下载 Linux 版本的 Anaconda。接下来，我们要讲一讲安装步骤，这些步骤适用于所有 Linux 系统，也适合于 Anaconda 32 位或 64 位版本。

1. 打开一个终端窗口。

出现一个终端窗口。

2. 更改目录，进入 Anaconda 文件所在的目录下。

文件名称可能有所不同，但一般都是 Anaconda3-4.4.0-Linux-x86.sh（32 位系统）和 Anaconda3-4.4.0-Linux-x86_64.sh（64 位系统）。版本号是文件名的一部分，从上面两个文件名，我们可以知道 Anaconda 是 4.4.0 版本，这也是本书使用的版本。如果你用的是其他版本的 Anaconda，你可能会遇到一些和源代码相关的问题，并且需要进行相应的调整才能使用。

3. 输入“bash Anaconda3-4.4.0-Linux-x86.sh”（32 位），或“bash Anaconda3-4.4.0-Linux-x86_64.sh”（64 位），并按回车键。

   这会启动一个安装向导，询问你是否接受 Anaconda 许可协议。

4. 阅读并接受许可协议和法律条款。

   安装向导要求你为 Anaconda 提供一个安装位置。本书假定你使用默认安装位置（~/anaconda）。后续步骤都以这个安装位置为基础，如果你选择了其他位置，后面一些步骤可能需要进行一些调整。

5. （若有必要）提供一个安装位置，并按回车键（或单击 Next）。

   应用程序开始解压缩，完成后，你会看到一条完成信息。

6. 把安装路径添加到 PATH 中。

   到这里，Anaconda 就安装完成了。

4.2.3 在Mac OS下安装Anaconda

在 Mac OS 系统下只能安装 64 位 Anaconda。开始安装之前，首先要从 Continuum Analytics 网站下载 Mac OS 版本的 Anaconda，下载地址参见前面“下载 Anaconda”一节。

在 Mac OS 系统下有两种方式安装 Anaconda：第一种是图形界面安装方式，第二种是命令行安装方式。其中命令行安装方式和第 2 章“使用标准 Linux 安装”一节中讲解的方式很类似，这里不再赘述。下面我们讲讲在 Mac 系统下如何使用图形界面方式安装 64 位的 Anaconda。

1. 进入 Anaconda 文件所在的目录。

   文件名称可能有所不同，但一般都是 Anaconda3-4.4.0-MacOSX-x86_64.pkg。版本号是文件名的一部分，从上面文件名，我们可以知道 Anaconda 是 4.4.0 版本的，这也是本书使用的版本。如果你用的是其他版本的 Anaconda，你可能会遇到一些与源代码相关的问题，并且需要进行一些调整才能使用它。

2. 双击安装文件。

   出现一个介绍对话框。

3. 单击“继续”。

   安装向导询问你是否想读一下 Read Me 资料。你可以以后再读这些资料。现在，你可以放心地跳过它们。

4. 单击“继续”。

   安装向导会显示一份许可协议。阅读一下，了解相关使用条款。

5. 如果同意许可协议，单击“我同意”。

安装向导要求你指出安装目的，这决定着安装针对的是个人用户还是一组人。

你可能会看到一条错误信息，指出你无法在 Mac OS 系统中安装 Anaconda。这条错误信息是由安装程序中的一个 Bug 引起的，它与你的系统没什么关系。为了消除这条错误信息，请选择“仅为我安装”这个选项。在 Mac 系统下，你无法为一组用户安装 Anaconda。

6. 单击“继续”。

安装程序显示出一个对话框，其中包含更改安装类型的选项。如果你想指定 Anaconda 在系统中的安装位置，单击更改安装位置（本书假设你使用的是默认安装位置：~/anaconda）。如果你想调整安装程序的工作方式，可以单击“自定义”。比如，你可以选择不把 Anaconda 添加到 PATH 中。不过，本书假定你采用的是默认安装设置，并且我也不建议你更改它们，除非你在其他位置已经安装了 Python 3.6.2。

7. 单击“安装”。

开始进行安装，通过进度条可以了解具体的安装情况。当安装完成后，你可以看到一个完成对话框。

8. 单击“继续”。

到这里，Anaconda 就安装好了。

4.2.4 在Windows下安装Anaconda

针对 Windows 系统，Anaconda 为我们提供了图形化安装程序，这使得在 Windows 系统下安装 Anaconda 变得很容易，就像你在 Windows 下安装其他程序一样简单。开始安装之前，首先下载 Windows 版本的 Anaconda，下载地址参见前面“下载 Anaconda”一节。接下来，我们要讲一讲具体的安装步骤（完成这些步骤需要花一些时间），这些步骤适用于所有 Windows 系统，也适合于 Anaconda 32 位或 64 位版本。

1. 找到下载的 Anaconda。

文件名称可能有所不同，但一般都是 Anaconda3-4.4.0-Windows-x86.exe（32 位系统）和 Anaconda3-4.4.0-Windows-x86_64.exe（64 位系统）。版本号是文件名的一部分，从上面两个文件名，我们可以知道 Anaconda 是 4.4.0 版本，这也是本书使用的版本。如果你用的是其他版本的 Anaconda，你可能会遇到一些和源代码相关的问题，并且需要进行相应的调整才能使用它。

2. 双击安装文件。

（你可能会看到一个打开文件安全警告对话框，询问你是否想运行这个文件。如果你看到了这个对话框，单击“运行”按钮）你会看到 Anaconda3 4.4.0

安装对话框，如图 4-1 所示。根据你下载的 Anaconda 安装程序的版本，你所看到的安装对话框可能有所不同。如果你用的是 64 位操作系统，那我强烈建议你使用 64 位的 Anaconda，这样你能获得最佳性能。第一个对话框告诉你当前你正在安装的是 64 位的 Anaconda。

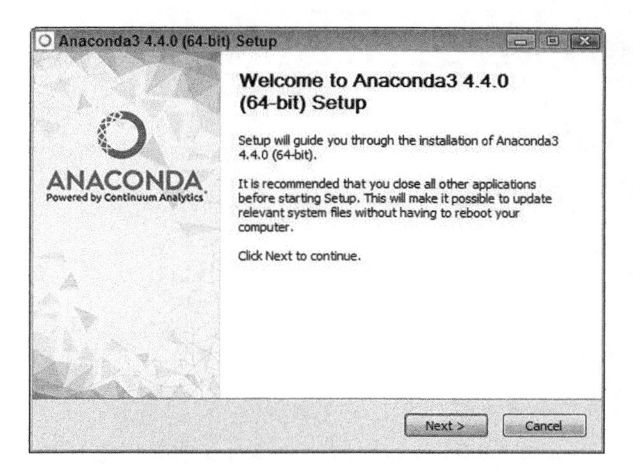

图4–1 安装程序先告诉你要安装的 Anaconda 版本

3. 单击“Next”。

安装向导显示许可协议。阅读许可协议，了解使用条款。

4. 单击“I Agree”。

安装向导询问你的安装类型，如图 4-2 所示。大多数情况下，我们都会选择“Just Me(recommended)”。如果有多个人使用你的系统，并且都需要访问 Anaconda，那就得选择“All Users(requires admin privileges)”这一项。

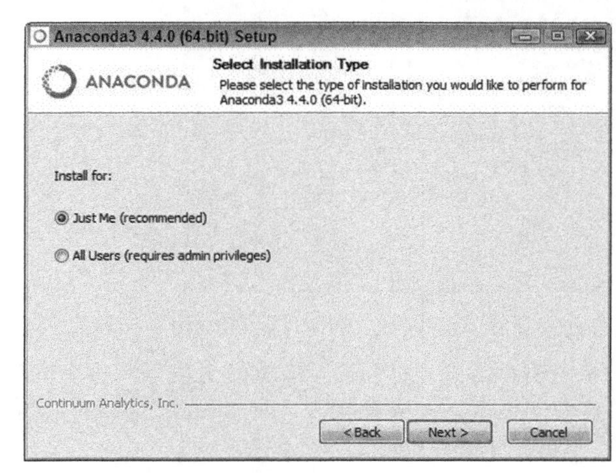

图4–2 告诉安装向导如何把 Anaconda安装到系统中

5. 选择一个安装类型后，单击“Next”。

安装向导询问要把 Anaconda 安装到哪里，如图 4-3 所示。本书假定你采用的是默认安装位置。如果你选择了其他安装位置，后续安装步骤可能得调整一下。

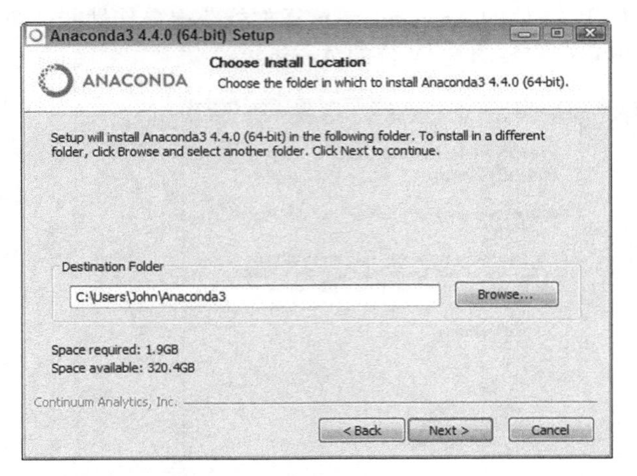

图4-3
指定安装位置

6.（若需要）指定安装位置，单击“Next”。

你会看到一个高级安装选项对话框，如图 4-4 所示。默认情况下，第二项处于选中状态，大多数时候，保持默认不变就可以了。如果 Anaconda 不默认安装 Python 3.6 或 Python 2.7，你可能需要改动一下。不过，本书假定你使用默认设置安装 Anaconda。

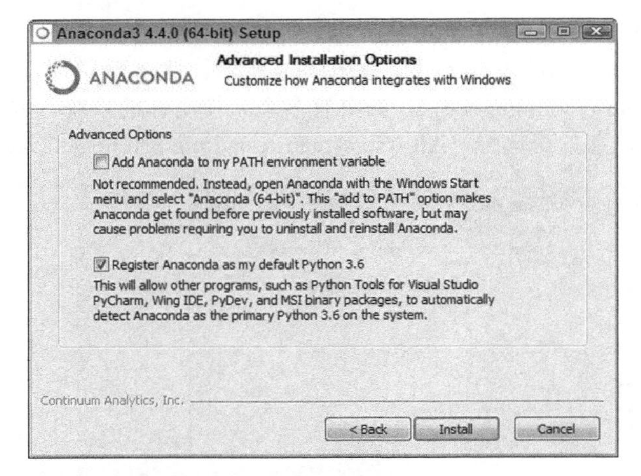

图4-4
配置高级安装选项

7.（若有必要）更改高级安装选项，然后按“Install”按钮。

你会看到一个安装对话框，里面显示有安装进度条。整个安装过程可能需要花几分钟，这期间你可以去喝杯咖啡，看看漫画之类的。当安装完成后，你会看到一个“Next”按钮被激活了。

8. 单击“Next”按钮。

安装向导告诉你整个安装过程完成了。

9. 单击“Finish”按钮。

从现在开始，你就可以使用 Anaconda 了。

4.3 下载数据集和示例代码

本书讲解的是如何使用 Python 来做一些基本的编程工作。你可以自己多花一些时间从零开始编写示例代码，调试它们，并从中体会 Python 的奇妙之处。当然，你也可以采用更简单的方法，直接下载现成的示例代码（下载站点请参考本书引言），这样你就能立即开展工作。接下来，我们会讲解 Jupyter Notebook（Anaconda IDE）的使用方法，着重介绍与应用程序代码管理相关的内容，包括如何导入源代码，以及如何把你的应用程序导出，以便与朋友分享等。

4.3.1 使用Jupyter Notebook

为了更方便地使用本书示例代码，我们要使用 Jupyter Notebook。它可以让我们更容易地创建 Python Notebook 文件，其中可以包含任意数量的示例，并且每个示例都可以单独运行。Jupyter Notebook 运行在浏览器中，与你使用的开发平台无关，只要你的系统中安装有浏览器，你就能正常运行它。

1. 启动Jupyter Notebook

大多数平台都提供了用于访问 Jupyter Notebook 的图标。我们只要单击这个图标，即可访问 Jupyter Notebook。比如，在 Windows 系统下，你可以依次单击“开始-所有程序-Anaconda 3-Jupyter Notebook”来启动 Jupyter Notebook。图 4-5 显示的是 Jupyter Notebook 在 Firefox 浏览器中呈现出的界面。根据你所用浏览器和平台的不同，Jupyter Notebook 所呈现的界面有所不同。

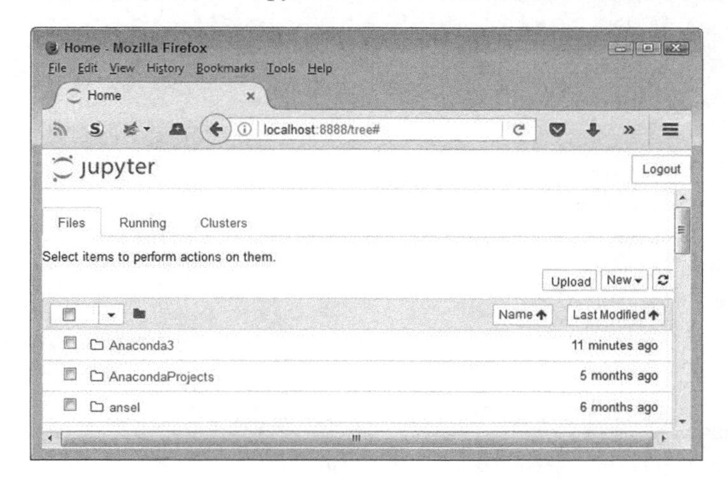

图4-5 Jupyter Notebook提供了一个创建机器学习示例的简单方法

2. 关闭Jupyter Notebook服务器

当你启动 Jupyter Notebook（或简称为 Notebook，本书采用这种叫法）之后，系统通常会打开一个命令行提示符或终端窗口来运行 Jupyter Notebook。这个窗口中包含了一个保证程序正常运行的服务器。当会话结束，你关闭浏览器窗口后，选择服务器所在的窗口，按 Ctrl+C 组合键或 Ctrl+Break 组合键即可关闭 Jupyter Notebook 服务器。

4.3.2 定义代码仓库

你在本书学习过程中创建和使用的代码都会驻留在你硬盘的存储仓库中。你可以把存储仓库想象成一种用来存放代码的文件柜。Notebook 打开一个抽屉，取出文件夹，并把代码显示给你。你可以修改它，运行文件夹中的单个示例，添加新示例，并且以一种自然的方式与代码进行交互。下面几节先讲解 Notebook，这样你就可以了解存储仓库是如何运作的。

4.3.2.1 定义本书文件夹

花点时间组织文件是很值得的，因为这可以让你更轻松地访问它们。本书所有文件都存放在一个名为 BPPD 文件夹中。在 Notebook 中，使用如下方法来创建新文件夹。

1. 选择“New-Folder”。

Notebook 为我们创建了一个名为“Untitled Folder”的文件夹，如图 4-6 所示。Notebook 根据文件夹名的字母表顺序来显示它们，如果你看不到“Untitled Folder”文件夹，请向下拖动浏览器右侧的滑动条，直到你看到它。

2. 点选“Untitled Folder”文件夹左侧的复选框。

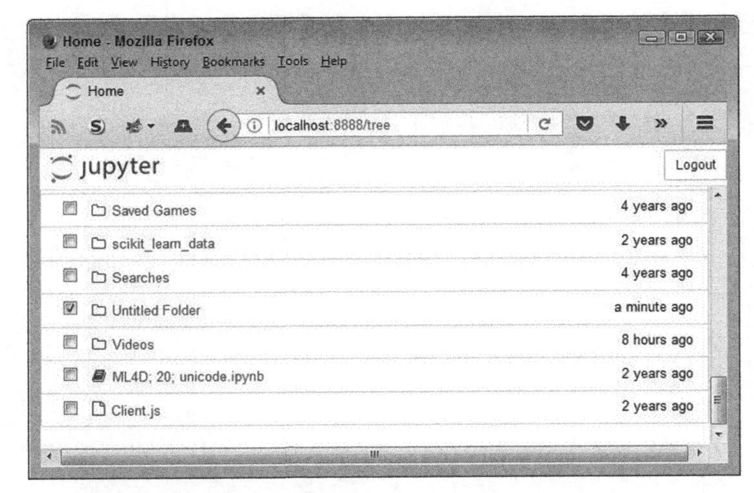

图4-6 新创建的文件夹名称为“Untitled Folder”

3. 单击页面左上端的“Rename”按钮。

弹出一个“Rename directory”对话框，如图 4-7 所示。

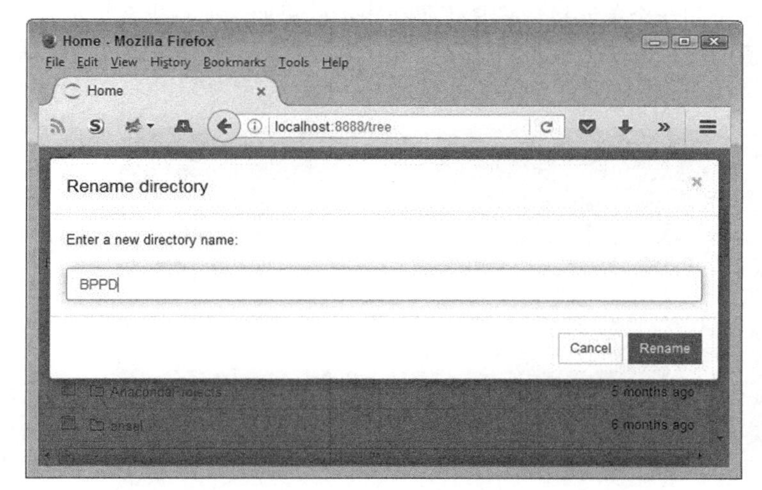

图4-7 重命名文件夹，以便记住其中包含的内容

4. 输入“BPPD”，单击“Rename”按钮。

这样，Notebook 就为我们修改好了文件夹的名称。

5. 单击刚刚创建的 BPPD 文件夹。

进入 BPPD 文件夹中，在这里你可以做一些与本书练习相关的任务。

4.3.2.2 新建Notebook

每个新 Notebook 都像一个文件夹。你可以把独立示例放入这个文件夹中，就像你把一沓纸放入一个真实的文件夹中一样。每个示例都显示在一个单元格中。当然，你还可以把其他东西放入这个文件夹中，随着学习的深入，你会知道具体如何去做。下面是创建新 Notebook 的步骤。

1. 单击“New ➪ Python 3”。

浏览器会打开一个新的标签页，里面是新建的 Notebook，如图 4-8 所示。请注意，新建的 Notebook 中包含一个单元格，并且 Notebook 将其高亮显示，这表示你可以在其中输入代码。现在 Notebook 的标题是“Untitled”，这没什么用，我们要改一下。

2. 单击“Untitled”。

打开重命名 Notebook 对话框，要求你输入新名称，如图 4-9 所示。

3. 输入“BPPD_04_Sample”，并按回车键。

通过新名称，你可以知道这个文件对应的是本书第 4 章的 Sample.ipynb。继续使用这种命名约定，你可以轻松地把存储库中的各种文件区分开来。

当然，目前 Sample Notebook 中什么都没有。把光标放入单元格中，输入“print（‘Python is really cool!’）”，然后单击“Run”按钮（该按钮就是工具条中有的向右箭头的按钮）。你可以看到这条语句的输出，如图 4-10 所示。输出和代码属于同一个单元格，只是代码在矩形框里面，而输出在矩形框之外。Notebook 借助这种方式把输出和代码隔开，方便我们把它们区分开。同时，Notebook 还自动为我们新建了一个单元格。

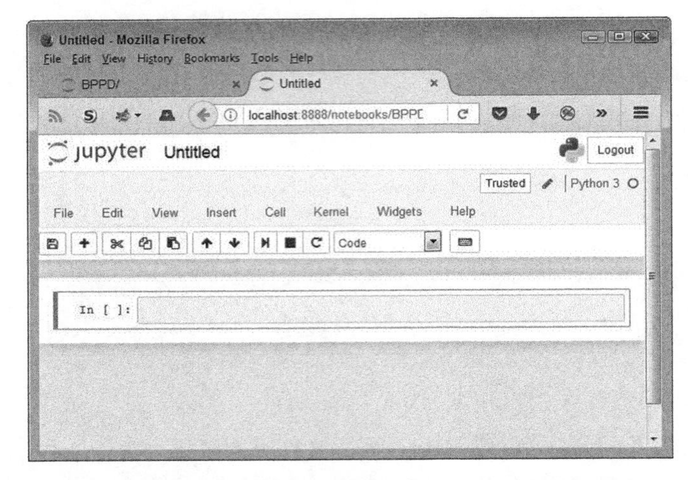

图4-8 Notebook中包含多个单元格，你可以在其中存放代码

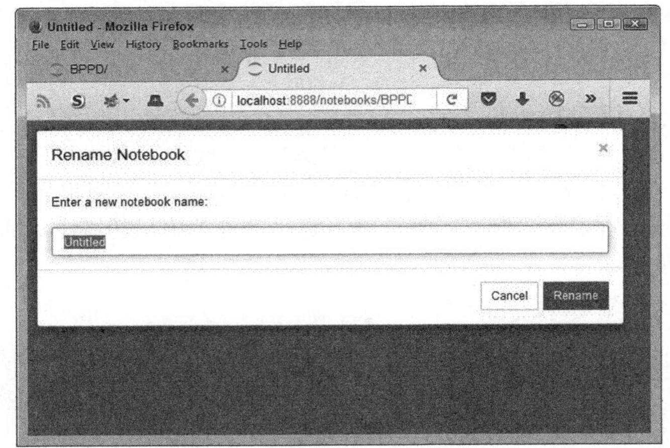

图4-9 为Notebook重新命名

当我们用完 Notebook 之后，还要将其关闭，具体方法是：依次选择“File – Close and Halt”。这样，我们就再次返回到主页中，并且可以在列表中看到刚刚创建的 Notebook，如图 4-11 所示。

4.3.2.3 导出Notebook

如果创建好的 Notebook 只留给自己看，那其实并没什么意思。有时，你想把它们分享给别人。为了做到这一点，你必须把它们从存储库导出为文件，然后把导出的文件发送给别人，他们再把它导入到自己的存储库中。

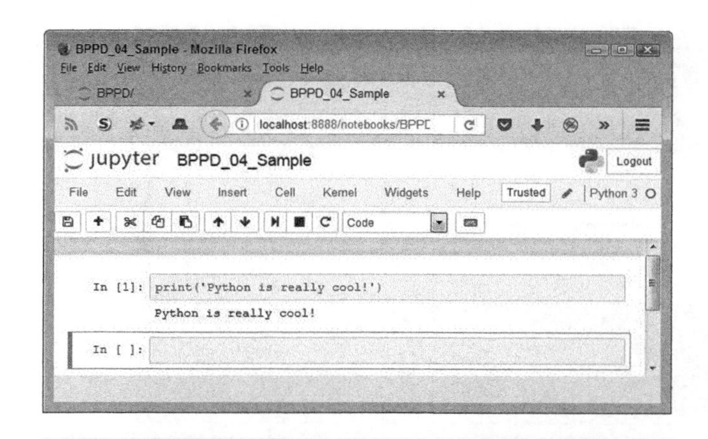

图4-10 Notebook使用单元格保存代码

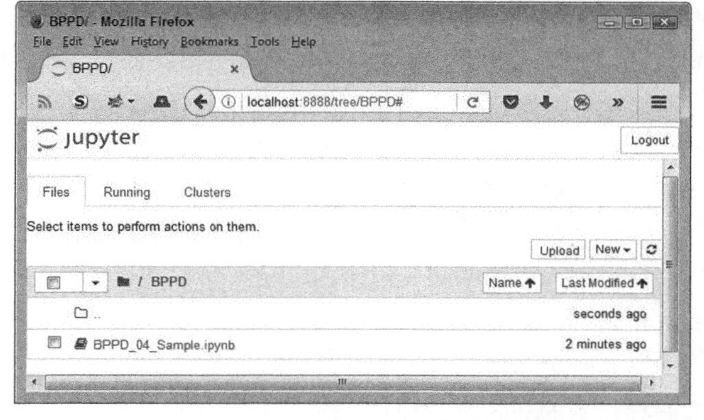

图4-11 我们创建的所有Notebook都会出现在存储库列表中

上一节我们讲了如何创建一个 Notebook（BPPD_04_Sample.ipynb）。在存储库列表中单击它，即可将其打开。当这个文件重新打开时，你能再次看到其中包含的代码。为了导出代码，依次选择“File – Download As – Notebook(.ipynb)”。根据所用浏览器的不同，你们看到的界面可能有所不同，但你们看到的通常都是某种的对话框，用来把 Notebook 存储为文件。使用浏览器保存普通文件的方法保存 Jupyter Notebook 文件。导出完成后，再依次选择“File – Close and Halt”，把应用程序关闭。

4.3.2.4 删除Notebook

有时，有些 Notebook 过时了，或者你不再需要它们了。这时，不要让这些文件塞满你的存储库，你可以把它们从列表中删除。具体操作方法如下。

1. 点选 BPPD_04_Sample.ipynb 左侧的复选框。
2. 单击页面顶部的垃圾桶图标（删除）。

   此时，弹出一个警告对话框，询问是否要永久删除，如图 4-12 所示。
3. 单击“Delete”按钮。

   所选文件即从列表中被删除。

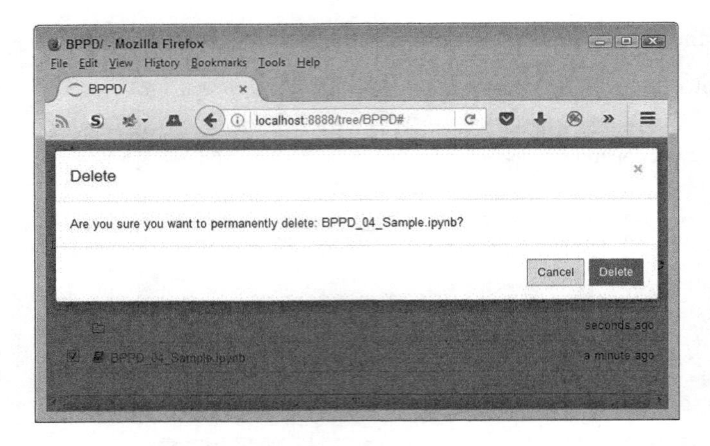

图4-12 从存储库删除文件时会弹出警告对话框

4.3.2.5 导入Notebook

若想使用本书的示例代码，你必须先把下载好的文件导入到你的存储库中。由于下载下来的文件是经过压缩的，所以需要先把它解压缩到你的硬盘中。示例文件中包含一系列 .ipynb（IPython Notebook）文件，它们就是本书使用的示例源代码（有关下载源代码的方法请参考本书前言）。如何把这些文件导入到你的存储库中，请参考如下步骤。

1. 单击页面右上角的“Upload”按钮。

   在不同浏览器下，你看到的界面会有所不同，但一般都是某种文件上传对话框，你可以在其中选择要上传的文件。

2. 找到你要导入到 Notebook 中的文件。

3. 选择要导入的文件（可以选择多个文件），单击“打开”按钮，开始上传过程。

   此时，你可以在上传列表中看到添加好的文件，如图 4-13 所示。这时，文件还没进入存储库，你只是选中它等待上传而已。

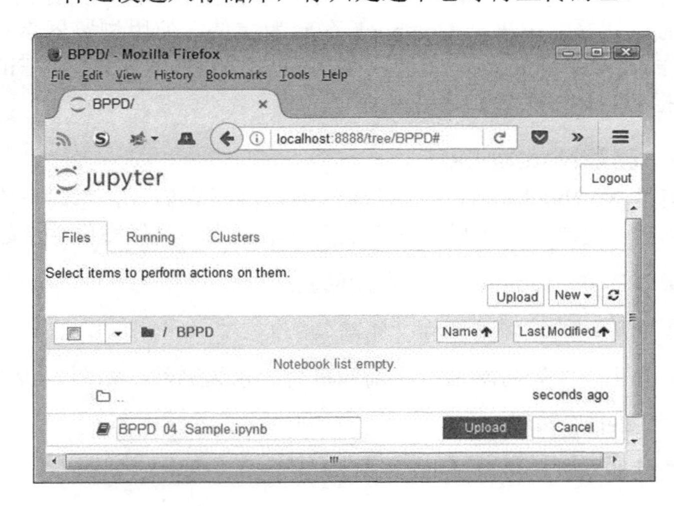

图4-13 你想添加到存储库的文件出现在上传列表中

4. 单击“Upload”按钮。

Notebook 把你选中的文件放入到存储库中，这样你就可以使用它了。

4.4 创建应用程序

事实上，你已经创建出了第一个 Anaconda 程序，所使用的创建步骤请参考“新建 Notebook”一节。虽然 print() 方法看起来并不起眼，但使用频率却非常高。到目前为止，我们对 Anaconda 所提供的文学编程方法了解得还不是很多，还需要进一步学习一下。在接下来的几部分中，我们会讲解文学编程方法，虽然不是面面俱到，但是通过这些讲解相信你会对文学编程所提供的功能有个大致了解。开始讲解之前，需要先打开 BPPD_04_Sample.ipynb，讲解过程中我们会用到它。

4.4.1 理解单元格

如果 Notebook 是一个标准的 IDE，那就根本不需要用单元格这个东西了。你需要的只是一个包含一系列语句的文档。为了把各种编码元素分开，你需要使用单独的文件。而使用单元格则不需要这样做，因为每个单元格都是互相分开的。是的，你在前面单元格中所做事情的结果很重要，但是如果一个单元格要单独工作，那你可以直接前往那个单元格并运行它。为了了解其中的原理，在 BPPD_04_Sample 文件的下一个单元格中输入如下代码：

```
myVar = 3 + 4
print(myVar)
```

然后，单击“Run”按钮（向右箭头）运行代码，你会看到如图 4-14 所示的结果。如你所料，输出结果为 7。不过，请你注意“In[1]:”这个条目，它是第一个得到执行的单元格。

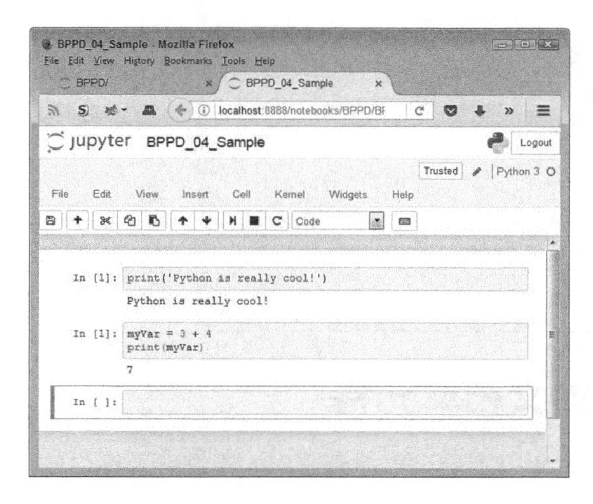

图4–14 Notebook中单元格独立执行

请注意，第1个单元格也带有“In[1]:”，这个条目也来自于前一个会话。把光标放入那个单元格中，单击“Run”按钮，这时它变成了“In [2]:”，如图4-15所示。不过，要注意它下一个单元格并未被选中，因而仍然是“In[1]:”。

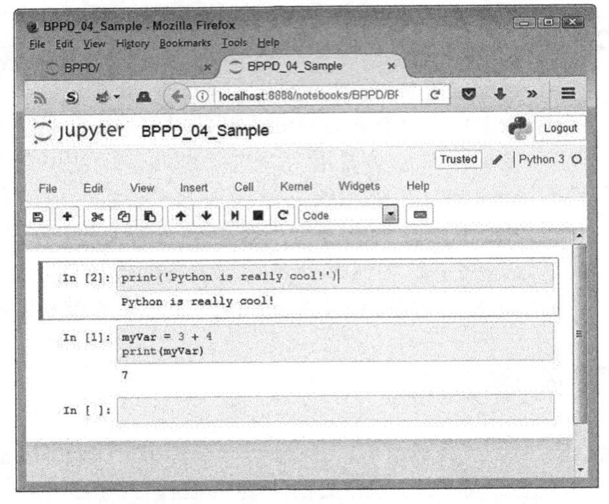

图4–15 Notebook中单元格能以任意顺序执行

现在，把光标放到第3个单元格（空白那个），输入“print("This is myVar: ", myVar)”，单击“Run”按钮，输出结果如图4-16所示，它表明单元格并非严格按顺序执行，并且myVar对Notebook来说是全局性的。在带有数据的其他单元格中，无论执行顺序如何，你所做的操作都会影响到其他单元格。

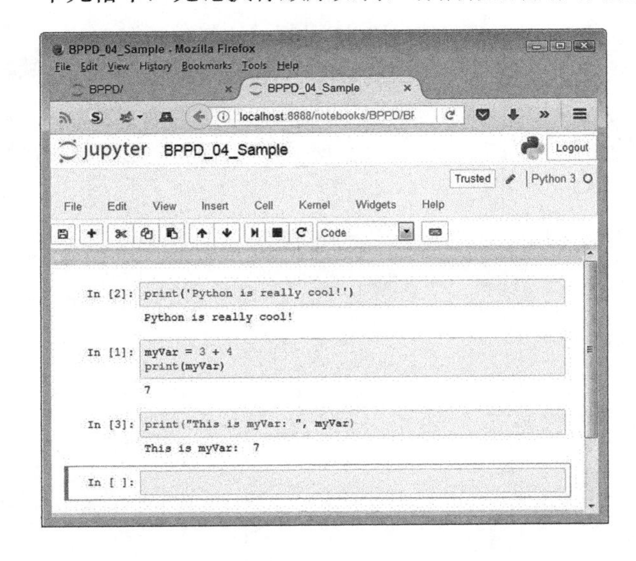

图4–16 修改变量数据会影响到每个用到那个变量的单元格

4.4.2 添加文档单元格

单元格有很多种，本书不会全部用到它们。不过，了解如何使用文档单元格是很有必要的，迟早你会用到它。选择第 1 个单元格（带有 In[2] 标记的单元格），而后依次选择“Insert ➪ Insert Cell Above”，你会看到新添加了一个单元格，并且下拉列表当前显示的是“Code”，我们可以从下拉列表中选择要创建的单元格类型。从下拉列表中选择“Markdown”，并在单元格中输入“# This is a level 1 heading”。单击“Run”按钮（这似乎是一件很古怪的事，但不妨尝试一下），你会看到我们刚刚输入的文本已经变成了标题，如图 4-17 所示。

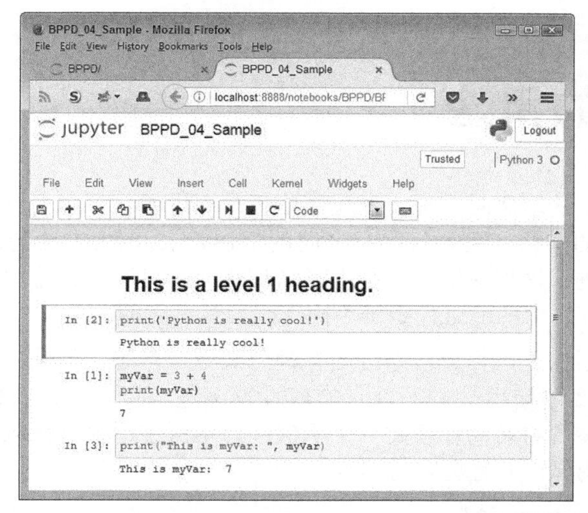

图4–17 添加标题有助于你把代码和文档分隔开

现在，你可能会觉得这些特殊的单元格看上去就像 HTML 页面，你是对的。选择“Insert ➪ Insert Cell Below”，而后在下拉列表中选择“Markdown”，再在单元格中输入“## This is a level 2 heading”，单击“Run”按钮。从图 4-18 中，我们可以看出文本之前“#”的数量决定着标题的级别，但这些 # 实际并不会显示出来。

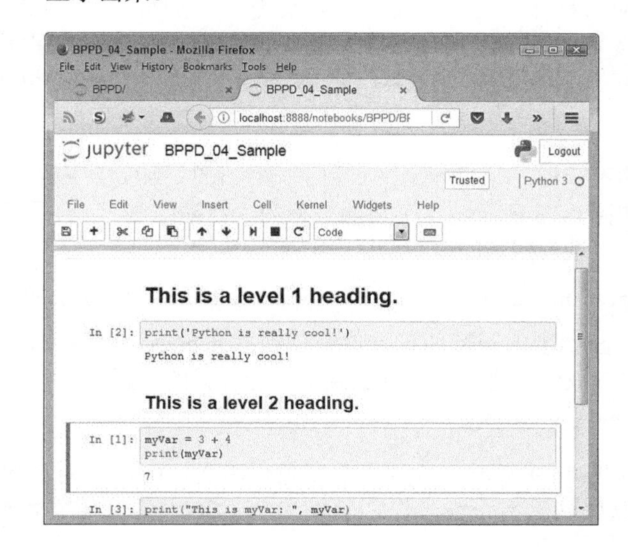

图4–18 使用标题级别强调单元格内容

4.4.3 其他单元格内容

本章（及本书）不会向你展现 Notebook 所支持的所有类型的单元格内容。不过，你完全可以把一些图形元素添加到你的 Notebook 中。到时候，你可以把 Notebook 输出成一份报告，并将其用在各种演示之中。文学编程方法和你以往用过的编程方法不同，但它有着明显的优势，更多内容我们将在下一章中讲解。

4.5 了解缩进的用法

当你阅读本书中的示例时，你会发现某些行是缩进的。事实上，这些示例中还包含了相当多的空格（比如代码行之间的空白行）。Python 会忽略你的应用程序中的所有缩进。添加缩进主要是为了增加代码的可读性。与图书大纲中使用的缩进一样，代码中的缩进揭示了不同代码元素之间的关系。

随着学习的不断深入，你会对缩进的各种用法更加熟悉。但是，从一开始你就应该知道为什么要使用缩进，以及如何设置缩进。接下来，我们再举一个例子，下面这些步骤将帮助你新建一个示例，该示例使用缩进使应用程序元素之间的关系更加明显，并且更容易理解。

1. 选择“New ➪ Python3”。

   Jupyter Notebook 会为你新建一个 Notebook。下载文件中使用的是 BPPD_04_Indentation.ipynb 这个文件名，不过你可以使用其他任何名字。

2. 输入 print(“This is a really long line of text that will‘+’”)。

   正如你预期的那样，文本正常显示在屏幕上。加号（+）告诉 Python 后面还有一些文本要显示。把多行文本转换成单行长文本的过程称为“串接”（concatenation）。更多相关内容，本书后面会讲解，这里不必过多担心它。

3. 按回车键。

   与你预想的不一样，光标并没有回到下一行行首，而是对齐到了第一个双引号之下，如图 4-19 所示。这个功能被称为“自动缩进”，它是把普通文本编辑器与专用于编写代码的编辑器区分开来的特性之一。

4. 输入（“appear on multiple lines in the source code file.”），并按回车键。

   此时，光标回到了下一行的行首位置。当 Notebook 检测到你已经写完代码后，它会自动取消缩进，把光标放到下一行行首的位置。

5. 单击“Run”按钮。

   输出结果如图 4-20 所示。虽然文本在源代码文件中显示为多行，但在最终输出结果中只显示为一行。你之所以在图 4-20 中看到的文本行是断开的，是因为窗口尺寸小了，它们实际上是一行。

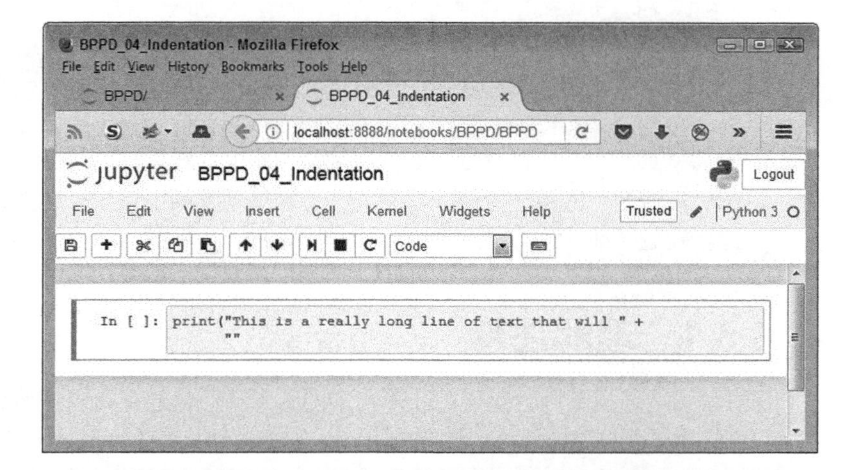

图4-19 编辑窗口自动缩进了一些文本

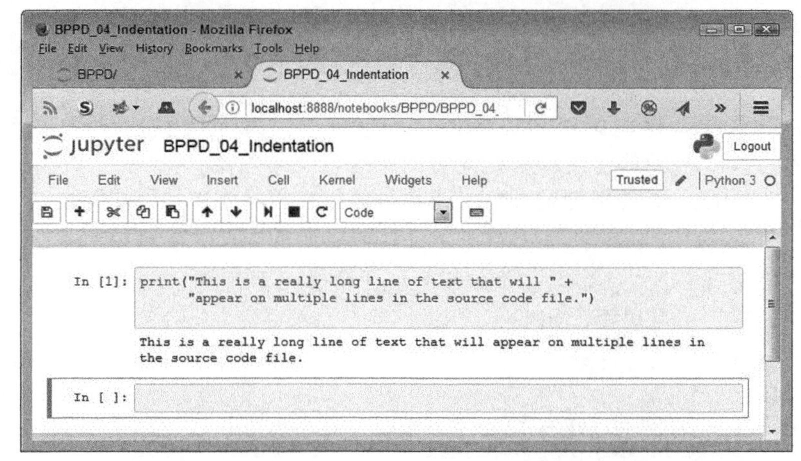

图4-20 使用“串接”把多行文本接成一行

4.6 添加注释

人们无时无刻不为自己做着各种备注。当你需要去买东西时，你先看看橱柜，确定需要什么，然后把它们写在清单上。当你到商店时，你看一眼清单，记住需要买什么。备注对各种各样的需求都很有用，比如记录商业伙伴之间的对话，或者记下演讲要点。人类需要使用各种备注来唤起记忆。源代码中的注释是另一种备注形式。你把它们添加到代码中，这样你就能知道这段代码是用来做什么的。下面几节将详细讲解有关注释的内容。你可以在随书示例文件的BPPD_04_Comments中查找这些示例。

标题和注释

一开始你可能会觉得标题和注释有点乱。标题出现在单独的单元格中，而注释与源代码一起出现。它们适用于不同的目的。标题可以告诉你有关整段代码的信息，单个注释可以告诉你有关某一行或几行代码的信息。你可以在文档中同时使用这两种方法，每种方法都有其独特的用途。一般来说，注释会比标题更详细。

4.6.1 理解注释

计算机需要使用某种方法来判断你写下的文本是注释还是代码。为此，Python 为我们提供了两种方法。第一种方法是单行注释，即以 # 打头的行是注释行，如下：

```
# This is a comment.（这是一个注释行）
print("Hello from Python!") #This is also a comment.（这也是一个注释行）
```

单行注释可以单独在一行中，也可以出现在可执行代码之后，但必须是一行。一般单行注释都是简短的描述性文本，比如对某条代码语句所做的解释。Notebook 使用特定颜色（通常是蓝色）和斜体来呈现注释。

事实上，Python 并未对多行注释直接提供支持，但是你仍然可以使用一对三引号（3 个双引号或 3 个单引号）来创建多行注释。Python 中多行注释要放在一对三引号里面，如下：

```
"""
   Application: Comments.py
   Written by: John
   Purpose: Shows how to use comments.
"""
```

上面这几行不会执行，当它们出现在你的代码中时，Python 不会显示任何错误信息。但是，Notebook 以不同的方式对待它们，如图 4-21 所示。请注意，真正的 Python 注释（那些以 # 打头的语句）不会产生任何输出。然而，三引号字符串会产生输出。如果你打算把 Notebook 输出为报告，那就不要使用三引号字符串（有些 IDE（比如 IDLE）会完全忽略三引号字符串）。

与标准注释不同，三引号中的文本呈现为红色而非蓝色，并且也不是斜体。我们通常使用多行注释对程序进行较长的说明，比如程序作者是谁，编写这个程序的原因，以及这个程序有什么功能等。当然，对于如何使用注释，没有硬性规定。我们的主要目标是告诉计算机哪些是注释以及哪些不是注释，这样计算机才不会感到困惑。

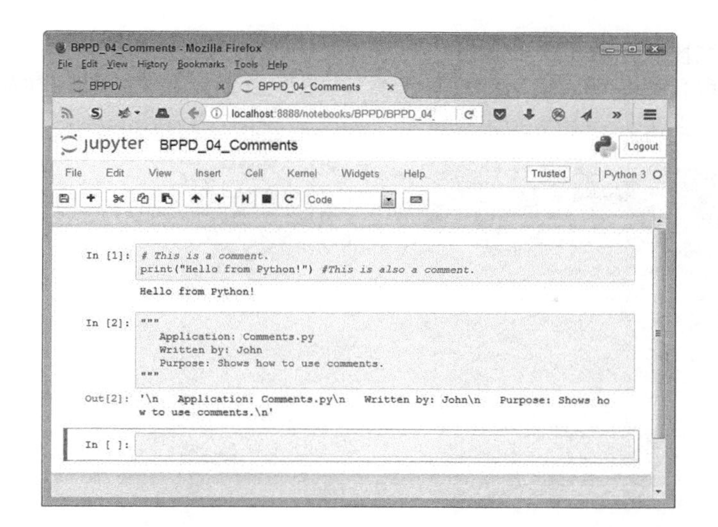

图4-21 多行注释起作用，但它们会产生输出

4.6.2 使用注释提醒自己

很多人并不真正理解注释——他们不知道代码中的注释用来做什么。比如，你今天写了一段代码，然后多年没看它。你需要使用注释来提醒你，让你能够记起这段代码的功能以及编写它的原因。事实上，这里有一些在代码中使用注释的常见原因：

- 提醒你某段代码的功能以及编写它的原因；
- 告诉其他人如何维护你的代码；
- 让其他开发者容易理解你的代码；
- 列出未来更新的想法；
- 提供一系列用来写代码的文档资源；
- 维护一系列改进列表。

此外，注释的使用方式还有很多，但上面这些是最常见的方式。看看本书中的例子是如何使用注释的，尤其是在后面章节中代码变得更加复杂时。随着代码越来越复杂，你需要添加的注释也越来越多，并且要把需要记住的内容写到注释中。

4.6.3 使用注释阻止代码运行

有时，开发人员还会使用注释功能来阻止代码执行（这称为把代码“注释掉”）。你可能需要这样做，以确定某行代码是否是导致程序失败的罪魁祸首。与其他所有注释一样，你可以使用单行注释或多行注释。当把代码放入多行注释中时，这段代码就不会被执行，而只作为输出的一部分（实际上，这有助于你查看某段代码是否对输出结果有影响）。图 4-22 所示是一个使用注释阻止代码被执行的例子。

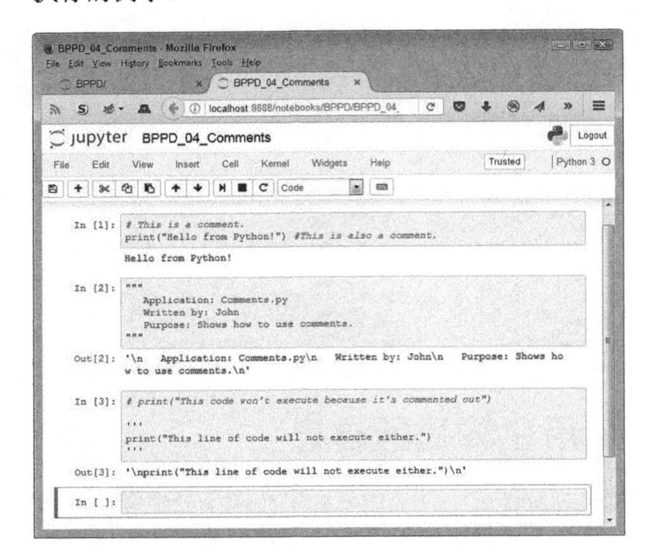

图4-22 使用注释阻止代码运行

4.7 关闭Jupyter Notebook

在执行“File ⇨ Close and Halt”命令关闭所有打开的 Notebook 之后，你可以直接关闭浏览器窗口结束会话。不过，这时服务器仍然在后台运行。通常，你会看到一个打开的 Jupyter Notebook 窗口，如图 4-23 所示。只要不关闭服务器，这个窗口就一直打开着。如果你按 Ctrl+C 键结束服务器会话，窗口就会关闭。

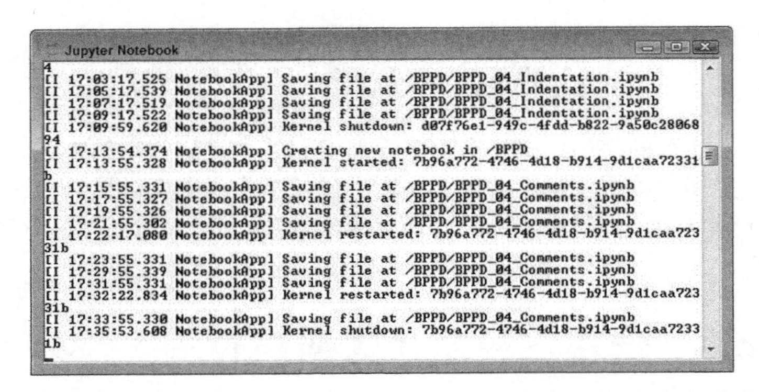

图4-23 一定要关闭服务器窗口

再看一眼图 4-23，你会看到其中有很多命令。这些命令会告诉你当前用户界面正在做什么。通过查看这个窗口，你可以了解会话期间可能会发生什么错误。即使这个功能用得并不多，但你有必要了解一下。

本章概要

与代码文件交互

使用单元格

配置用户界面

更改代码外观

第5章 使用Anaconda

Anaconda 为我们提供了一个功能强大的集成开发环境（IDE）——Jupyter Notebook。其实，你可以使用它运行书中的所有示例。这也正是本章着重讲 Jupyter Notebook（大多数情况下都简称为 Notebook）的原因所在。与其他大多数 IDE 不同，Notebook 建立在文学编程（相关内容在第 4 章“Notebook 为何有用”一节中讲解过）基础之上。本章中，你将学到文学编程如何帮你提高编写 Python 代码的效率。

在 Notebook 的学习过程中，你会学到如何下载各种形式的代码以及如何创建代码记录点以便更容易地从错误中恢复。有效使用文件是整个开发过程的一个重要组成部分。第 4 章只讲了代码文件的使用基础，本章会讲解更多相关的细节。

第 4 章中还讲了一些与单元格有关的内容。你可能已经意识到单元格肯定让某些编码工作变得更容易，因为你可以轻松地移动这些代码块。不过，单元格能做的事远不止如此，本章为你介绍更多的相关内容。

本章我们还将学习高效使用 Notebook 的方法。比如，你可能不喜欢 Notebook 的配置方式，因此本章会告诉你如何更改配置。你还需要知道出现问题时应该如何重启内核，以及如何获得帮助。此外，Notebook 还有一些称为“魔术函数”（magic functions）的功能，它们看起来真的很神奇。使用这些函数并不会影响到你的代码，但是它们确实会影响你观看 Notebook 中代码的方式以及某些特征（比如图形）的显现方式。最后，你还需要知道如何与运行中的进程进行交互。某些情况下，为了确定与进程的交互方式，你需要知道进程当前正在做什么。

5.1 下载代码

与其他许多 IDE 相比，Notebook 为你提供了一种特殊的编码环境，这种编码环境不是基于文本的。如果你打开一个 IPython Notebook 文件（.ipynb，和 Jupyter Notebook 使用的扩展名相同），你会发现它具有一定的可读性，但是并非真的可用。为了使用 Notebook 所提供的特殊功能，这个文件必定包含着一些普通文本所没有的信息。因此，你必须下载自己的代码以便在其他环境中使用。

REMEMBER

第 4 章“导出 Notebook”一节讲解了如何以 Notebook 理解的形式导出你的 Notebook。不过，有时你可能想把代码下载成其他应用程序使用的格式。这时，你可以在“File ➪ Download As”菜单下选择相应的格式下载你的代码，如下：

- Python (.py)；
- HTML (.html)；
- Markdown (.md)；
- reST (.rst)；
- LaTeX (.tex)；
- PDF via LaTeX (.pdf)。

WARNING

请注意，并非所有格式任何时候都可以使用。比如，如果你想使用 LaTeX 生成 PDF，那么你必须先安装 XeTeX 才行。XeTeX 为生成 PDF 提供了一个渲染引擎。

根据你的设置，有些格式可以在浏览器中直接打开。例如，图 5-1 显示了第 4 章中的一个示例以 HTML 格式呈现出的样子。请注意，输出结果和它在文件中呈现的样子是完全一样的，因此你最终得到的其实是一种电子打印输出。此外，输出的内容并非总适合于修改，比如在使用 HTML 格式时。

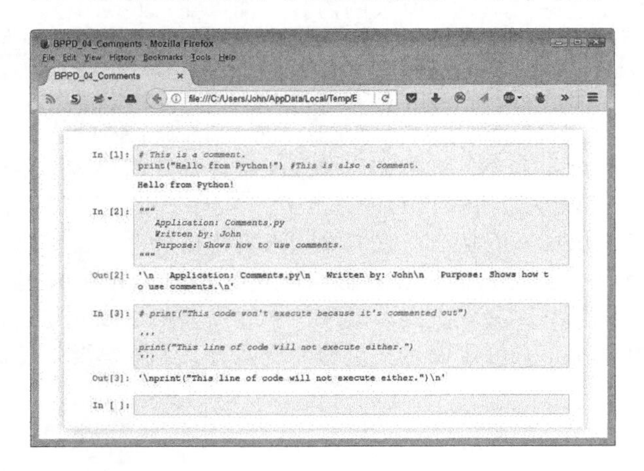

图5-1 有些输出格式可以直接在浏览器中打开

5.2 使用记录点

记录点是 Notebook 特有的功能，如果用好了，它可以帮你节省大量的时间，避免诸多麻烦。记录点把临时保存和源代码控制组合成一个包。你得到的是应用程序在某个时间点上的快照。

5.2.1 了解记录点的用法

与其他应用程序的保存功能不同，记录点是一个单独的实体。每次创建记录点时，都会生成一个隐藏文件。这个文件位于项目文件夹的一个特殊文件夹中。比如，查看本书代码时，你会在 \BPPD\.ipynb_checkpoints 文件夹中找到记录点。如果有必要，你可以再次返回到这个特殊的记录点，把你的开发时间表拨回去。记录点存储发生在下面这些时候。

- **自动**：默认情况下，Notebook 每隔 120s 自动保存一次。但你可以使用 %autosave 魔术函数更改间隔时间（更多相关细节，请参考本章“使用魔术函数”一节）。
- **手动**：手动生成一个独立的保存文件。

所有保存选项都使用同一个文件，所以，每次保存都会覆盖掉前一次内容。对一般备份来说，任何保存都是有用的，这可以确保在出现重大事件（比如启动或关闭应用程序）导致原始文件发生损坏时，你仍然有备份可用。

手动保存记录点有助你创建一种特殊类型的存储。例如，你可能会让应用程序运行到一个稳定的点（在这个点上，应用程序各个方面都运行正常），但此时应用程序还不具备所有的功能。因此，你想手动创建一个记录点，以确保当将来的修改导致应用程序损坏时你可以再次返回到这点。

记录点在其他时候也可以派上用场。例如，你打算向你的应用程序添加一个带有潜在危险的功能，同时希望这种潜在危险发生时你的应用程序不会受到其损害。当你希望在应用程序开发期间回到某个特定的时间点时，你可以使用记录点。这是自动保存之外一道有效的保险。

TIP

虽然 Notebook 不会显示多个记录点，但是如果有必要，你完全可以保留多个记录点，方法很简单，就是对已有的记录点重命名，然后创建一个新的。例如，如果已有记录点的名称为“BPPD_04_Comments-checkpoint.ipynb”，在新建记录点之前，你可以将其重命名为“BPPD_04_Comments-checkpoint1.ipynb”。当使用更早的记录点时，你必须把它改回原来的名字（checkpoint.ipynb）。

5.2.2 保存记录点

在 Notebook 中，选择“File ➪ Save and Checkpoint”，可以保存记录点。Notebook 会在 .ipynb_ checkpoints 文件夹中自动保存现有 Notebook 的一个副本，名称和原来的一样，只是后面添加上了 -checkpoint。如果你不专门对现有记录点重命名，不论是手工保存还是自动保存都会覆盖掉现有记录点文件。因此，你只能看到一个记录点文件，除非你手动对先前的文件进行重命名。

5.2.3 恢复记录点

在“File ➪ Revert to Checkpoint”菜单下，选择相应项，即可恢复记录点。表面看起来这个菜单下好像可以有多个记录点文件，但其实它只能有一个，而且是那个记录点创建时的日期和时间。

5.3 使用单元格

单元格是 Notebook 区别于其他 IDE 最鲜明的特征。通过使用单元格提供的功能，你可以轻松对各种应用程序进行处理，这些处理在其他 IDE 中很难做或者非常容易出错，比如以块为单位移动相关代码，而不是以行为单位进行移动。第 4 章中我们学习了单元格的一些使用技巧。接下来，我们还要学习单元格的更多的使用方法，掌握这些方法，你可以让单元格发挥出真正的作用。

5.3.1 添加不同类型的单元格

Notebook 中的单元格分为好几种类型，第 4 章中我们已经学过两种类型。Notebook 为我们提供了如下几种类型的单元格。

- **Code（代码）**：这种类型的单元格用来存放待解释的 Python 代码，包括一个输入区和一个输出区。
- **Markdown**：可以使用 GitHub markup 技术显示特定文档文本。本书主要使用 Markdown 类型的单元格来存放标题，但是你可以把各种信息放入这种类型的单元格中。
- **Raw NBConvert**：它提供了一种用来在 Notebook 中添加未解释内容的方法，并且会影响到某些类型的下载输出，比如 LaTex。本书用不到这种类型的单元格，它们用于专业输出。
- **Heading（已过时）**：这是一种用来创建标题的老方法，建议你不要再用它。

当你使用“Run”按钮或选择“Cell ➪ Run Cells and Select Below”执行单元格的内容后，Notebook 会自动为你添加一个新单元格，并且把插入点移到新单元格中。不过，添加新单元格的方法不止这一种。有时，你可能想在 Notebook 的中间位置添加新单元格，这时你可以使用“Cell ➪ Run Cells and Select Above”和“Insert ➪ Insert Cell Below”这两个命令，前一个命令用来在当前单元格之上插入一个单元格，而后一个命令用来在当前单元格之下插入单元格。

5.3.2 拆分与合并单元格

Notebook 把单元格看作不同的实体。无论你在单元格中做什么，都会影响到整个应用程序。但是，你可以运行或操作单个单元格，而无需改动其他任何单元格。此外，你还可以按任意顺序运行单元格，并且运行某些单元格的频率要比其他单元格高。这就是你需要关注单元格构造的原因：你需要确定一个单元格是否足够独立、是否足够完整，以执行所需的任务。考虑到这一点，你会发现拆分和合并单元格是必需的。

拆分单元格指的是从一个已有的单元格创建出两个单元格，其具体操作方法是：先把光标放到待拆分的单元格中，然后选择“Edit ➪ Split Cell”进行拆分。

合并单元格指的是把两个已有的单元格合并成一个单元格，合并依据它们在 Notebook 中出现的顺序进行，所以合并之前，必须先确保单元格的顺序正确。进行合并时，选择“Edit ➪ Merge Cell Above”或“Edit ➪ Merge Cell Below”。

5.3.3 移动单元格

单元格创建出来之后不一定非要保持创建时的顺序不变。有时，你可能需要移动单元格。移动单元格最简单的方法是：先选中待移动的单元格，然后选择“Edit ➪ Move Cell Up”或“Edit ➪ Move Cell Down”。但是，这两个命令只能用来简单地移动单元格。你可能还想对单元格进行更多的操作。

与大多数编辑器一样，Notebook 也支持各种编辑命令。你可以在 Edit 菜单中找到这些命令。除了标准的移动命令之外，Notebook 还提供了如下的编辑命令。

- **Cut Cells**：移除选中的单元格，将其放入剪贴板中以备后用。
- **Copy Cells**：把所选单元格复制到剪贴板，并且所选单元格不会被移除。
- **Paste Cells Above**：把剪贴板中的单元格副本插入到所选单元格的上方。
- **Paste Cells Below**：把剪贴板中的单元格副本插入到所选单元格的下方。
- **Delete Cells**：删除所选单元格，并且不创建任何副本。

- **Undo Delete Cells**：把删除的单元格重新添加到 Notebook 中（撤销删除只有一个级别，所以必须在删除之后立即执行这个操作）。

5.3.4 运行单元格

要想看到某个单元格（包括 Markdown 单元格）的解释结果，你必须运行它。

运行单元格最常用的方法是单击工具条上的“Run”按钮（带有向右箭头的那个按钮）。但是，有时你可能不想以默认的方式运行单元格。这种情况下，你可以使用 Cell 菜单中的多个运行选项。

- **Run Cells**：运行所选单元格，同时保持当前选择。
- **Run Cells and Select Below (default)**：运行所选单元格，而后选择下一个单元格。如果所选单元格是最后一个，则 Notebook 会为我们新建一个单元格，并将其选中。
- **Run Cells and Insert Below**：运行所选单元格，然后在其下插入一个新的单元格。这很适合用来在应用程序中间添加新单元格，不管这是不是最后一个单元格，你都会得到一个新的单元格。
- **Run All**：自上而下运行 Notebook 中的所有单元格。当 Notebook 到达底部时，它会选择最后一个单元格，但不会插入新的单元格。
- **Run All Above**：从当前单元格开始，按相反顺序运行其上所有单元格。在其他大多数 IDE 中都没有这个命令。
- **Run All Below**：从当前单元格开始，按顺序运行其下所有单元格。当 Notebook 到达底部时，它会选择最后一个单元格，但是不会插入新单元格。

信任你的 Notebook

在 Notebook 右上角有个小小的方框，里面是“Not Trusted”字样。在大多数情况下，你的 Notebook 不受信任没有关系，因为这就是 Python 的工作方式。不过，当处理一些本地或网站安全资源时，你会发现自己真的需要对 Notebook 多些信任。

解决信任问题最快速、最容易的方法是单击“Not Trusted”按钮。你会看到一个对话框，里面提供了信任 Notebook 的选项。不幸的是，这也让你在安全问题上感到苦恼，除非你知道自己可以信任源代码，否则不建议你这样做。

Anaconda 还提供了其他许多方法，用来确保对资源的安全访问。这些内容已经超出本书讨论的范围，暂且不作介绍。本书示例都不要求你在信任模式下运行，所以你大可放心地忽略“Not Trusted”这个按钮。

5.3.5 隐藏/显示输出

有时单元格的输出显示出来会很有用，但有时又碍手碍脚的。而且，有时我们可能还需要清除旧的信息。我们可以使用“Cell ➪ Current Outputs”菜单下命令对所选单元格的输出进行操作，也可以使用“Cell ➪ All Output”菜单下的命令对 Notebook 中所有单元格的输出进行控制。输出控制命令有如下几个。

- **Toggle**：根据当前状态，将输出展开或折叠。即使把输出折叠起来，它本身还是存在的。
- **Toggle Scrolling**：把输出长度缩短到默认行数。通过这种方式，你可以看到足够多的信息，以了解单元格是如何工作的，但是并不包括所有细节。
- **Clear**：清除当前输出。执行该操作之后，必须再次运行单元格才能重新产生输出。

5.4 更改Jupyter Notebook外观

我们可以在某种程度上更改 Notebook 的外观。虽然在这方面 Notebook 为我们提供的灵活性不如其他 IDE 多，但是大多数情况下 Notebook 所提供的灵活性已经够我们用了。我们可以在 View 菜单下找到更改 Notebook 外观的各种命令。

- **Toggle Header**：页头位于页面顶部，包含 Notebook 名称。（关于更改 Notebook 名称的内容，请参考第 4 章“新建 Notebook”一节）当单击左上角的 Jupyter 图标时，将返回 Notebook 的控制面板中。另外，还显示当前的保存状态，并且单击右上角的“Logout”按钮，可以退出 Notebook。
- **Toggle Toolbar**：工具条中包含了一系列图标，让我们可以快速执行某些命令。工具条包含如下图标（从左到右）。
  - **Save and Checkpoint**：保存当前 Notebook，并为其创建记录点。
  - **Insert Cell Below**：在所选单元格下插入一个新的单元格。
  - **Cut Selected Cells**：删除当前单元格，并将其放入剪贴板中。

- **Copy Selected Cells**：把当前单元格副本放入剪贴板，并且不删除当前单元格。
- **Paste Cells Below**：把剪贴板中的单元格副本添加到当前所选单元格之下。
- **Move Selected Cells Up**：把所选单元格向上移动一个位置。
- **Move Selected Cells Down**：把所选单元格向下移动一个位置。
- **Run Cell**：解释当前单元格的内容，并选择下一个单元格。如果当前单元格是最后一个，Notebook 会在其下方新建一个单元格。Notebook 不会解释 Raw NBConvert 单元格，因此不会产生任何输出。
- **Interrupt Kernel**：中断内核执行当前单元格中的指令。
- **Restart the Kernel**：重启内核。这期间所有变量数据都会丢失。
- **Cell Type Selection**：选择单元格类型。相关内容在“添加不同类型单元格”一节中已经讲过。
- **Open the Command Palette**：显示命令面板对话窗口，在其中你可以搜索特定的命令。更详细的内容将在“使用命令面板查找命令”一节中进行讲解。

» **Toggle Line Numbers**：显示或隐藏代码行号。这个设置不影响其他单元格的类型。更多细节内容将在“使用行号”一节中讲解。

» **Cell Toolbar**：向单元格工具条添加特定的命令。这些命令帮助你以特定方式和单个单元格进行交互。更多内容将在“使用单元格工具条功能”一节中讲解。

5.4.1 使用命令面板查找命令

Notebook 支持命令模式的命令，我们可以通过命令面板窗口访问它们。在工具条中单击“Open the Command Palette”图标，打开命令面板窗口，如图 5-2 所示。

查找命令时，只要输入和所找命令相关的词即可，比如，你可以输入 cell 查找与其相关的命令。找到所需要的命令后，单击它即可运行。

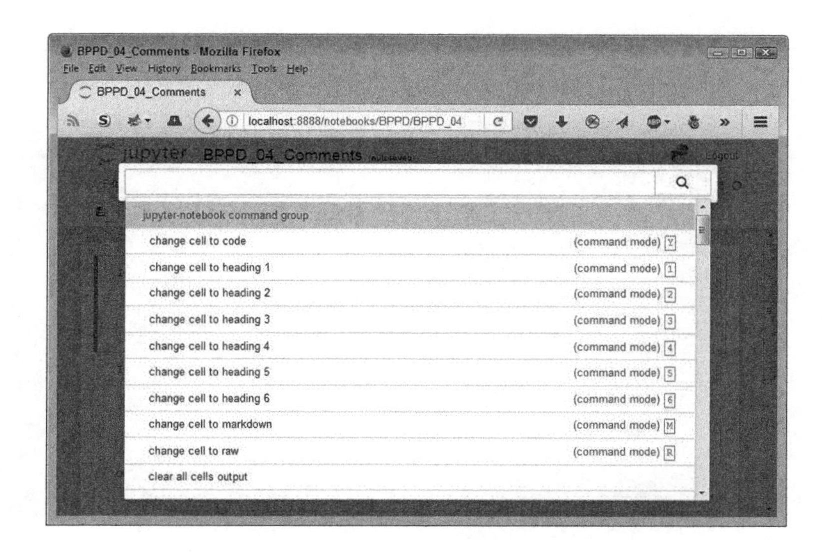

图5-2 使用命令面板窗口查找需要的命令

5.4.2 使用行号

Notebook 中，代码的行数多了会很难用，特别是在和别人合作时，为每行代码加上行号会很有用。在菜单栏中，依次选择“View ⇨ Toggle Line Numbers”，可以显示或隐藏行号。这时，在代码行左侧出现行号，如图 5-3 所示。请注意，行号不会出现在输出结果中。

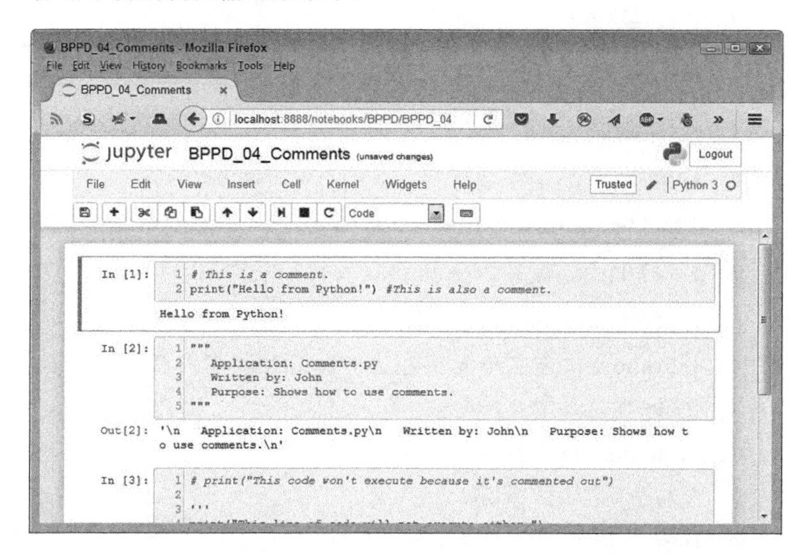

图5-3 行号使与人合作变得更容易

5.4.3 使用单元格工具条功能

每个单元格都有与之相关的特定功能。使用“View ⇨ Cell Toolbar”菜单，你可以为单元格添加上单元格工具条按钮，这样你就能使用相应功能了。图 5-4 显示的是为单元格加上“Edit Metadata”的样子。

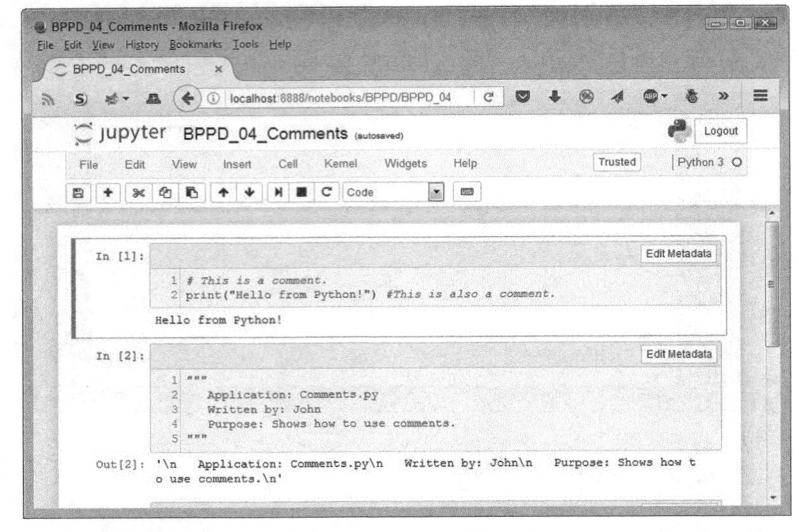

图5-4 使用单元格工具条按钮修改代码内容

元数据影响单元格的工作方式。默认设置控制是否信任单元格以及 Notebook 是否滚动长内容。有些设置只影响特定类型的单元格，比如 Raw Cell Format 设置就只影响 Raw NBConvert 单元格。

请注意，每次只能显示一个 Cell Toolbar（单元格工具条）按钮。所以，对于那些已经添加了标记的单元格，我们无法同时再为它们配置 slideshow。你要么选择这个功能，要么选择另一个功能。选择“View ➪ Cell Toolbar ➪ None”，可以删除所有按钮。Cell Toolbar 菜单中包含的项目如下所述。

- **None**：从 Notebook 中移除所有 Cell Toolbar 按钮。
- **Edit Metadata**：使用标准和自定义元数据配置单元格功能。
- **Raw Cell Format**：选择 Raw NTConvert 单元格包含的数据类型，具体包括 None、LaTeX、reST、HTML、Markdown、Python、Custom。
- **Slideshow**：定义单元格包含的幻灯片类型，具体分为 Slide、Sub-slide、Fragment、Skip、Notes。
- **Attachments**：列出当前单元格的一系列附件，比如你可以向 Markdown 单元格添加图形图像。
- **Tags**：管理和每个单元格相关联的标签。一个标签就是你提供的一段信息，帮助你了解以及对单元格进行分类。标签是供我们使用的，对 Notebook 来说，它们没有意义。正确地使用标签能够让我们用新的方式和单元格进行交互，但是你必须一直使用标签，这样标签才能正常工作。

5.5 与内核交互

内核（kernel）就是一个服务器，它让你能在 Notebook 中运行单元格。通常，你可以在一个单独的命令行或终端窗口中看到各种内核命令，如图 5-5 所示。

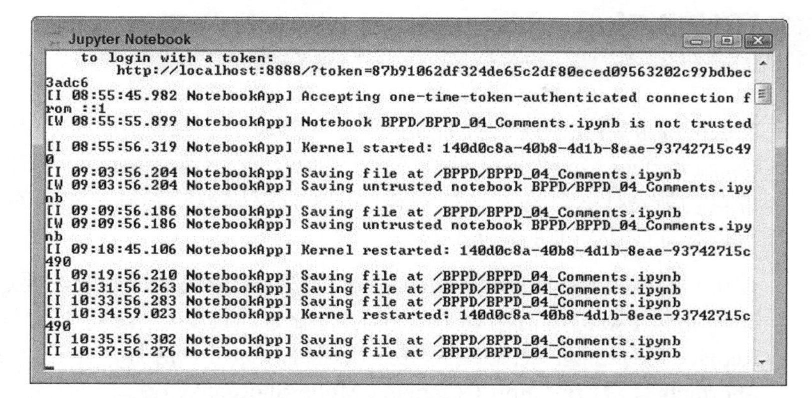

图5-5 内核在一个单独的Jupyter Notebook窗口中显示各种命令

每个条目都包括内核执行这项任务的时间、命令运行的程序、执行的任务，以及所涉及的资源。大多数情况下，我们不需要在这个窗口中做任何事情，但是当你遇到问题时，看看这个窗口中显示的信息会很有用，在这个窗口中，你通常会看到一些错误信息，这些错误信息往往可以帮你解决所遇到的问题。

你可以通过多种方式控制内核。例如，向内核发送保存文件的命令，内核会为你执行这个任务。不过，你还可以在 Kernel 菜单中找到一些内核专用命令。

- **Interrupt**：命令内核停止执行当前任务，但并不真正关闭内核。当你想停止处理大数据集时，你可以使用这个命令。
- **Restart**：关闭并重启内核。这个过程中，我们会丢失所有变量数据。不过，在某些情况下，这正是我们想要的结果，比如当环境中塞满了旧数据时，我们可以使用这个命令清理一下。
- **Restart & Clear Output**：关闭并重启内核，同时清除所有已有的单元格输出。
- **Restart & Run All**：关闭并重启内核，然后按照自上而下的顺序运行所有单元格。当 Notebook 到达底部时，它会选择最后一个单元格，但不会插入新的单元格。
- **Reconnect**：重新创建与内核的连接。某些情况下，环境等问题可能会导致应用程序丢失连接，这时，你可以使用这个命令重建连接，同时又不会丢失变量数据。
- **Shutdown**：关闭内核。当你准备使用其他内核时，可以使用这个命令。

» **Change Kernel**：从所安装的内核列表中选择一个不同的内核。比如，你可能想用不同版本的 Python 来测试你的应用程序，以确保它可以在所有版本下都能正常运行。

5.6 获取帮助

Notebook 的帮助系统为我们提供了一定程度的交互性。比如，当选择“Help ➪ User Interface Tour”时，会弹出一个向导，指示当前 Notebook 有哪些元素及其各自功能是什么。通过这种方式，你可以准确地看到每个元素的用途，并且也可以帮你完成当前的任务。

使用“Help ➪ Keyboard Shortcuts”可以打开命令快捷键列表。要进入命令模式，必须先按 Esc 键，而后输入要执行的命令。比如，Esc ➪ F 会打开“Find and Replace”对话框。若想编辑键盘快捷键，你可以选择“Help ➪ Edit Keyboard Shortcuts”，打开“Edit Command Mode Shortcuts”窗口，如图 5-6 所示。在这个窗口中，你可以对命令模式下可用的键盘快捷键进行调整。

Help 菜单中包含其他两种用户界面的专用帮助。第一种是 Notebook Help，这个站点提供了许多教程和帮助文档，通过它们，你可以更有效地使用 Notebook 来做有用的工作。第二种是 Markdown 帮助，你会学到更多有关格式化 Markdown 单元格内容的知识。

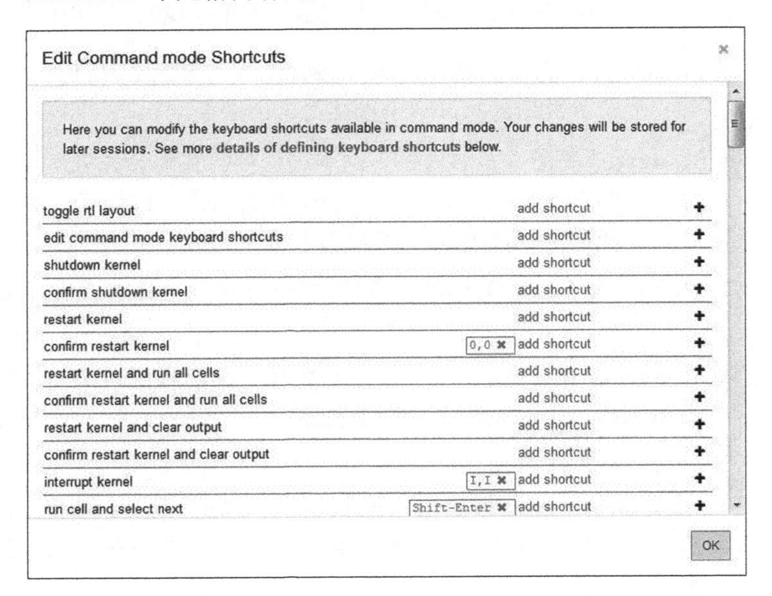

图5-6 调整命令模式快捷键以满足你的特定需求

考虑 IPython 替代方案

本书的第 1 章到第 3 章讲解了与使用 Python 命令行版本相关的内容。I Python 的外观和行为与 Python 所提供的命令行非常相似，但是它有许多有趣的附加功能。这些附加功能中最值得关注的是对你输入的代码使用颜色显示（这可以减少出错的机会）。例如，命令以绿色显示，文本以黄色显示。界面还突出显示匹配的圆括号和其他块元素，这样你能看到正在关闭哪个块元素。

IPython 和 Python 命令行的另一个不同之处是帮助系统。在 IPython 中，你可以获得更多的帮助，并且得到的帮助信息更详细。一个有趣的特性是，你可以在任何 Python 对象名称之后使用问号。例如，如果你输入 print?，然后按 Enter 键，你会得到一个有关 print() 命令的快速概览。输入 ? 并按 Enter 键，你会看到有关 IPython 的帮助概述。

与 Python 命令行相比，IPython 还支持许多 Notebook 高级特性，比如魔术函数，有关内容将在“使用魔术函数”一节讲解。这些特殊函数能够让你更改 IPython 和 Notebook 如何显示各种 Python 输出以及其他内容。总而言之，当你确实需要使用命令行时，你可以使用 IPython 代替 Python 提供的命令行来获得额外的功能。

TIP

在“帮助”菜单的底部，你会看到一个“About”菜单项。单击它会显示一个窗口，告诉你有关安装的所有信息。某些情况下，你需要这些信息来获得其他 Anaconda 用户的帮助。其中最重要的信息是你当前使用的 Python 和 Anaconda 的版本。

帮助菜单中可能还有其他一些菜单项，这取决于你安装了什么。每个菜单项针对的都是特定的 Python 特性（从 Python 本身开始）。你通常也会看到所有公共库，比如 NumPy 和 SciPy。所有这些帮助菜单的目的都是为了让你更容易地获得帮助，以便你写出更好的代码。

5.7 使用魔术函数

Notebook 和 IPython 都以魔术函数的形式为你提供一些特殊功能。想想这些应用程序为你带来的“魔术”，你会感到很惊奇，但这正是魔术函数所给予我们的。“魔术”就存在于输出中。例如，你可以选择将输出的图形显示在单元格中，而不是在单独的窗口中，就像使用了魔术一样（因为单元格好像只存放文本）。或者，你可以使用“魔术”来检查应用程序的性能，而无需通过添加额外代码来进行性能检查。

魔术函数以 % 或 %% 符号打头。以 % 打头的魔术函数用来控制一行，而以 %% 开头的魔术函数控制整个单元格。比如，如果你想获得魔术函数列表，在 IPython 中输入 %lsmagic（或者在 Notebook 中运行这个命令），然后按回车键查看，如图 5-7 所示。（请注意，IPython 和 Notebook 使用相同的输入 In、输出 Out）

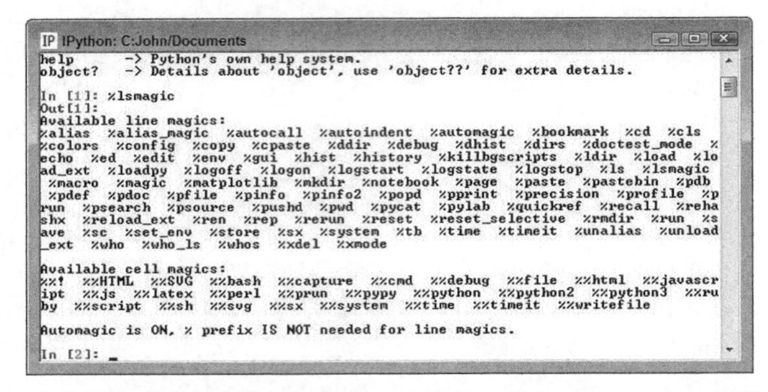

图5-7 %lsmagic用来显示魔术函数

并非所有魔术函数都在 IPython 中有用。比如，%autosave 函数就在 IPython 中没有意义，因为 IPython 不会进行自动保存。

表 5-1 列出了一些最常用的魔术函数及其用途。在 Notebook（或 IPython 控制台）中输入 %quickref，并按回车键，你会得到一个完整的魔术函数列表。

表5-1　Notebook和IPython常用魔术函数

魔术函数	单独输入显示状态？	功能描述
%alias	是	为系统命令指定或显示别名
%autocall	是	允许你调用函数时不用圆括号。所允许的设置包括 Off、Smart（默认）、Full。如果调用带有参数，Smart 设置会应用圆括号
%automagic	是	允许你调用行魔术函数，而不必使用 % 符号。允许的设置有 False（默认）和 True
%autosave	是	显示或修改两次自动保存的时间间隔。默认设置为 120s
%cd	是	更改目录到一个新的存储位置。你还可以使用这个命令查看目录历史或者把目录更改为书签
%cls	否	清空屏幕
%colors	否	指定与提示、信息系统、异常处理程序相关的文本颜色。允许的设置有 NoColor（黑色和白色）、Linux（默认）、LightBG
%config	是	允许你配置 IPython
%dhist	是	显示当前会话中访问过的目录
%file	否	输出包含对象源代码的文件的名称
%hist	是	显示当前会话中提交过的魔术函数命令

续表

魔术函数	单独输入显示状态？	功能描述
%install_ext	否	安装指定扩展
%load	否	从另一个源加载程序代码，比如在线示例
%load_ext	否	使用模块名加载 Python 扩展
%lsmagic	是	显示当前可用的魔法函数
%magic	是	显示有关魔术函数的帮助信息
%matplotlib	是	设置用于绘图的后端处理器。使用内联值在单元格中为 IPython Notebook 文件绘制图形。允许的值有：'gtk'、'gtk3'、'inline'、'nbagg'、'osx'、'qt'、'qt4'、'qt5'、'tk'、'wx'
%paste	否	把剪贴板的内容粘贴到 IPython 环境
%pdef	否	显示如何调用对象（假设对象是可调用的）
%pdoc	否	显示一个对象的文档字符串
%pinfo	否	显示对象的详细信息（往往要比帮助所提供的内容多）
%pinfo2	否	显示对象更多的详细信息（如果有）
%reload_ext	否	重载之前安装的扩展
%source	否	显示对象的源代码（假设有源代码可用）
%timeit	否	计算一条指令的最佳执行时间
%%timeit	否	计算一个单元格中所有指令的最佳执行时间，这和上一个魔法函数是不同的
%unalias	否	从列表中移除以前创建的别名
%unload_ext	否	上传指定扩展
%%writefile	否	把一个单元格的内容写到指定文件

5.8 查看正在运行的进程

其实，在 Notebook 主页面（你可以在这里选择要打开的 Notebook）中有 3 个选项卡。其中，我们用得最多的是 Files 选项卡，Clusters 选项卡已不再使用，我们无需再担心它。不过，Running 选项卡中包含了一些非常有用的信息，比如终端赫尔打开的 Notebook，如图 5-8 所示。

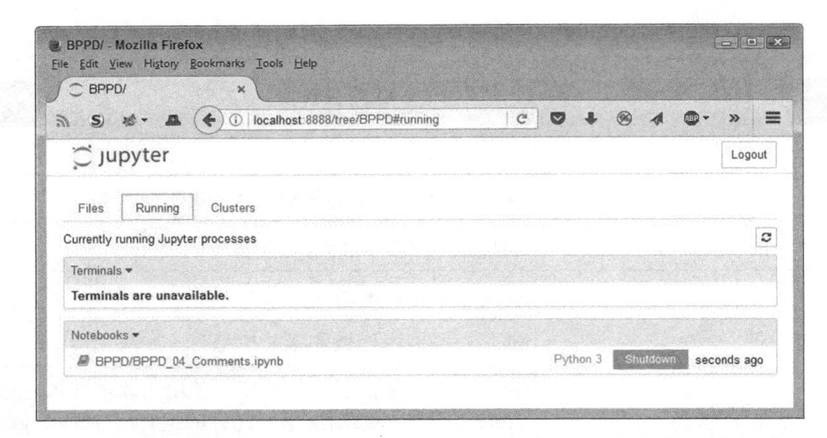

图5-8 查看连接到系统的终端和打开的Notebook

只有当你配置服务器，允许多个用户访问时，终端才真正发挥作用。但本书不会用到这个功能，所也不会讲解它。

Running 选项卡的另外一部分是 Notebook 列表，如图 5-8 所示。每当运行一个新 Notebook，你都会在这个列表中看到相应的实体。在图 5-8 中，当前只有一个 Notebook 在运行。并且，你还可以看到那个 Notebook 依赖的是 Python 3 内核。

你还可以选择把 Notebook 关闭。通常，你可以使用“File ➪ Close and Halt”命令把 Notebook 关闭，这样可以防止数据丢失。当出于某种原因 Notebook 不再响应我们的操作时，我们也可以使用这个命令把 Notebook 关闭。

第 2 部分
步入正题

内容概要

存储和管理内存数据

使用数据和函数

选择路径

重复执行任务

定位、分析和处理程序错误

本章概要

了解数据存储

考虑数据存储类型

向应用程序添加日期和时间

第6章 存储和更改信息

在第 3 章中，我们提到了 CRUD（创建、读取、更新和删除）。这个缩写可以轻松地让我们准确地记住计算机程序对你要管理的信息都做了些什么。当然，极客们使用一个特殊的术语来指称信息——数据，在本书中，信息和数据这两个术语都会用到。

为了让信息有用，你必须有一些永久存储信息的方法。否则，每次你关掉电脑时，你所有的信息都会消失，这样，电脑对我们的用处也会大打折扣。此外，Python 还必须提供一些修改信息的规则。另一个选择是让应用程序疯狂运行，使用所有可以想到的方式改变信息。本章的内容是有关信息控制的——定义信息如何永久存储以及如何被你创建的应用程序处理。你可以在 BPPD_06_Storing_And_Modifying_Information.ipynb 文件中找到本章的源代码。有关下载本书源代码的内容，请参考本书前言中的讲解。

6.1 存储信息

应用程序必须能够快速访问信息，否则会拖慢任务的完成时间。为此，应用程序会把信息存储在内存中。但是，信息存储在内存中只是暂时的。关闭电脑之前，你必须把内存中的信息永久保存下来，存储介质可以是硬盘、USB、SD 卡或网络云存储（比如 Anaconda Cloud）等。另外，你还得考虑信息的形式，比如它是一个数字还是一个文本。接下来几节我们会详细讲解有关信息存储的内容。

6.1.1 变量是存储信息的箱子

使用应用程序时，你要把信息保存在变量中。变量有点像存储箱。每当你想使用信息时，就要使用变量来访问它。如果你想保存新信息，就得把它放入变量中。更改信息时，你必须先访问变量，而后把新值存入变量中。类似于你把物品放入箱子中，使用应用程序时，你也要把信息放入变量这种存储箱中。

电脑实际上相当整洁。每个变量只存储一段信息。使用变量可以很容易地让你找到自己所需要的特定信息——不像你的壁橱塞满了乱七八糟的古董玩意儿。虽然前面几章的示例没有用到变量，但大多数应用程序都高度依赖变量，这可以让信息用起来更容易。

6.1.2 使用正确的箱子存储数据

人们往往会把物品放入错误的箱子中。例如，你可能会在一个服装袋里找到一双鞋子，在鞋盒里找到很多支笔。但是，Python 喜欢简洁。因此，你会看到一种变量中存储着数字，而另一种完全不同的变量中存储着文本。不错，这两种情况下都用到了变量，但是变量有不同的类型，并且每种变量都只存储特定类型的信息。使用特定变量可以以特定的方式处理内部信息。这里，你无需担心太多的细节，只要记住每种信息都存储在一个特定类型的变量中就行了。

Python 使用专门的变量来存储信息，这使程序员更容易使用信息，并且能确保信息的安全。但是，计算机其实并不认识信息的类型。计算机所知道的只有 0 和 1，即电压的有无。从更高层面来看，计算机的确可以处理数字，但这也是计算机所能做的全部事情。数字、字母、日期、时间，以及其他任何你能想到的信息在计算机系统中都使用 0 和 1 表示。例如，字母 A 在计算机中实际存储为 01000001 或数字 65。计算机不认识字母 A，也不认识 8/31/2017 这样的日期。

6.2 Python基本数据类型

每一种编程语言都定义了用来存储特定类型信息的变量，Python 也不例外。我们把特定类型的变量称为数据类型。了解变量的数据类型很重要，因为它会告诉你可以在其内部找到什么类型的信息。此外，当你想在一个变量中存储信息时，你需要有一个正确的数据类型的变量。Python 不允许你把文本存储在那些用来保存数字信息的变量中。如果你执意这样做，则会损坏文本并导致应用程序出现问题。你通常可以把 Python 数据类型划分为数字、字符串和布尔值，但实际上 Python 并没有限制你查看它们的方式。下面几节内容将向你介绍所有

Python 的标准数据类型。

6.2.1　把信息放入变量中

要把一个值放入一个变量中，你必须使用赋值运算符（=）进行赋值操作。第 7 章会详细讲解有关 Python 运算符的内容，这里你只需要知道如何使用赋值运算符就行了。比如，要把数字 5 放入变量 myVar 中，你只要在 Python 命令行中输入 myVar = 5，并按回车键就行了。这时，Python 并不会反馈给你任何信息，然后你可以输入变量名，再按回车键，即可查看变量中包含的值，如图 6-1 所示。

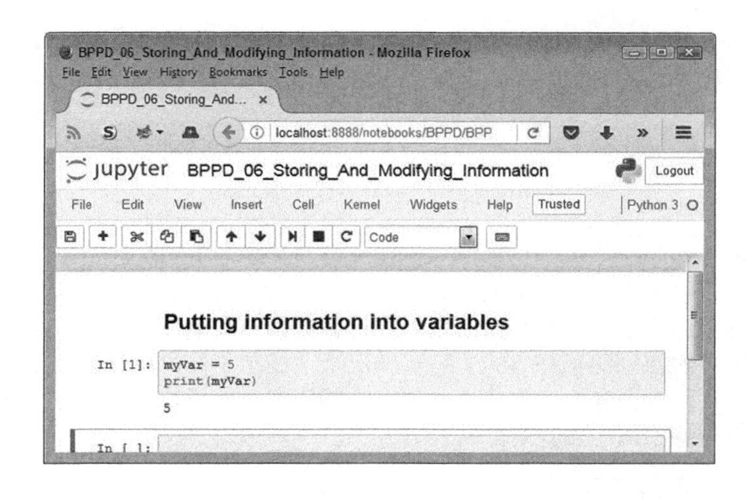

图6–1 使用赋值运算符把信息存储到变量中

6.2.2　认识数值类型

人类习惯于从整体上考虑数字。我们认为 1 和 1.0 是同一个数字，只是后面一个带有小数点而已。对我们来说，这两个数字是相等的，我们可以交换使用它们。但在 Python 中，它们被视为不同类型的数字，因为每个数字都需要进行不同类型的处理。下面几节我们将讲解 Python 所支持的几种数据类型：整型、浮点型和复数型。

6.2.2.1　整型

Python 中，所有整数都是整型。比如，数值 1 是整数，所以它是整型。而 1.0 不是一个整数，它带有小数部分，所以它不是整型。整型数据类型用 int 表示。

REMEMBER

和存储箱一样，变量的存储能力也是有限的，把一个太大的值存入变量会导致错误。在大多数平台下，一个 int 型变量可存储的数字范围是介

于 –9223372036854775808 和 9223372036854775807（64 位整型变量可存储的最大值）之间。虽然这个范围真的很大很大，但毕竟不是无限的。

在 int 类型下，你可以使用许多有趣的特性。有关这方面的内容，本书后面会详细进行讲解，这里只介绍一个特性，也就是它可以使用不同的计数制。

- **二进制：**只有 0 和 1 两个数字。
- **八进制：**数字 0 ～ 7。
- **十进制：**常用的数字系统。
- **十六进制：**使用数字 0 ～ 9 以及字母 A ～ F 产生 16 个不同的值。

为了告诉 Python 要使用哪种数制，你需要在数字值之前加上 0 和一个特殊字母。比如，0b100 表示的是二进制数 100。常用的特殊字母如下。

- **b**：二进制。
- **o**：八进制。
- **x**：十六进制。

你还可以使用 bin()、oct()、hex() 命令把数字在不同数制之间转换。图 6-2 是使用这些命令进行数制转换的示例。请你把图中显示的命令亲自尝试一下，了解一下各种数制的工作方式。许多情况下，使用不同数制会带来很大的方便，在本书后面的内容中，你会遇到这样一些情况。就目前而言，你只需要知道整型可以支持不同的数制就可以了。

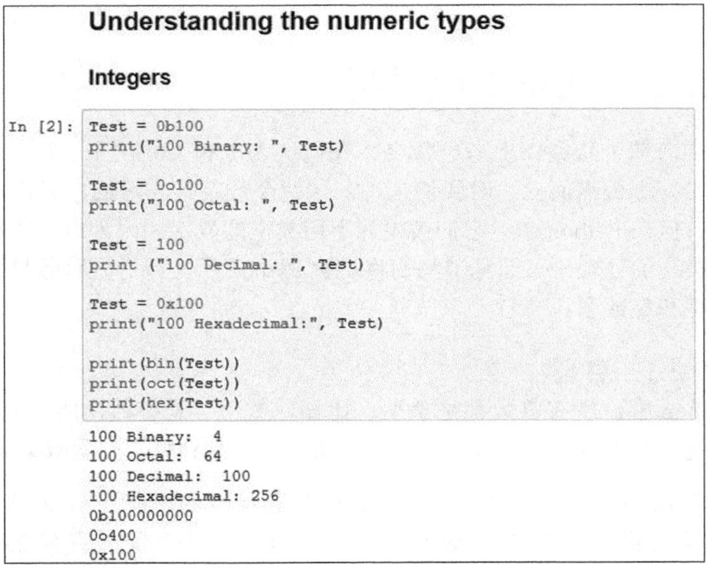

Understanding the numeric types

Integers

```
In [2]: Test = 0b100
        print("100 Binary: ", Test)

        Test = 0o100
        print("100 Octal: ", Test)

        Test = 100
        print ("100 Decimal: ", Test)

        Test = 0x100
        print("100 Hexadecimal:", Test)

        print(bin(Test))
        print(oct(Test))
        print(hex(Test))

100 Binary:  4
100 Octal:  64
100 Decimal:  100
100 Hexadecimal: 256
0b100000000
0o400
0x100
```

图6–2 整型数有许多有趣的特性，比如支持不同数制等

6.2.2.2 浮点型

所有带有小数部分的数字都是浮点型。比如，1.0 带有小数部分，所有它是一个浮点型数据。很多人分不清整数和浮点数，其实它们的区别很容易记。如果你看到数字中包含小数部分，那它就是一个浮点数。Python 使用 float 关键字来表示浮点型数据类型。

REMEMBER

相比于整型，浮点型有一个优势，那就是你可以使用它存储非常大或非常小的值。与整型变量类似，浮点型变量的存储能力也是有限的，在大多数平台下，浮点型变量可以存储的最大值是 $\pm 1.7976931348623157\times10^{308}$，最小值是 $\pm 2.2250738585072014\times10^{-308}$。

使用浮点数时，你可以使用多种方式将信息指派给变量。最常见的两种方法是直接提供数字和使用科学记数法。在使用科学记数法时，e 将数字与它的指数分开。图 6-3 显示了两种赋值方法。请注意，使用负指数会得到分数值。

Floating-point values

```
In [3]: Test = 255.0
        print("Direct Assignment: ", Test)

        Test = 2.55e2
        print("Scientific Notation: ", Test)

        Test = 2.55e-2
        print("Negative Exponent: ", Test)

        Direct Assignment:  255.0
        Scientific Notation:  255.0
        Negative Exponent:  0.0255
```

图6–3 浮点值有多种赋值方法

了解需要多种数值类型的原因

许多开发新手（甚至一些老开发人员）很难理解为什么需要多种数值类型。毕竟，人类只使用一种数字。要弄清这个问题的答案，你必须了解计算机是如何处理数字的。

存储在计算机中的整数是一系列可由计算机直接读取的二进制位。二进制形式的 0100 等于十进制中的 4。另一方面，带小数点的数则以完全不同的方式存储。回想一下你在学校混过的所有与指数有关的课程——有时它们确实会派上用场。浮点数在存储时由符号位（正负）、尾数（指数字的小数部分）（有些地方使用“有效数字”来代替“尾数”这个术语，两者的含义是一样的）和指数（2 的幂）3 部分组成。要得到浮点值，可以使用下面这个等式：

```
浮点值 = 尾数 * 2^指数
```

以前计算机曾经使用不同的浮点数表示形式，但是现在它们全部采用IEEE-754标准。对浮点数工作原理的详细解释超出了本书的讨论范围，我们暂且不作介绍。理解一个概念时没有比亲自动手试一试更好的方法了。你可以在网上找到一个有趣的浮点数转换器（FloatConverter），单击各个位（打开或关闭），即可得到相应的浮点数。

如你所想，由于自身的复杂性，浮点数往往会占用更多的内存空间。此外，他们使用的是一个完全不同的处理器区域——这个区域比整数运算区域运行得更慢。最后一点，整数是精确的，而浮点数无法用来精确地表示一些数字，你只能得到一个近似值。但是，浮点型变量可以存储更大的数字。关键问题是小数在现实世界中是不可避免的，所以你需要使用浮点数，但是使用整数能够减少应用程序占用的内存数量并且有助于程序运行得更快。计算机系统中存在着许多类似的权衡，使用整数还是浮点数也是你必须要做的选择。

6.2.2.3 复数

不知你还记不记得我们上学时学过的复数。复数由实数和虚数共同组成。如果有关复数的内容你全忘记了，请自行回顾。复数主要应用在如下领域：

- 电气工程；
- 流体动力学；
- 量子力学；
- 计算机图形；
- 动态系统。

除此之外，复数还有其他用途，上面这个列表只是让你对复数的用途有个大致的了解。一般来说，如果你不涉足上面这些学科，你可能遇不到复数。不过，Python是少数几种把复数作为内置数据类型进行支持的语言之一。随着本书学习的深入，你会发现Python特别适合用在科学和工程领域中。

复数的虚部指的是j之前的实数。如果你想创建一个实部为3、虚部为4复数，可以采用如下方式：

```
myComplex = 3 + 4j
```

若想查看变量myComplex的实部，只需在Python命令行窗口中输入myComplex.real，而后按回车键即可。如果你想查看myComplex的虚部，则只需在Python命令行窗口中输入myComplex.imag，而后按回车键即可。

判断变量类型

有时你需要知道某个变量的类型。但是，你无法根据代码判断变量类型，或者根本没有源代码可用。无论哪种情况下，你都可以使用 type() 方法来查看一个变量的数据类型。比如，你先使用 myInt = 5 语句把 5 赋给变量 myInt，按回车键之后，你可以使用 type(myInt) 来查看变量 myInt 的数据类型。你会看到输出结果：<class ‘int’ >，这表示 myInt 是一个整型变量，用来存储整型数值。

6.2.3 布尔值

有一点看起来很神奇，那就是计算机总能给你一个明确的答案！计算机永远不会给出“可能”这个回答。你得到的每个答案要么是 True，要么是 False。事实上，有一个叫作布尔代数的数学分支，最初由 George Boole（他那个时代的超级极客）提出，计算机依靠它做决策。与人们的普遍认识相反，布尔代数早在 1854 年就存在了——这比计算机出现要早得多。

在 Python 中使用布尔值时，需要用到 bool 类型。这个类型的变量只有两个值：True 或 False。你可以直接使用 True 或 False 关键字为一个布尔型变量赋值，也可以通过构造逻辑表达式得到 True 或 False。比如，myBool = 1 > 2，由于 1 绝对不可能大于 2，所以 myBool 中的值为 False。如果你现在还不理解 bool 类型，请不用担心，因为本书会大量使用它，相信你会慢慢地理解它。

6.2.4 字符串

在所有数据类型中，字符串是我们人类最容易理解的，但是计算机却完全不理解它们。在前面几章内容的学习中，我们可以看到字符串的使用频率相当高。比如，第 4 章的示例代码中用到大量的字符串。简单地说，字符串就是字符的集合，并且这些字符要放在双引号之中。例如，myString = "Python is a great language." 语句用来把一个字符串赋给 myString 变量。

计算机哪个字母都不认得。我们使用的每个字母在计算机内存中都是用数字表示的。比如，字母 A 对应的数字是 65。如果你想查看某个字母对应的数字是什么，要先在 Python 命令行中输入 print(ord(“A”))，然后按回车键，你会看到输出的数字为 65。使用 ord() 命令，你可以把每个字母转换为其对应的数字形式。

计算机不理解字符串，但编写程序时字符串又非常有用，所以有时我们需要把字符串转换成数字。为此，你可以使用 int() 和 float() 命令来完成这个转换。比如，在 Python 命令行中输入 myInt = int("123") 并按回车键后，你会创建一个 int 型的变量——myInt，其中存储的值为 123。图 6-4 显示了这个转换过程，并且使用 type() 来检查 myInt 的数据类型。

图6-4 使用int()和float()命令可以轻松地把字符串转换为数字

Understanding strings

```
In [6]: print(ord("A"))

        myInt = int("123")
        print(myInt)

        print(type(myInt))

        65
        123
        <class 'int'>
```

当然，你也可以使用 str() 命令把数字转换成字符串。比如，输入 myStr = str(1234.56) 并按回车键后，你会创建出一个值为"1234.56"的字符串，并且将其赋给变量 myStr。图 6-5 显示了这个转换过程，并且使用 type() 查看 myStr 变量的数据类型。关键是你可以在字符串和数字之间很容易地进行转换。在后面内容的学习中，我们将看到这些转换如何让许多看似不可能的任务变得切实可行。

图6-5 你也可以把数字转换成字符串

```
In [7]: myStr = str(1234.56)
        print(myStr)
        print(type(myStr))

        1234.56
        <class 'str'>
```

6.3 日期和时间

人们的生活和日期、时间密切相关。社会中的一切几乎都建立在日期和时间之上，每项工作都需要在某个日期时间点上完成，或者每项工作都完成于某个日期、时间点上。我们为特定的日期和时间安排约会和计划活动。我们一天的大部分时间都在围绕着时钟转。由于人类有以时间为导向的特性，所以我们很有必要研究一下 Python 是如何处理日期和时间的（尤其是把这些值存储起来供以后使用）。和其他东西一样，计算机只能理解数字，在计算机看来，所谓的日期和时间其实并不存在。

REMEMBER

要想使用日期和时间，你必须先在 Python 中做一项特殊操作。写计算机书籍时，总会碰到"先有鸡还是先有蛋"的情况，这就是其中之一。要使用日期和时间，你必须发出一个特殊的 import datetime 命令。从技术上讲，这个做法叫"导入一个包"，第 11 章你会学到更多相关的内容。现在，你不用了解这个命令是如何工作的，只要你想使用日期和时间，直接把它们导入使用就好了。

计算机内部确实有时钟，但是这些时钟都是为人们使用计算机而准备的。是的，有些软件也依赖于时钟，但这其实也是基于人类自身的需求，而非计算机技术上的需求。要获取当前时间，只需要输入 datetime.datetime.now() 并按回车键，你就可以看到计算机时钟的完整日期和时间信息了，如图 6-6 所示。

图6-6 使用now()命令获取当前日期和时间

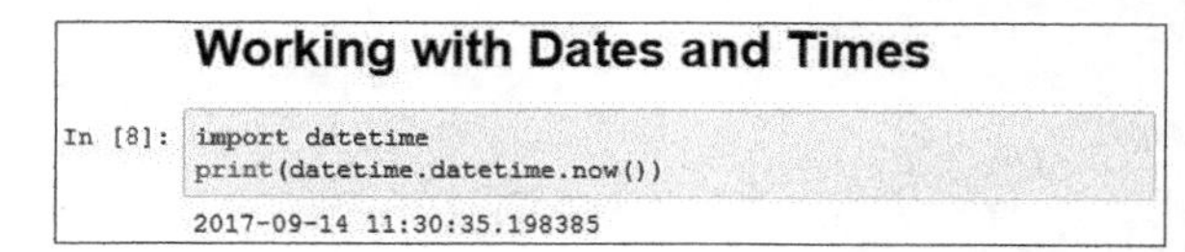

你可能已经注意到了，在现有格式下，日期和时间有点难读。假设你只想获取当前日期，并且是可读格式的。要完成这个工作，我们需要用到前面讲过的一些知识。键入 str(datetime.datetime.now().date()) 并按回车键，你会得到一个更易读的日期形式，如图 6-7 所示。

图6-7 str()命令让日期时间更易读

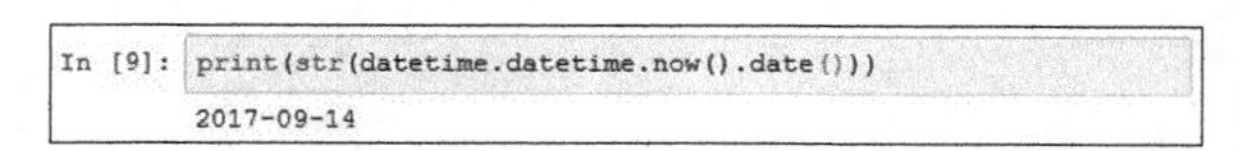

有意思的是，Python 还提供了一个 time() 命令，你可以使用它来获取当前的时间。你还可以使用 day、month、year、hour、minute、second、microsecond 分别获取组成日期时间的各个值。借助它们，我们可以让应用程序用户了解系统的当前日期和时间，相关用法我们将在后面讲解。

本章概要

- Python 眼中的数据
- 使用运算符进行赋值、修改和比较数据
- 借助函数组织代码
- 与用户交互

第7章 管理信息

事实上，无论你使用信息还是数据来指代应用程序所管理的内容，你都必须提供一些处理它的方法，否则你的应用程序不会有什么用处。本书中，信息和数据这两个术语是可以换用的，因为它们指代的内容是一样的。现实情况下，这两个术语你可能都会遇到，你可以通过本书先习惯一下它们。不论使用哪个术语，你都需要使用一些方法把数据指派给变量，修改这些变量的内容实现特定的目标，并将你得到的结果与期望的结果进行比较。本章会讲解这 3 个方面的内容，掌握这些内容后，你就可以在你的应用程序中对数据进行控制了。

同样重要的是，我们要开始动用各种方法以使我们编写的代码容易理解。当然，你可以把应用程序编写成一个很长的过程，但是要理解这样一个过程是非常困难的，并且你必须不断重复一些步骤，因为这些步骤要执行多次。函数是一种代码打包方式，借助函数，你可以更容易地理解和重用所需要的代码。

应用程序还需要和用户进行交互。当然，有些完全可用的应用程序并不与用户交互，但这样的应用程序是极其罕见的，而且大多数情况下它们做的事情并不是很多。为了提供有用的服务，大多数应用程序都需要和用户进行交互，这样可以了解用户希望怎样管理数据。在本章，我将带你大致了解一下这个过程。当然，你应该会经常翻看用户交互这个主题，因为它是一个非常重要的主题。

7.1 控制Python看待数据的方式

我们在第 6 章中讲过，所有数据在计算机中都是以 01 串的形式存储的。计算机根本不懂什么字母、布尔值、日期、时间以及其他任何形式的信息，它们只认数字。而且，计算机处理数字的能力既呆板又相对简单。当你在 Python 中使用字符串时，你需要借助 Python 把字符串转换成计算机能够理解的形式。你在应用程序中创建和使用的“存储容器”（变量）告诉 Python 如何处理存储在计算机中的 0 和 1。因此，你需要知道，Python 看待数据的方式和我们以及计算机都不一样——为了让应用程序正常工作，Python 充当了一个中间人的角色。

REMEMBER

要管理应用程序中的数据，应用程序必须控制 Python 看待数据的方式。使用运算符、方法封装（函数），以及引入用户输入都有助于应用程序控制数据。这些技术在某种程度上都依赖于进行比较。要确定下一步要做什么，必须了解数据当前处于什么状态（相比于其他状态）。如果某个变量当前包含的是 John 这个名字，但是你希望它包含 Mary，那么你首先需要知道它当前包含的是 John。只有这样，你才能决定把这个变量的内容更改为 Mary。

7.1.1 做比较

在 Python 中，做比较的主要方法是使用运算符。事实上，运算符在处理数据方面扮演着重要角色。在接下来的“运算符”一节中，我们将讲解运算符的工作原理，以及如何在应用程序中使用它们以各种方式控制数据。在后面学习创建应用程序的过程中，你会大量用到各种运算符，这些运算符的运用让应用程序可以做出决策，重复执行某些任务，以及以有趣的方式和用户进行交互。不过，运算符背后的基本思想是，它们可以帮助应用程序进行各种类型的比较。

某些情况下，你会使用一些特别的方法在应用程序中执行比较操作。例如，你可以比较两个函数的输出（在本章后面“比较函数输出”一节讲解）。在 Python 中，你可以在多个级别上进行比较，这样在应用程序中管理数据时就不会出现问题。使用这些方法可以帮你隐藏细节，让你可以专注于比较的要点，确定如何对比较做出响应，而不会陷入细节的泥潭之中。你选用的比较方法会影响 Python 看待数据的方式，以及比较之后你可以对数据进行哪些管理。目前，你会觉得这些功能非常复杂，不要担心，后面我们会慢慢学习，这里你只需记住一点，那就是应用程序需要做比较才能与数据正确地进行交互。

7.1.2 了解计算机如何做比较

计算机并不理解代码封装（比如函数），或者你使用 Python 创建的其他任何结构。所有代码封装最终都是为了方便你，而不是计算机。不过，计算机的确直接支持运算符这个概念。大多数 Python 运算符都可看作计算机能够直接理解的“命令”。例如，当你询问一个数字是否大于另一个数字时，其实计算机可以直接使用一个运算符来执行这个计算。（下一节会详细讲解运算符）

有些比较不那么直接。计算机只能处理数字。因此，当你要求 Python 比较两个字符串时，Python 实际是比较字符串中每个字符的 ASCII 码。例如，大写字母 A 在计算机中用数字 65 表示，小写字母 a 用 97 表示。所以，尽管你可能会认为 ABC 等于 abc，但计算机并不这样认为。在计算机看来，ABC 和 abc 是不同的，因为其中每个字母的 ASCII 码都是不一样的。

7.2 运算符

运算符是应用程序控制和管理数据的基础。你可以使用运算符定义一段数据和另一段数据的比较方式，以及修改某个变量中的信息。事实上，对执行和数学相关的任务以及变量赋值来说，运算符都是必不可少的。

使用运算符时，你必须提供一个变量或表达式。前面已经讲过，变量是一种用来保存数据的“存储箱”。表达式是一个方程或公式，给出了某个数学概念的描述。大多数情况下，表达式的计算结果是一个布尔值（True 或 False）。下面几节会详细讲解运算符，本书的其余部分会大量用到它们。

7.2.1 运算符分类

运算符接受一个或多个变量（或表达式）作为输入，执行某项任务（例如比较或相加），然后给出和所执行任务相关的输出。运算符的分类标准有两个：一是效果，二是所需要的操作数个数。例如，单目运算符只需要一个变量或表达式，双目运算符则需要两个。

我们把运算符的操作对象称为操作数，运算符左侧的操作数称为左操作数，而运算符右侧的操作数称为右操作数。下面的列表列出了 Python 中所使用的运算符的类别。

- 单目运算符
- 算术运算符
- 关系运算符
- 逻辑运算符
- 按位运算符
- 赋值运算符

- 成员运算符
- 身份运算符

上面每一类运算符都用来执行某一类特定任务。例如，算术运算符用来执行与数学相关的任务，而关系运算符则用来进行比较。接下来的几节，我们将分别讲解上面这几类运算符。

了解 Python 中的三目运算符

三目运算符需要有 3 个操作数。Python 中只有一个三目运算符（这个三目运算符其实并没有名字，如果非要起个名字，你可以叫它“if...else”运算符），你可以使用它判断一个表达式的真假，格式如下：

```
TrueValue if Expression else FalseValue
```

当 Expression 为真时，整个表达式的最终结果是“TrueValue”；当 Expression 为假时，整个表达式的最终结果是“FalseValue”。举个例子，输入如下表达式：

```
"Hello" if True else "Goodbye"
```

整个表达式的结果为 'Hello'。如果你输入：

```
"Hello" if False else "Goodbye"
```

整个表达式的结果为 'Goodbye'。当你需要做一个快速判断同时又不想写很多代码时，你可以选用这个运算符，用起来很方便。

使用 Python 的优点之一是，你可以选用多种方法来完成同一项任务。Python 中的这个三目运算符还有另外一种形式，它用起来更加快捷，格式如下：

```
(FalseValue, TrueValue)[Expression]
```

如前，当 Expression 为真时，整个表达式的最终结果为“TrueValue”；当 Expression 为假时，整个表达式的最终结果为“FalseValue”。请注意，上面格式中，TrueValue 与 FalseValue 的位置和前面是相反的。举个例子，如下：

```
("Hello", "Goodbye")[True]
```

这个表达式的最终结果是 'Goodbye'，因为 'Goodbye' 在 TrueValue 的位置上。在上面这两种格式中，第一种更清晰易懂，第二种更简洁高效。

7.2.1.1 单目运算符

单目运算符的操作数只有一个，它要么是一个变量，要么是一个表达式。单目运算符经常用在决策过程中。比如，你可能想找一些和其他东西不一样的东西。表 7-1 列出了 Python 支持的单目运算符。

表7-1 Python单目运算符

运算符	功能描述	示例
~	按位取反，0 变 1，1 变 0。	~4 为 –5
–	取一个数字的相反数，正数变负数，负数变正数	–(–4) 为 4，–4 为 –4
+	提供这个运算符纯粹是基于完整性考虑的。任何数字之前加上这个运算符之后所得结果不变	+4 的结果为 4

7.2.1.2 算术运算符

计算机以其能够执行复杂的数学计算而闻名。不过，计算机所执行的复杂任务通常都建立在简单的数学任务之上，比如加法。Python 有许多库可供我们使用，这些库可以帮助我们做复杂的数学任务，但是你总是可以使用简单的算术运算符来创建自己的数学函数库。Python 支持的算术运算符如表 7-2 所示。

表7-2 Python算术运算符

运算符	功能描述	示例
+	加法运算，把运算符两边的操作数相加	5+2 = 7
–	减法运算，把运算符左边的操作数减去右边的操作数	5–2 = 3
*	乘法运算，把运算符两边的操作数相乘	5*2 = 10
/	除法运算，用右操作数除左操作数	5/2 = 2.5
%	取模运算，用右操作数除左操作数并返回余数	5%2 = 1
**	求幂运算，计算左操作数的右操作数次幂	5 ** 2 = 25
//	向下取整除法运算，用右操作数除左操作数只返回整数［也叫“地板除”（floor division）］	5//2 = 2

7.2.1.3 关系运算符

关系运算符用来比较两个值，并给出你指定的关系是否为真。例如，1 小于 2，1 永远不会大于 2。在应用程序中，关系表达式经常用来进行条件判断，当条件满足时，即执行某个特定任务。表 7-3 列出了 Python 所支持的关系运算符。

表7-3　Python关系运算符

运算符	功能描述	示例
==	判断两个值是否相等。请注意，这个运算符用了两个等号。使用这个运算符时，很多开发者都会犯一个错误，那就是只用一个等号，导致发生了赋值操作	1==2 为假
!=	判断两个值是否不相等。在旧版本的 Python 中，你可以使用 <> 运算符来代替 != 运算符。在本书所用的 Python 版本中，使用 <> 运算符会触发错误	1 != 2 为真
>	判断左操作数是否大于右操作数	1>2 为假
<	判断左操作数是否小于右操作数	1<2 为真
>=	判断左操作数是否大于或等于右操作数	1>=2 为假
<=	判断左操作数是否小于或等于右操作数	1<=2 为真

7.2.1.4　逻辑运算符

逻辑运算符把变量或表达式的真假值组合起来，进而判断整个逻辑表达式的真假性。你可以使用逻辑运算符创建布尔表达式，借以确定是否执行某些任务。表 7-4 列出了 Python 所支持的逻辑运算符。

表7-4　Python逻辑运算符

运算符	功能描述	示例
and	若两个操作数都为真，则结果为真	True and True 为 True True and False 为 False False and True 为 False False and False 为 False
or	若两个操作数中有一个为真，则结果为真	True or True 为 True True or False 为 True False or True 为 True False or False 为 False
not	用于反转操作数的逻辑状态，即真值变假值，假值变真值	not True 为 False not False 为 True

7.2.1.5　按位运算符

按位运算符操作的是数字的各个二进制位。例如，数字 6 对应的二进制数是 0b0110。

如果你对数制之间的转换掌握得不熟练，你可以使用 mathsisfun 网站上的在线数制转换工具。要让这个工具正常工作，你必须允许浏览器运行 JavaScript。

按位运算符以特定的方式对数字的每个二进制位进行操作。在使用按位逻辑运算符时，0 被视为 False，1 被视为 True。表 7-5 列出了 Python 所支持的按位运算符。

表7-5 Python按位运算符

运算符	功能描述	示例
&（按位与）	对于参与按位与运算的两个操作数，如果两个操作数相应的二进制位都为 1，则该位的结果为 1，否则为 0	0b1100 & 0b0110 = 0b0100
|（按位或）	对于参与按位或运算的两个操作数，如果两个操作数相应的二进制位中有一个为 1，则该位的结果为 1，否则为 0	0b1100 | 0b0110 = 0b1110
^（按位异或）	对于参与按位异或运算的两个操作数，如果两个操作数相对应的二进制位相异，则该位的结果为 1，否则为 0	0b1100 ^ 0b0110 = 0b1010
~（按位取反）	把操作数的每个二进制位取反，即把 1 变为 0，把 0 变为 1	~0b1100 = –0b1101 ~0b0110 = –0b0111
<<（左移）	把左操作数的各个二进制位全部左移若干位（移动的位数由右操作数指定），高位丢弃，低位补 0	0b00110011 << 2 = 0b11001100
>>（右移）	把左操作数的各个二进制位全部右移若干位（移动的位数由右操作数指定），高位补 0，低位丢弃	0b00110011 >> 2 = 0b00001100

7.2.1.6 赋值运算符

赋值运算符用来把数据指派给某个变量。本书前几章中，我们已经学过简单的赋值运算符，此外，Python 还提供了许多其他有趣的赋值运算符供我们使用。这些赋值运算符可以在赋值过程中进行数学计算，让赋值与数学运算的结合成为可能。表 7-6 列出了 Python 所支持的赋值运算符。请注意，下面表格示例列中出现的变量 MyVar 的初始值为 5。

表7-6 Python赋值运算符

运算符	功能描述	示例
=	把右操作数的值赋给左操作数	执行 MyVar = 5 之后，变量 MyVar 保存的值为 5
+=	把右操作数的值和左操作数的值相加，而后把所得结果赋给左操作数	执行 MyVar += 2 之后，变量 MyVar 保存的值为 7
–=	把左操作数的值和右操作数的值相减，而后把所得结果赋给左操作数	执行 MyVar – = 2 之后，变量 MyVar 保存的值为 3
*=	把左操作数的值和右操作数的值相乘，而后把所得结果赋给左操作数	执行 MyVar *= 2 之后，变量 MyVar 保存的值为 10

续表

运算符	功能描述	示例
/=	用左操作数的值除以右操作数的值，而后把所得结果赋给左操作数	执行 MyVar /= 2 之后，变量 MyVar 保存的值为 2.5
%=	用左操作数的值除以右操作数的值，而后把所得余数赋给左操作数	执行 MyVar %= 2 之后，变量 MyVar 保存的值为 1
**=	计算左操作数的右操作数次幂，并把结果赋给左操作数	执行 MyVar **= 2 之后，变量 MyVar 保存的值为 25
//=	用左操作数的值除以右操作数的值，并把整数结果赋给左操作数	执行 MyVar //= 2 之后，变量 MyVar 保存的值为 2

7.2.1.7 成员运算符

成员运算符用来检测某个值是否存在于某个列表或序列中，若存在，则返回 True。我们可以把成员运算符看作数据库的一个搜索程序。首先，你输入一个你认为应该在数据库中出现的值，然后搜索程序在数据库中为你找到这个值，或者向你报告说这个值在数据库中不存在。表 7-7 列出了 Python 所支持的成员运算符。

表7-7 Python成员运算符

运算符	功能描述	示例
in	若在右侧指定的序列中找到左操作数的值，则返回 True，否则返回 False	“Hello” in “Hello Goodbye” 为 True
not in	若在右侧指定的序列中没有找到左操作数的值，则返回 True，否则返回 False	“Hello” not in “Hello Goodbye” 为 False

7.2.1.8 身份运算符

身份运算符用于判断某个值或表达式是否属于某个类或类型。你可以使用身份运算符确保当前正在处理的信息类型和你想要的是一样的。使用身份运算符可以帮助你避免应用程序中的错误，或者判断某个待处理值的类型。表 7-8 列出了 Python 所支持的身份运算符。

表7-8 Python身份运算符

运算符	功能描述	示例
is	若左操作数中的值或表达式的类型和右操作数所指的类型一致，则返回 True	type(2) is int 为 True
is not	若左操作数中的值或表达式的类型和右操作数所指的类型不一致，则返回 True	type(2) is not int 为 False

7.2.2 运算符优先级

当你创建的语句很简单，并且只包含一个运算符时，确定这条语句的运算顺序也很简单。但是，当你创建的语句中包含多个运算符时，你就得考虑这些运算符的先后运算顺序问题了。比如，1 + 2 * 3 的结果是 7（先做乘法）还是 9（先做加法）呢？根据算术运算符的优先级，我们知道最终结果是 7，除非你使用圆括号改变了运算符的默认运算顺序。在这种情况下，(1 + 2)* 3 等于 9，这是因为圆括号的优先级比乘法高。表 7-9 给出了 Python 运算符的优先级顺序。

表7-9 Python运算符优先级

运算符	描述
()	你可以使用圆括号对表达式进行分组，这样可以改变默认的优先级，强制优先级较低的操作（比如加法）先于优先级较高的操作（比如乘法）进行
**	求左操作数的右操作数次幂
~ + –	单目运算符，只有一个操作数（变量或表达式）
* / % //	乘法、除法、求模、地板除（向下取整除法）
+ –	加法和减法
>> <<	右移和左移
&	按位与
^ |	按位异或和按位或
<= < > >=	比较运算符
== !=	相等和不等运算符
= %= /= //= – = += *= **=	赋值运算符
is is not	身份运算符
in not in	成员运算符
not or and	逻辑运算符

7.3 编写和使用函数

要正确地管理信息，你需要组织用于执行指定任务的代码。你创建的每一行代码都执行一个特定的任务，你把这些代码组合在一起以得到所需要的结果。有时，你需要针对不同的数据重复一些相同的指令，并且在某些情况下，你的代码会变得很长，以至于难以搞清每个部分的功能。函数就是一种代码组织手段，它可以让代码保持简洁。此外，函数还方便代码的重用，借助函数，你可以把这些代码重复应用到不同数据上。从本节开始，我们将讲解有关函数的内容。更重要的是，在本节中，你还会学到那些专业开发人员创建应用程序的方法。

7.3.1 函数就是代码包

你走到壁橱前，打开壁橱门，里面的东西一股脑地涌出来。这无异于一场雪崩，你能活下来十分庆幸。壁橱的顶部格子中放着一个保龄球，那个保龄球很可能会给你带来严重的伤害！好在你已经准备好了各种储物盒，很快你就可以把这些东西整齐有序地装到各个盒子里了。鞋子装在一个盒子里，游戏玩具装在一个盒子里，旧卡片和信件装在另一个盒子里。做完这些之后，你就可以在壁橱里轻松地找到任何你想要的东西，同时又不必担心受伤。函数也起到了类似的作用：它们把杂乱的代码组织在一起，放入代码包中，这样你能很容易地看清你有什么，并了解它们是如何工作的。

REMEMBER

关于函数是什么以及为什么需要它们，你能看到大量的相关论述，我们可以把这些论述归结为一句话：函数为我们提供了一种代码的打包方法，使得我们更容易查找和访问这些代码。如果你把函数想象成整理器，你会发现它们使用起来要容易得多。例如，你可以避免许多开发人员在函数中填充错误项的问题。所有函数都有相同的目标，就是像壁橱里的存储盒子一样把代码组织、整理好。

7.3.2 代码的可重用性

你走到衣橱前，打开门，拿出新裤子和衬衫，去掉标签，然后穿上。在一天结束的时候，你脱掉所有衣服，把它们扔进垃圾桶。呃……其实大多数人都不会这么做。大多数人都会把衣服换下来，洗一洗，然后再把它们放回衣橱以备下次再穿。类似地，函数也是可重用的。没有人愿意重复相同的任务，这只会让我们觉得单调乏味。当创建一个函数时，你其实是定义了一个代码包，你可以反复使用它来执行相同的任务。你需要做的就是告诉计算机要执行一个特定的任务，即告诉它要调用哪个函数。每次你要求计算机执行指令时，它都会严格地执行函数中的每一条指令。

REMEMBER

在使用函数时，需要使用函数服务的代码被称为调用者，它调用函数来执行相关任务。你看到的有关函数的许多信息都指的是调用者。调用者必须向函数提供信息，函数将信息返回给调用者。

以前，计算机程序中没有代码可重用性这个概念。因此，开发人员必须不断地重复编写相同的代码。不过，没过多久，人们就提出了函数这个概念，然后经过多年的演变，函数最终成为一种灵活组织代码的手段。你可以让函数做任何你想做的事。代码可重用性是应用程序中必不可少的一部分，其优点如下：

- 缩短开发时间；

» 减少程序员的错误；

» 提高程序的可靠性；

» 让整个团队从一个程序员的工作中获益；

» 使代码更容易理解；

» 提高程序效率。

事实上，函数会以可重用性的形式为应用程序做一个完整的列表。随着本书示例的学习，你会发现可重用性是如何让你的生活变得更简单的。如果没有可重用性，编程时你总是得手工把 0 和 1 输入到计算机中。

7.3.3 定义函数

创建函数所需要的步骤并不多。Python 为我们创建函数提供了很大的便利。下面是创建函数需要的几个步骤，列出来供你参考。

1. 在 Notebook 中新建一个 Notebook。

你可以直接使用 BPPD_07_Managing_Information.ipynb 这个文件，它位于本章的源代码文件夹中。关于如何使用本书配套源文件，请参考前言的相关介绍。

2. 输入 def Hello():，并按回车键。

这一步告诉 Python 你要定义一个名为 Hello 的函数。紧跟在函数名称后面的是一对圆括号，它规定了我们在使用这个函数时需要提供什么（本示例中圆括号内是空白的，这意味着调用这个函数时你不必提供任何东西）。圆括号后面是一个冒号，它告诉 Python 你已经定义好了人们访问这个函数的方式。此时，按回车键，光标会跳到下一行，并且自动进行了缩进，如图 7-1 所示。这个“缩进”是在提醒你接下来要编写函数体了，即为函数编写要执行的任务。

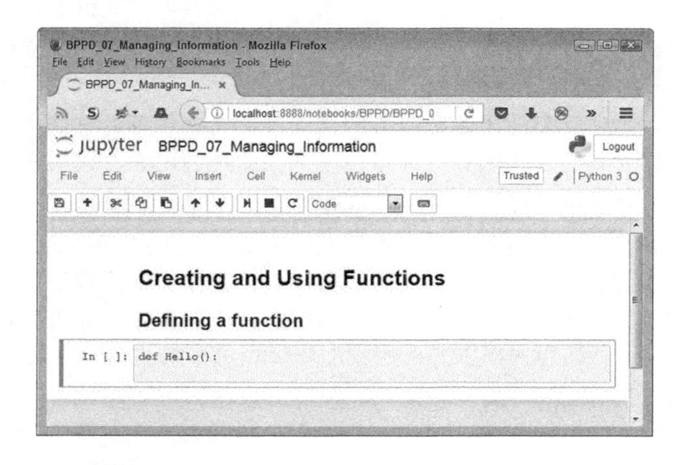

图7-1
定义函数名称

3. 输入 print ("This is my first Python function!")，按回车键。

这时，你会发现光标的行为有点怪异，如图 7-2 所示。按回车键之后，光标跳到下一行，同样进行了缩进，这表明 Notebook 正在等待你为函数输入下一行代码。

图7-2 Notebook等待你输入下一条语句

4. 单击"Run"按钮。

至此，函数就创建完成了。

尽管这是一个非常简单的函数，但它却给出了在 Python 中创建函数所要遵循的步骤，即先定义一个函数名称，指定使用这个函数要提供的参数（本例无），然后编写这个函数要执行的一系列步骤。当插入点位于新行的最左侧或移动到下一个单元格时，函数就定义完成了。

7.3.4 调用函数

定义好函数之后，你可能想调用它来做一些有用的工作。这时，你就得知道该如何调用函数了。上一节中，我们定义了一个名为 Hello() 的新函数。为了调用这个函数，我们需要在单元格中输入 Hello()，然后单击"Run"按钮。从图 7-3 中你可以看到函数执行所产生的结果。

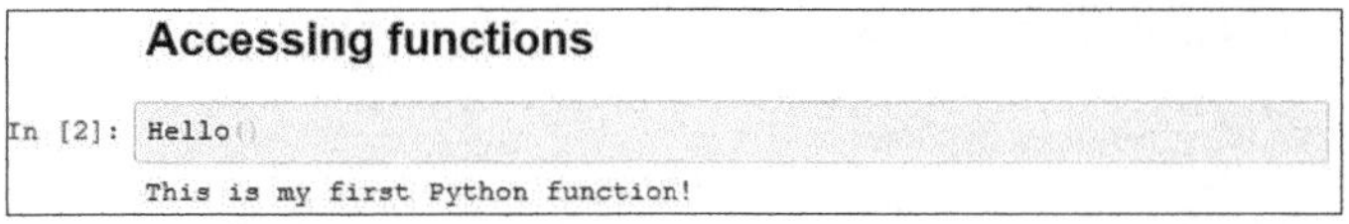

Accessing functions

```
In [2]: Hello()

This is my first Python function!
```

图7-3 只要你输入函数名，就能获得函数的输出结果

所有函数的调用方法都是一样的：先输入函数名，然后是一个左圆括号、参数值和右圆括号，再按回车键。本示例中，调用 Hello() 函数时并不需要你提供参数值，只需输入 Hello() 即可。在后面章节的学习中，你会看到其他需要提供参数值才能调用函数的例子。

7.3.5 向函数发送信息

上一节中的 Hello() 函数已经为我们省下了很多力气，因为每次你想说 Hello() 时都不必手动输入那么长的字符串了。不过，这个函数的功能十分有限，你每次用它只能说出同样的话。函数应该是灵活的，并且允许你做不止一件事。否则，编写程序时，你不得不编写大量的函数，并且这些函数的不同仅取决于它们所使用的数据，而非它们自身所提供的功能。使用参数有助于你创建出灵活

的函数，并且可以将其应用到大量的数据上。

7.3.5.1 理解参数

“参数”这个术语并不意味着你会和函数有矛盾，它意味着你要向函数提供一些信息以供其在处理某个请求时使用。也许更好的用词应该是“输入”(input)，但是这个词已经被用在其他许多用途中，所以开发人员才决定使用一个不同的词来描述：参数。虽然我们很难从“参数”这个词的字面含义来清晰地了解其用途，但其实它的作用很简单。“参数”可以让你把数据发送给函数，以便函数在执行某个任务时可以使用它们。使用参数可以让你的函数有更高的灵活性。

就目前来看，Hello() 函数不够灵活，因为它每次都输出一样的字符串。若想提高 Hello() 函数的灵活性，你可以为它添加一个参数，这样你就可以向它发送不同的字符串，让函数输出你想说的话。为了解参数的工作原理，我们要在 Notebook 中新建一个函数——Hello2()，它带有一个参数，如下：

```
def Hello2( Greeting ):
    print(Greeting)
```

请注意，在 Hello2 这个函数中，圆括号里面不再是空白，其中包含了一个词“Greeting”，它就是 Hello2() 这个函数的参数。其实，参数 Greeting 是一个变量，你可以把它传递给 print()，将它的内容显示在屏幕上。

7.3.5.2 提供参数

前面我们已经创建好了一个新函数——Hello2()。调用这个函数时，你需要为它提供一个参数以供其使用。这是我们已经了解到的知识。在单元格中输入 Hello2()，单击“Run”按钮运行，你会看到一条错误信息，指出我们应该为 Hello2() 函数提供一个参数，如图 7-4 所示。

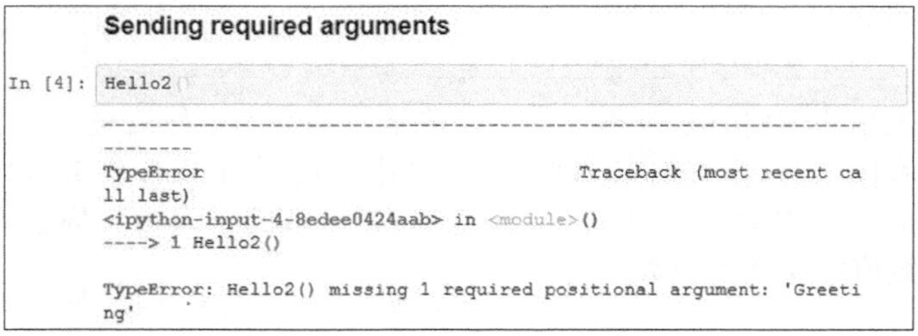

```
Sending required arguments

In [4]: Hello2()

---------------------------------------------------------------------------
TypeError                                 Traceback (most recent call last)
<ipython-input-4-8edee0424aab> in <module>()
----> 1 Hello2()

TypeError: Hello2() missing 1 required positional argument: 'Greeting'
```

图7-4 调用Hello2()函数时必须同时为其提供一个参数，否则会引发错误

在错误信息中，Python 不仅向你指出了“参数缺失”，还指出了参数名称。从前面函数 Hello2() 的创建方式可以看出，我们在调用 Hello2() 时必须为它提供一个参数。在单元格中输入 Hello2(“This is an interesting function.”)，单击“Run”按钮。这次，你看到了所希望的输出结果。不过，你仍然不知道 Hello2() 是否足够灵活，以致可以打印出多种信息。在单元格中输入 Hello2(“Another message. . .”)，单击“Run”按钮，这时，你再次看到了所希望

的输出结果，如图 7-5 所示。由此可见，Hello2() 的确是 Hello() 的加强版。

```
In [5]: Hello2("This is an interesting function.")
        This is an interesting function.

In [6]: Hello2("Another message...")
        Another message...
```

图7-5 使用Hello2()可以打印你希望的任何信息

从上面这几个例子中，你会很容易地认为 Greeting 只接收字符串。但事实并非如此。在单元格中，输入 Type Hello2(1234)，单击“Run”按钮，你会看到输出为 1234。同样，输入 Type Hello2(5+5)，单击“Run”按钮，你会看到最终的输出结果为 10。

7.3.5.3 通过关键字发送参数

随着函数变得越来越复杂，使用它们的方法也变得越来越复杂，你可能希望对调用函数并为其提供参数进行更精确的控制。到目前为止，你已经有了位置参数（positional arguments），这意味着调用函数时，你要按照它们在函数定义时参数列表中出现的顺序提供值。但是，Python 还提供了一种通过关键字发送参数的方法。使用这种方法时，你要先在参数名之后加上一个等号（=），然后再给出参数值。要了解这是如何工作的，请在 Notebook 中定义如下函数：

```
def AddIt(Value1, Value2):
    print(Value1, " + ", Value2, " = ", (Value1 + Value2))
```

请注意，print() 函数有多个参数，这些参数通过逗号分隔开。并且，这些参数的数据类型也不一样。Python 提供的这种方式让参数的混合和匹配变得很容易。

接着，我们测试一下 AddIt() 函数。首先，试一试通过位置参数传递参数，输入 AddIt(2, 3)，然后单击“Run”按钮，你会得到所期望的输出结果：2+3 = 5。再试一试通过关键字传递参数，输入 AddIt(Value2 = 3, Value1 = 2)，然后单击“Run”按钮，虽然参数的位置发生了变化，但我们还是得到了所期望的输出结果：2+3 = 5。

7.3.5.4 为函数参数设置默认值

调用函数时，无论使用的是位置参数还是关键字参数，你都得为函数提供参数值。当你为函数的参数设置了默认值之后，调用这个函数时，如果你不为函数提供参数值，那这个函数会使用默认的参数值。默认参数值让函数易于使用，即使开发者调用函数时不提供参数值，也不会引发错误。在为函数参数设置默认值时，只需在参数名称后面加上一个等号，再给出相应的默认值即可。要了解这是如何工作的，请在 Notebook 中创建如下函数：

```
def Hello3(Greeting = "No Value Supplied"):
    print(Greeting)
```

Hello3() 是继 Hello() 和 Hello2() 函数之后的又一个新版本，与函数 Hello() 和 Hello2() 不同的是，调用 Hello3() 时，如果你不为它提供参数值，它会自动使用默认的参数值。也就是说，你可以在不提供任何参数的情形下直接调用Hello3()，并且不会引发错误。眼见为实，你可以亲自动手验证一下：在单元格中输入Hello3()，然后按回车键。再输入Hello3(“This is a string”)，按回车键。到这里，你是不是认为这个函数不能接收其他非字符串数据？我们再分别输入 Hello3(5)，按回车键，再输入 Hello3(2 + 7)，按回车键，输出结果如图 7-6 所示。

```
Giving function arguments a default value

In [12]: def Hello3(Greeting = "No Value Supplied"):
             print(Greeting)

In [13]: Hello3()
         Hello3("This is a string")
         Hello3(5)
         Hello3(2 + 7)

         No Value Supplied
         This is a string
         5
         9
```

图7–6 提供默认参数值让函数更易用

7.3.5.5 创建可变参数函数

在大多数情况下，你都能准确地知道要为函数提供多少参数。尽可能朝着这个目标努力是值得的，因为带有固定数量参数的函数更容易进行故障检测。不过，有时你根本无法确定开始时函数要接收多少参数。例如，当你创建了一个工作在命令行下的 Python 应用程序时，用户可能不会提供任何参数，也可能会提供很多参数（假设有多个参数），或者其他任何数量的参数。

幸运的是，Python 为我们提供了一种把数量可变的参数发送给函数的方法。你只需要创建一个前面带有星号的参数，例如 *VarArgs。通常的做法是再提供一个参数，用来指出要传递的参数个数。请看下面一个函数的示例，这个函数可以打印出可变数量的元素。（如果你现在还无法完全理解，也不必太担心——你以前从没见过这些技术。）

```
def Hello4(ArgCount, *VarArgs):
    print("You passed ", ArgCount, " arguments.")
    for Arg in VarArgs:
        print(Arg)
```

在这个函数内部，我们使用了一个 for 循环。有关 for 循环的内容，我们将在第 9 章进行学习。这里，你只需要知道它用来把参数从 VarArgs 中一个个取出来并放入 Arg 中就行了。for 循环中的 print() 函数用来把 Arg 中的值打印出来。你最感兴趣的应该是想知道可变参数是如何工作的。

在 Notebook 中创建好 Hello4() 函数之后，在新单元格中输入 Hello4(1, “A Test String.”)，单击“Run”按钮。在输出结果中，你应该能看到参数的数目和测试字符串，这没什么让人感到意外的。接着，输入 Hello4(3, “One”, “Two”, “Three”)，单击“Run”按钮，从运行结果看，函数能够正常处理可变参数，而且不会产生任何问题，如图 7-7 所示。

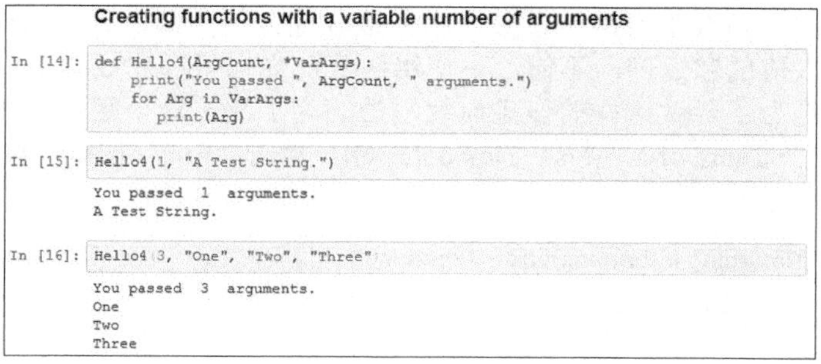

Creating functions with a variable number of arguments

```
In [14]: def Hello4(ArgCount, *VarArgs):
             print("You passed ", ArgCount, " arguments.")
             for Arg in VarArgs:
                print(Arg)

In [15]: Hello4(1, "A Test String.")

         You passed  1  arguments.
         A Test String.

In [16]: Hello4(3, "One", "Two", "Three")

         You passed  3  arguments.
         One
         Two
         Three
```

图7-7 带有可变参数的函数能够让你的应用程序更加灵活

7.3.6 从函数返回信息

函数可以直接把数据显示出来，也可以将数据返回给调用者，以便调用者使用函数返回的数据去做更多的事情。某些情况下，函数会直接把数据显示出来，同时还会把数据返回给调用者，但更常见的情况是，函数要么直接显示数据，要么将数据返回给调用者。到底采用哪一种方式取决于函数所执行的任务类型。例如，和其他一些函数相比，执行与数学相关任务的函数更可能会把数据返回给调用者。

函数要把数据返回给调用者，在其体内必须包含 return 关键字，后面跟着待返回的数据。不论你想返回什么，函数都可以帮你办到。下面是一些常见的由函数返回给调用者的数据类型。

- **各种类型的值：** 任何数据类型的值都可以。你可以返回数值（如 1 或 2.5）、字符串（“Hello There!”）、布尔值（True 或 False）。
- **变量：** 函数可以直接把某个变量返回，此时调用者获得的是这个变量的内容，即存储在变量中的数据。
- **表达式：** 许多开发者都喜欢直接让函数返回某个表达式，这是一种把表达式的值快速返回的方法。例如，如果想返回 A 与 B 的和，你可以先计算出 A 与 B 的和，把和存放到一个变量中，然后再把这个变量返回给调用者。相比之下，在函数中直接返回表达式的效率会更高，即 return A+B 语句。
- **来自其他函数的结果：** 事实上，你可以把其他函数返回的数据作为当前函数返回值的一部分进行返回。

接下来，让我们通过一个例子看看函数是如何返回值的。在 Notebook 中定义如下函数：

```
def DoAdd(Value1, Value2):
    return Value1 + Value2
```

上面这个函数带有两个参数，用来接收输入值，然后使用 return 语句把这两个输入值的和返回。不错，不使用函数，你也可以完成这个任务，但好多函数就是为了要做这样的任务而编写的。为了测试这个函数，在单元格中输入 print(“The sum of 3 + 4 is ”, DoAdd(3, 4))，单击“Run”按钮，执行结果如图 7-8 所示。

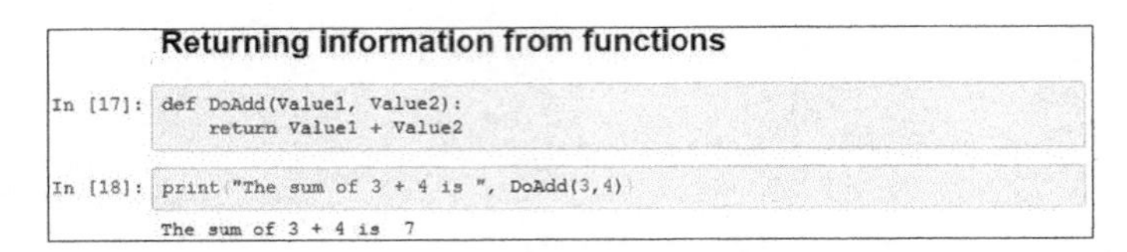

图7–8 返回值让你的函数更有用

7.3.7 比较函数输出

带返回值的函数有多种使用方式。例如，上一节演示了如何把一个函数用作另一个函数的输入。你可以使用函数执行各种任务。函数的一种用法是用来进行比较。其实，你可以使用它们创建逻辑表达式，并借此获得一个逻辑结果。

为了了解这是怎么回事，我们仍以上一节创建的 DoAdd() 函数为例。在单元格中输入 print(“3 + 4 equals 2 + 5 is ”, (DoAdd(3, 4) == DoAdd(2, 5)))，单击“Run”按钮，你会看到输出结果为：3 + 4 equals 2 + 5 is True，如图 7-9 所示。关键是，我们要尽量避免只让函数拥有单一用途或者用非常窄的视角去看待它们。函数可以让你的代码拥有更好的通用性和灵活性。

Comparing function output

```
In [19]: print("3 + 4 equals 2 + 5 is ", (DoAdd(3,4)==DoAdd(2,5)))
         3 + 4 equals 2 + 5 is  True
```

图7–9 使用函数执行多种任务

7.4 获取用户输入

很少有应用程序是孤立存在的，它们或多或少都要与用户进行交互。事实上，大多数应用程序都十分重视与用户的交互，因为计算机本身就是为满足用户需求而设计的。要与用户交互，应用程序必须提供一些获取用户输入的方法。幸运的是，用来获取用户输入的最常用的方法也相对容易实现。在 Python 中，只要使用 input() 函数就能轻松搞定。

input() 函数总是返回字符串。即使你输入数字，input() 函数也会将其以字符串的形式返回。这样看来，如果你想得到数字，你需要对 input() 函数返回的字符串进行转换处理。input() 函数还允许你提供注释字符串，它用来提示用户要输入什么样的信息。下面这个例子演示了 input() 函数的简单用法。

```
Name = input("Tell me your name: ")
print("Hello ", Name)
```

上面代码中，input() 函数用来请求并接收用户输入的名字。用户输入名字并按回车键后，print("Hello ", Name) 语句会得到执行，显示向用户打招呼的信息。请尝试运行一下这个例子，图 7-10 显示了当用户输入 John 之后，得到的输出结果。

你还可以使用 input() 函数接收其他类型的数据，但你需要使用正确的函数进行转换处理。例如，在下面示例代码中，你会看到一个 float() 函数，这个函数用来把字符串转换为浮点数。

图7-10 输入用户名，即看到打招呼信息

Getting User Input

```
In [20]: Name = input("Tell me your name: ")
         print("Hello ", Name)

         Tell me your name: John
         Hello  John
```

```
ANumber = float(input("Type a number: "))
print("You typed: ", ANumber)
```

运行上面这个例子时，程序先要求用户输入一个数字，再使用 float() 把 input() 返回的字符串转换成浮点数，然后使用 print() 把浮点数打印出来。运行上面的示例后，输入 5.5，你会看到所期望的结果。

你要知道，数据转换并非完全没有风险。如果你输入的不是数字，你会得到一条错误信息，如图 7-11 所示。我们将在第 10 章中向你讲解如何检测和排除错误，以防止它们导致系统崩溃。

图7-11 用户输入时，输入非数字数据会导致转换失败，触发运行错误

```
In [21]: ANumber = float(input("Type a number: "))
         print("You typed: ", ANumber)

         Type a number: Hello

         ---------------------------------------------------------------------------
         ValueError                                Traceback (most recent call last)
         <ipython-input-21-5b050a92debd> in <module>()
         ----> 1 ANumber = float(input("Type a number: "))
               2 print("You typed: ", ANumber)

         ValueError: could not convert string to float: 'Hello'
```

本章概要

使用 if 语句做简单决策

使用 if...else 语句做高级决策

嵌套语句

第8章 做决策

决策能力（即选择走这一条路还是另一条路）是做有用工作的必备要素。数学让计算机拥有了获得有用信息的能力。决策让你能够在获取信息后使用它们做一些有用的事。若缺少了决策能力，计算机将变得毫无用处。所以，你使用的任何语言都会包含以某种方式做决策的能力。本章探讨 Python 中做决策的方法。你可以在 BPPD_08_Making_Decisions.ipynb 文件中找到本章的示例代码。

仔细想想你做决策的过程：首先你获知某物的实际价值，将其与期望值进行比较，然后根据比较结果采取相应的行动。举个例子，当你看到一个信号灯，发现它是红色的，你就会把红灯和（所希望的）绿灯进行比较，确定它不是绿灯，然后你会停下来。大多数人都不会特意花时间来考虑这个决策过程，因为我们每天都在频繁地使用它。决策对人类来说是件很自然的事，但是每次做决策时，计算机都必须执行如下步骤：

1. 获取某件东西实际值或当前值；
2. 把实际值或当前值与期望值进行比较；
3. 根据比较结果，采用相应的行动。

8.1 使用if语句做简单决策

在 Python 中，if 语句是用来做决策的最简单方法。if 语句表达的含义是：如果某个条件为真，Python 就会执行以下步骤。下面几节将讲解如何在 Python 中使用 if 语句做各种类型的决策。你可能会惊讶于这么简单的 if 语句竟然如此有用。

8.1.1 if语句

日常生活中，我们经常使用 if 语句。例如，你可能会对自己说："如果（if）今天是星期三，我午餐就吃金枪鱼沙拉。"相比之下，Python 中的 if 语句更为简洁，但它还是遵循一样的模式。假设你创建了一个变量 TestMe，并把数值 6 赋给它，如下：

```
TestMe = 6
```

然后，你可以使用 if 语句让计算机查看一下 TestMe 变量中的值是否为 6，并打印一条确认信息，如下：

```
if TestMe == 6:
   print("TestMe does equal 6!")
```

你想的没错，Python 中每条 if 语句都以"if"开头。当 Python 看到 if 时，它就知道你要用它来做决策了。紧跟在 if 之后的是一个条件，这个条件就是你想让 Python 做什么样的比较。上面示例中，你想让 Python 判断 TestMe 中的值是否为 6。

请注意，条件中使用的是关系运算符 ==，而非赋值运算符 =。开发人员经常犯的一个错误是，本该使用 ==，却错误地使用了 =。你可以在第 7 章中看到一个关系运算符列表。

条件总是以冒号（:）结束。如果没有冒号，Python 就不会知道这个条件已经结束了，它会继续把后面的内容看作条件的一部分应用在决策中。在冒号之后，你可以写上任何你想让 Python 执行的语句。在上面示例中，冒号之后只有一条 print() 语句，用来输出"TestMe does equal 6!"这条信息。

8.1.2 在应用程序中使用if语句

Python 中，if 语句的用法有很多种。但这里，你只需了解如下 3 种常用方法。

- » 一个条件和一条执行语句（当条件为真时执行）。
- » 一个条件和多条执行语句（当条件为真时执行）。
- » 组合条件（由多个条件组合而成）和一条或多条语句（当组合条件为真时执行）。

下面几节将讲解上面 3 种用法，并提供了相应示例。在本书的其他示例中，你也会经常看到 if 语句的身影，因为它是一个非常重要的做决策的方法。

8.1.2.1 使用关系运算符

关系运算符决定着表达式左右两侧值的比较方式。比较做完之后，你会得到一个布尔值（True 或 False），这个值就是整个表达式的值。例如，6 == 6 为 True，5 == 6 为 False。第 7 章的表 7-3 中列出了 Python 支持的所有关系运算符。下面这些步骤演示了如何创建和使用 if 语句。

1. 新打开一个 Notebook。

你还可以使用随书一起提供的源文件：BPPD_08_Making_Decisions.ipynb。

2. 输入 TestMe = 6，并按回车键。

这一步把数值 6 赋给 TestMe。请注意，这里用的是赋值运算符，而非相等运算符（双等号）。

3. 输入 if TestMe == 6:，并按回车键。

这一步出现了 if 语句，使用双等号判断 TestMe 的值是否为 6。此时，你要注意如下两点：

- 关键字 if 的颜色改变了，这让它比周围其他语句更凸显；
- 光标跳到下一行后，自动进行了缩进。

4. 输入 print("TestMe does equal 6!")，并按回车键。

请注意，此时 Python 还不会执行 if 语句。按回车键后，光标跳入下一行，并且进行了缩进。单词 print 变成一种特殊的颜色，因为它是一个内建函数名。此外，文字颜色也变了，这表明它是一个字符串值。以不同颜色显示代码有助于我们了解 Python 的工作方式。

5. 单击“Run”按钮。

Notebook 运行 if 语句，输出结果如图 8-1 所示。请注意，输出结果以另外一种颜色进行显示。由于 TestMe 中的值为 6，所以 if 语句如我们期望的那样工作。

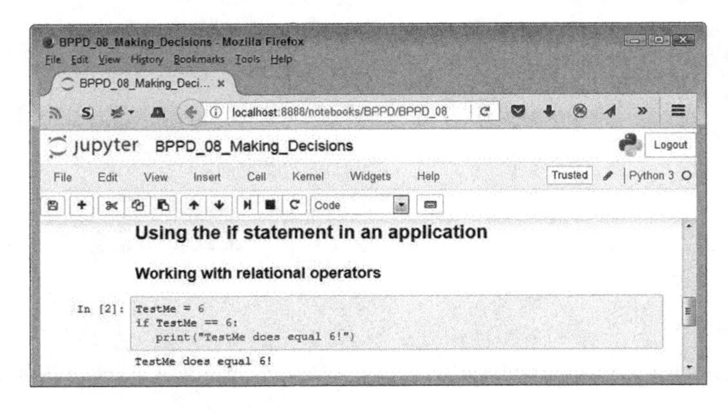

图8–1 简单的if语句让应用程序知道特定条件下该干什么

8.1.2.2 执行多个任务

有时你想在决策后执行多个任务。Python 依靠缩进来判断 if 语句块到哪里结束。

只要新的一行是缩进的，它就是 if 语句块的一部分。如果新的一行没有缩进，那它就是 if 语句块之外的第一行代码。代码块由语句和与该语句相关的任务组成。这个术语可以推广到你使用的所有语句，但在本例中，你使用的 if 语句是代码块的一部分。下面步骤演示了如何借助缩进把多个执行步骤一并放入 if 语句中。

1. 在 Notebook 中，输入如下代码，每输完一行都要按一次回车键。

```
TestMe = 6
if TestMe == 6:
   print("TestMe does equal 6!")
   print("All done!")
```

请注意，在 Python Shell 中，只要你不断输入代码，Python Shell 就会不断进行行缩进。你输入的每一行都是当前 if 语句代码块的一部分。

在 Python Shell 中，你每输入一行新代码都会创建一个块。如果你在一行中连续按两次回车键，并且不输入任何文本，则代码块结束，Python 一次执行整个代码块。当然，在使用 Notebook 时，你必须单击“Run”按钮才能执行相应单元格中的代码。

2. 单击“Run”按钮。

Python 会执行整个代码块，输出结果如图 8-2 所示。

Performing multiple tasks

```
In [3]: TestMe = 6
        if TestMe == 6:
           print("TestMe does equal 6!")
           print("All done!")

        TestMe does equal 6!
        All done!
```

图8-2 每个任务代码块都可以包含多行代码

8.1.2.3 使用逻辑运算符进行多重比较

到目前为止，前面举的例子中都只包含了一重比较。现实生活中，为了满足多个需求，往往需要进行多重比较。例如，在烘烤饼干时，如果计时到了，并且边缘呈现棕色，那就该把饼干从烤箱里拿出来了。

为了进行多重比较，我们先要用关系运算符创建好多个条件，而后使用逻辑运算符（参见第 7 章中的表 7-4）把它们组合起来。逻辑运算符用来指出如何组合各个条件。比如，在逻辑表达式 x == 6 and y == 7 中包含了两个条件，并且使用了 and 这个逻辑运算符，表示只有当两个条件全为真时，整个表达式才为真，同一个语句块中的其他语句才能得到执行。

多重比较最常见的一个用途是用来判断某个值是否在特定的范围之内。事实上，范围检查（判断某个值是否介于两个特定值之间）是确保应用程序安全和用户友好的重要部分。下面几个步骤帮你了解如何执行这个任务。本示例中，你要先创建一个文件，以便你可以多次运行这个应用程序。

1. 在 Notebook 中输入如下代码，每输完一行都要按一下回车键。

```
Value = int(input("Type a number between 1 and 10: "))
if (Value > 0) and (Value <= 10):
    print("You typed: ", Value)
```

上面代码中，第一行用来获取用户输入的值。我们只知道用户输入了某种值，其他一概不知。使用 int() 函数表示用户必须输入一个整数（不带小数部分的数）。否则，程序会抛出一个异常（一种错误提示，相关内容在第 10 章讲解）。这层检测确保用户输入了正确类型的值。

if 语句中包含两个条件。第一个条件指出用户输入的值 Value 必须大于 0，这个条件你也可以写成 Value >= 1。第二个条件指出 Value 必须小于或等于 10。只有这两个条件都为真时，if 语句才能得到执行，进而把用户输入的值打印出来。

2. 单击“Run”按钮。

Python 提示你输入 1 ～ 10 之间的数。

3. 输入 5，并按回车键。

程序会判断 5 是否在指定的范围之内，若是，则将其打印出来，如图 8-3 所示。

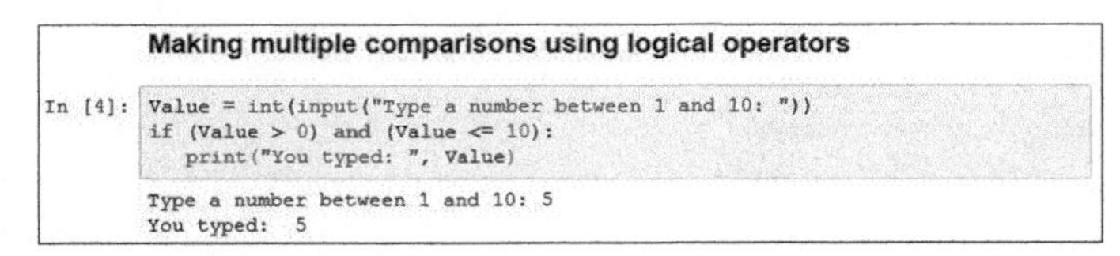

Making multiple comparisons using logical operators
In [4]:
Value = int(input("Type a number between 1 and 10: "))
if (Value > 0) and (Value <= 10):
print("You typed: ", Value)
Type a number between 1 and 10: 5
You typed: 5

图8-3 程序检查用户输入的值是否在指定的范围内，若是，则将其打印出来

4. 再次选中代码所在的单元格，重复步骤 2 和 3，但这次我们要输入 22 而非 5。

程序不会输出任何信息，因为我们刚刚输入的数字并不在指定的范围内。只要我们输入的数字不在程序指定的范围内，if 语句块就得不到执行。

REMEMBER

注意，单元格每执行一次，其左侧的执行次序号码都会发生变化，即自动加 1。若当前编号为 4，即 In[4]，如图 8-3 所示，则再次执行单元格后，你会看到 In[5]。

5. 再次选中单元格，重复步骤 2 和 3，但这回我们输入的是 5.5，而非 5。

这时，Python 会显示一条错误信息，如图 8-4 所示。尽管在我们看来 5.5 和 5 都是数字，但在 Python 看来，5.5 是一个浮点数，而 5 是一个整数，它们是不一样的。（此时执行次序编号变为 6，即 In[6]）。

6. 重复步骤 2 和步骤 3，这次输入 Hello。

Python 会显示一条和上面一样的错误信息。Python 并不会区分具体的输入错误的类型。它只知道输入的类型不对，导致无法使用。

TIP

好的应用程序会使用各种范围检查来确保自身行为符合设计预期。应用程序

的行为越符合预期，用户需要对应用程序本身考虑得就越少，也就能拿出更多时间来做其他工作。相比于经常被应用程序的各种问题搞得焦头烂额的用户而言，那些把更多精力放到工作上的用户往往会更快乐。

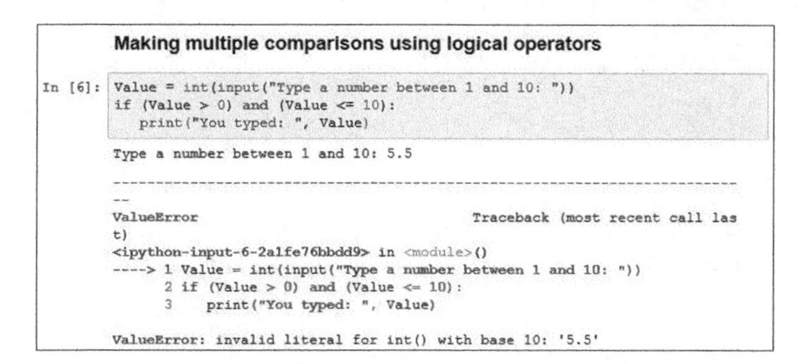
Making multiple comparisons using logical operators
In [6]: Value = int(input("Type a number between 1 and 10: "))
if (Value > 0) and (Value <= 10):
print("You typed: ", Value)
Type a number between 1 and 10: 5.5
ValueError Traceback (most recent call last)
<ipython-input-6-2a1fe76bbdd9> in <module>()
----> 1 Value = int(input("Type a number between 1 and 10: "))
2 if (Value > 0) and (Value <= 10):
3 print("You typed: ", Value)
ValueError: invalid literal for int() with base 10: '5.5'

图8-4 若输入的数字类型不对则会引发错误

8.2 使用if...else语句选择替代方案

你在应用程序中做的许多决策其实都是根据某些条件从备选的两个选项中选择其中一个而已。例如，当你看到一个信号灯时，你有两种选择：踩刹车停下或者踩油门前行。具体选择哪个取决于选择条件。若是绿灯，则要踩油门继续往前走；若是红灯，则要踩刹车停下来。下面几节将讲解在 Python 中如何在两个选项中进行选择。

8.2.1 理解if...esle语句

在 Python 中，你可以使用 if 语句的 else 子句从两个选项中选择一个。子句是代码块的附加部分，用来向代码块添加选择项。大多数代码块都支持多个子句。在 if...else 中，else 子句为我们提供了另外一个选择，这大大扩展了 if 语句的用途。大多数开发人员都会频繁使用这种包含 else 子句的 if 语句，即 if...else 语句，其中省略号表示 if 和 else 之间还会有一些东西存在。

WARNING

有时开发人员在使用 if...else 语句会碰到一些问题，这主要是因为他们忘记了 else 子句总是在前面 if 语句的条件没有得到满足时才会执行。一定要考虑，当条件为假时总是执行一系列任务所带来的后果。有时这样做会产生意料不到的后果。

8.2.2 在程序中使用if...else语句

如果用户输入的值不在指定范围内，那前一节中的示例代码就不怎么有用了。尽管输入错误类型的数据会产生一条错误消息，但是当输入的数据类型正确且在指定范围之外时，程序不会向用户显示任何信息。本例中，我们将通过使用 else 子句来纠正这个问题。下面几个步骤演示了在 if 语句的条件为 False 时如何使用 else 子句让程序执行另外一个分支。

1. 在 Notebook 中输入如下代码，每输完一行按一次回车键。

```
Value = int(input("Type a number between 1 and 10: "))
if (Value > 0) and (Value <= 10):
   print("You typed: ", Value)
else:
   print("The value you typed is incorrect!")
```

与前面示例代码一样，上面的代码先接收用户输入，而后判断用户输入的值是否在指定的范围内。若是，则把用户输入的值打印出来；若不是，则执行 else 子句，打印一条提示信息，告诉用户输入的值不对。

REMEMBER

与 if 语句一样，else 子句也以冒号结尾。在 Python 语句中，大部分子句都以冒号结尾，Python 借助冒号判断子句结束了。编写程序的过程中，如果遇到语法错误，不妨检查一下自己是否把冒号漏掉了。

2. 单击“Run”按钮。

Python 提示你输入 1 ～ 10 之间的数字。

3. 输入数字 5，按回车键。

经过判断，程序认为数字 5 在指定的范围之内，于是将其打印出来，如图 8-3 所示。

4. 重复步骤 2 和 3，输入数字 22。

这时，程序会输出一条错误信息，如图 8-5 所示。根据错误提示信息，用户知道自己输入的值超出了指定范围，以便再次尝试输入正确的值。

Using the if...else statement in an application

```
In [8]: Value = int(input("Type a number between 1 and 10: "))
        if (Value > 0) and (Value <= 10):
           print("You typed: ", Value)
        else:
           print("The value you typed is incorrect!")

        Type a number between 1 and 10: 5
        You typed:  5

In [9]: Value = int(input("Type a number between 1 and 10: "))
        if (Value > 0) and (Value <= 10):
           print("You typed: ", Value)
        else:
           print("The value you typed is incorrect!")

        Type a number between 1 and 10: 22
        The value you typed is incorrect!
```

图8-5 当用户输入错误时给出提示信息是个好做法

8.2.3 在程序中使用if...elif语句

早餐时间，你去了一家餐馆，找个位置坐下，随手拿起菜单看了起来，发现这家餐馆供应的早餐有鸡蛋、煎饼、华夫饼和燕麦片。然后你点了一份早餐，服务员给你端了过来。点餐时要用到类似 if...else 这样的语句，但是需要稍微加强一下。本示例中，我们可以使用 elif 子句来匹配其他条件。elif 子句是 else 子句和单个 if 语句的组合。下面几个步骤描述了如何使用 if...elif 语句来模拟菜单的选择过程。

1. 在 Notebook 中输入如下代码，每输完一行按一次回车键。

```
print("1. Red")
print("2. Orange")
print("3. Yellow")
print("4. Green")
print("5. Blue")
print("6. Purple")
Choice = int(input("Select your favorite color: "))
if (Choice == 1):
   print("You chose Red!")
elif (Choice == 2):
   print("You chose Orange!")
elif (Choice == 3):
   print("You chose Yellow!")
elif (Choice == 4):
   print("You chose Green!")
elif (Choice == 5):
   print("You chose Blue!")
elif (Choice == 6):
   print("You chose Purple!")
else:
   print("You made an invalid choice!")
```

   上面代码运行时，先显示一个颜色选择菜单，并等待用户从中选择一种喜欢的颜色。用户做好选择，输入相应颜色编号之后，程序调用 int() 函数把用户输入的颜色编号转换成整数（同时防止用户输入其他非数字文本），然后存储到 Choice 变量中。

   接下来，程序把用户输入的值和各种颜色编码进行匹配。每次匹配，程序都会把变量 Choice 的值和一种颜色编号进行相等比较。若用户输入的值为 1，则第一个条件被匹配成功，程序输出信息："You chose Red!"。若所有条件均匹配失败，则会执行 else 子句，提示用户输入了非法值。

2. 单击“Run”按钮。

   Python 显示颜色选择菜单，并等待用户从中选择自己喜欢的颜色。

3. 输入数字 1，并按回车键。

   程序输出了正确的信息，如图 8-6 所示。

4. 重复步骤 3 和 4，输入数字 5。

   程序显示出了另外一条信息，提示用户选择了相应颜色。

5. 重复步骤 3 和 4，输入数字 8。

```
Using the if...elif statement in an application

In [10]: print("1. Red")
         print("2. Orange")
         print("3. Yellow")
         print("4. Green")
         print("5. Blue")
         print("6. Purple")
         Choice = int(input("Select your favorite color: "))
         if (Choice == 1):
            print("You chose Red!")
         elif (Choice == 2):
            print("You chose Orange!")
         elif (Choice == 3):
            print("You chose Yellow!")
         elif (Choice == 4):
            print("You chose Green!")
         elif (Choice == 5):
            print("You chose Blue!")
         elif (Choice == 6):
            print("You chose Purple!")
         else:
            print("You made an invalid choice!")

         1. Red
         2. Orange
         3. Yellow
         4. Green
         5. Blue
         6. Purple
         Select your favorite color: 1
         You chose Red!
```

图8-6 从一系列颜色列表中选择一种喜欢的颜色

程序提示用户的选择非法。

6. 重复步骤 3 和 4，输入 Red。

和预期一样，程序显示出了错误信息，如图 8-7 所示。你编写的任何一款应用程序都应该具备检测错误和纠正不合适输入的功能。第 10 章我们将详细讲解有关错误处理的知识，这样的应用程序才是用户友好的。

```
In [13]: print("1. Red")
         print("2. Orange")
         print("3. Yellow")
         print("4. Green")
         print("5. Blue")
         print("6. Purple")
         Choice = int(input("Select your favorite color: "))
         if (Choice == 1):
            print("You chose Red!")
         elif (Choice == 2):
            print("You chose Orange!")
         elif (Choice == 3):
            print("You chose Yellow!")
         elif (Choice == 4):
            print("You chose Green!")
         elif (Choice == 5):
            print("You chose Blue!")
         elif (Choice == 6):
            print("You chose Purple!")
         else:
            print("You made an invalid choice!")

         1. Red
         2. Orange
         3. Yellow
         4. Green
         5. Blue
         6. Purple
         Select your favorite color: Red

         ---------------------------------------------------------------------------
         ---
         ValueError                                Traceback (most recent call la
         st)
         <ipython-input-13-7f8bcfa1e0ea> in <module>()
               5 print("5. Blue")
               6 print("6. Purple")
         ----> 7 Choice = int(input("Select your favorite color: "))
               8 if (Choice == 1):
               9    print("You chose Red!")

         ValueError: invalid literal for int() with base 10: 'Red'
```

图8-7 你编写的每个应用程序都应该具备一些检测错误输入的能力

没有 switch 语句?

如果你用过其他程序设计语言，那你或许已经注意到了：Python 中没有 switch 语句（如果你没有用过语言，也没关系，只要知道 Python 中没有 switch 语句就行了）。在其他编程语言中，开发者们经常使用 switch 语句来编写基于菜单的程序。在 Python 中，我们可以使用 if...elif 语句代替 switch 语句来实现同样的功能。

不过，if...elif 语句所提供的功能不完全和 switch 语句一样，它并不强制我们在比较时只用一个变量。开发者们可以使用 Python 中的字典实现和 swich 语句一样的功能。第 14 章我们会讲解如何使用字典的内容。

8.3 使用if嵌套语句

决策过程通常包含几个不同的层次。例如，你去餐馆吃早餐，点了鸡蛋，这是你做出的第 1 层决定。接下来，服务员会问你想搭配哪种面包，于是你点了煎饼，这是你做的第 2 层决定。当早餐端上来时，你再决定要不要在煎饼上放果冻，这是第 3 层决定。如果你选了一种和果冻不太配的面包，那第 3 层决定可能根本不需要再做了。这种分层的决策过程称为“嵌套”，其中每层决定都依赖于上一次的决定。在开发基于各种输入条件做复杂决策的应用程序时，开发人员经常使用这种嵌套技术。下面几部分我们将介绍在 Python 中做复杂决策时可以使用的几种嵌套技术。

8.3.1 使用多个if或if...else语句

Python 中，最常使用的一种多重选择技术是 if 和 if...else 语句的组合。这种形式的选择常称为“决策树”，因为它很像一棵分叉的树。在这棵“树”上，只要我们遵循一条特定路径就能得到期望的结果。下面几个步骤演示了创建一棵“决策树”的过程。

1. 在 Notebook 中输入如下代码，每输完一行按一次回车键。

```
One = int(input("Type a number between 1 and 10: "))
Two = int(input("Type a number between 1 and 10: "))
if (One >= 1) and (One <= 10):
   if (Two >= 1) and (Two <= 10):
      print("Your secret number is: ", One * Two)
   else:
      print("Incorrect second value!")
```

```
else:
   print("Incorrect first value!")
```

"在程序中使用 if...else 语句"一节中，我们已经见过一个示例，上面这个示例正是从那个示例扩展而来的。不过，需要注意的是，它们的缩进是不一样的。第 1 层 if...else 语句中有第 2 层 if...else 语句，并且是带缩进的，这让 Python 知道内层 if...else 语句是第 2 层。

2. 单击"Run"按钮。

运行后，你会看到一个 Python Shell 窗口，提示用户输入 1 ～ 10 之间的数字。

3. 输入数字 5，按回车键。

Python Shell 继续请求用户输入另外一个 1 ～ 10 之间的数字。

4. 输入数字 2，按回车键。

你会看到程序把两个数的乘积显示了出来，如图 8-8 所示。

Using Nested Decision Statements

Using multiple if or if...else statements

```
In [14]: One = int(input("Type a number between 1 and 10: "))
         Two = int(input("Type a number between 1 and 10: "))
         if (One >= 1) and (One <= 10):
            if (Two >= 1) and (Two <= 10):
               print("Your secret number is: ", One * Two)
            else:
               print("Incorrect second value!")
         else:
            print("Incorrect first value!")

         Type a number between 1 and 10: 5
         Type a number between 1 and 10: 2
         Your secret number is:  10
```

图8–8 使用多重选择可让你执行更复杂的任务

这个示例对输入值的要求和前面讲 if...else 时所举例子的要求是一样的。如果尝试输入一个不在指定范围内的数字，你会得到程序返回的输入错误提示。不论第 1 个值还是第 2 个值，只要输入错误，就会得到输入错误提示，并且用户能够根据提示信息知道到底是哪个值输入错了。

REMEMBER

有针对性地给出错误消息非常有用，不然用户会对这些泛泛而谈的错误信息感到困惑和沮丧。此外，有针对性的错误消息可以帮你更快地找出应用程序中的错误。

8.3.2 综合使用各种if语句

为了得到预期的结果，你可以综合使用 if、if...else、if...elif 语句。进行条件判断时，你可以根据实际需要使用多层 if 语句嵌套结构。列表 8-1 演示了综合使用各种 if 语句模拟点餐的过程。

列表8-1　早餐点餐

```
        print("1. Eggs")
        print("2. Pancakes")
        print("3. Waffles")
        print("4. Oatmeal")
        MainChoice = int(input("Choose a breakfast item: "))
        if (MainChoice == 2):
           Meal = "Pancakes"
        elif (MainChoice == 3):
           Meal = "Waffles"
        if (MainChoice == 1):
           print("1. Wheat Toast")
           print("2. Sour Dough")
           print("3. Rye Toast")
           print("4. Pancakes")
           Bread = int(input("Choose a type of bread: "))
           if (Bread == 1):
              print("You chose eggs with wheat toast.")
           elif (Bread == 2):
              print("You chose eggs with sour dough.")
           elif (Bread == 3):
              print("You chose eggs with rye toast.")
           elif (Bread == 4):
              print("You chose eggs with pancakes.")
           else:
              print("We have eggs, but not that kind of bread.")
        elif (MainChoice == 2) or (MainChoice == 3):
           print("1. Syrup")
           print("2. Strawberries")
           print("3. Powdered Sugar")
           Topping = int(input("Choose a topping: "))
           if (Topping == 1):
              print ("You chose " + Meal + " with syrup.")
           elif (Topping == 2):
              print ("You chose " + Meal + " with strawberries.")
           elif (Topping == 3):
              print ("You chose " + Meal + " with powdered sugar.")
           else:
              print ("We have " + Meal + ", but not that topping.")
        elif (MainChoice == 4):
           print("You chose oatmeal.")
        else:
           print("We don't serve that breakfast item!")
```

这个例子有几个地方值得注意。首先，或许你之前认为 if...elif 语句一定要带有 else 子句，而这个例子表明 else 子句是可以省略的。示例中使用了一个 if...elif

语句确保变量 Meal 中包含的值是对的，此外再无其他选项要考虑。

上面示例中，选择方法与前面的例子一样。用户输入的数字必须在指定的范围内，才能得到所期望的结果。其中有 3 个选择需要用户继续做二级选择，代码中你可以看到二级选择菜单。例如，当你点了鸡蛋时，没有必要选浇头，但是如果你选的是薄饼或华夫饼，那你真的需要再选个浇头。

请注意，这个示例组合变量和文本的方式也很值得关注。由于浇头同时适用于华夫饼和煎饼，所以我们需要某种方法来准确定义要把哪种食物作为输出的一部分。选好浇头之后，我们把前面定义的 Meal 变量的值作为输出的一部分显示给用户。

理解这个例子的最佳方法是亲自动手试一试，多尝试几种不同的选择，看看这个程序到底是怎么工作的。

本章概要

按指定次数重复做某项工作

执行某项工作直至完成

把一个循环放入另一个循环中

第9章 做重复性工作

到目前为止，我们接触到的例子都只执行一次，即当一系列步骤执行完之后，程序就停下了。然而，现实世界并非如此。我们做的许多任务都是重复的。比如，医生可能会说你需要多做一些运动，让你每天做100个俯卧撑。如果每天只做一个俯卧撑，可能不会有什么效果，你肯定也不会听医生的建议。当然，由于你准确地知道要做多少个俯卧撑，所以这个任务的重复执行次数也确定下来了。在Python中，你可以使用for语句来执行这类重复性的工作。

不过，有时我们无法事先知道某项任务的执行次数。例如有一项任务：检查一堆硬币中是否存在稀有钱币。从硬币堆上取一枚硬币，检查它，判断它是不是稀有钱币，对整个任务来说，只做这一步还远远不够，要找出稀有硬币，我们必须依次检查每一枚硬币才行。你的硬币堆中可能不止包含一枚硬币，只有检查完所有硬币之后，你才能说任务完成了。但是，由于你不知道总共有多少枚硬币，所以一开始你并不知道要执行检查多少次，只知道当硬币堆不见了的时候，整个任务才算完成了。在Python中，你可以使用while语句来做这类重复性的工作。

大多数编程语言都将这类活动重复序列称为循环（loop），把重复描述为一个循环，利用代码循环执行任务，直到循环结束。循环是应用程序必不可少的组成部分，比如菜单。事实上，编写大多数现代应用程序时都会用到循环，也不可能少了循环。

某些情况下，我们必须在循环内创建循环。例如，创建乘法表时，我们就需要在循环中使用循环，内部循环用来计算列值，外部循环用来在不同的行之间移动。你会在本章后面几节看到这样的例子，所以现在不理解它们的工作原理，也不必担心。本章的学习过程中会用到 BPPD_09_Performing_Repetitive_Tasks.ipynb 这个文件，你可以在本书的源代码文件夹中找到它。关于下载本书源代码的方法，请参考本书的前言部分。

9.1 使用for语句处理数据

大多数开发人员碰到的第一个循环代码块是 for 语句。很难想象人们能创建出一门不包含 for 语句的新编程语言。就 for 循环来说，其循环执行次数是固定的，甚至在循环开始之前，你就已经知道循环要执行多少次。由于 for 循环的各个方面一开始就是已知的，所以 for 循环往往是我们最容易使用的一种循环。但是，为了使用它，你需要知道循环的执行次数。下面几节我们将详细讲解一下 for 循环。

9.1.1 理解for语句

for 循环以 for 语句开始，for 语句描述了循环如何执行。在 Python 中，for 循环经常用来遍历某种序列。至于序列是由字母组成的字符串还是某种元素的集合，无关紧要。你甚至可以使用 range() 函数指定要使用的值的范围。下面是一条简单的 for 语句。

```
for Letter in "Howdy!":
```

这条语句以关键字 for 开始。紧跟在 for 之后的是一个变量 Letter，它保存的是序列中的单个元素。关键字 in 告诉 Python 跟在它后面的是序列，即字符串” Howdy”。for 语句最后总以冒号结尾，这和前面第 8 章讲过的 if 语句是一样的。

for 语句之下带缩进的部分是 for 循环中要执行的任务。Python 会把 for 语句下所有带缩进的语句看作组成 for 循环的代码块的一部分。这点也和前面第 8 章中讲过的 if 语句是一样的。

9.1.2 编写一个基本循环

想了解 for 循环是如何工作的，最好的方法是亲自动手编写一个 for 循环。下面的例子中我们把字符串作为序列使用。for 循环会依次打印组成字符串的各个字符，直到把所有字符都打印出来。

1. 新打开一个 Notebook。

你也可以直接打开已经下载好的 BPPD_09_Performing_Repetitive_Tasks.ipynb 文件。

2. 在 Notebook 中输入如下代码，每输完一行按一次回车键。

```
LetterNum = 1
for Letter in "Howdy!":
    print("Letter ", LetterNum, " is ", Letter)
    LetterNum+=1
```

示例代码中，先创建了一个 LetterNum 变量，用于记录那些被处理的字母编号。循环每执行一次，LetterNum 都会自动加 1。

for 语句用来遍历”Howdy!”字符串中的所有字母，并把每个字母依次放入 Letter 变量中，然后把当前 LetterNum 的值及其对应的字母打印出来。

3. 单击“Run”按钮。

程序会把字符串中的各个字母及其编号显示出来，如图 9-1 所示。

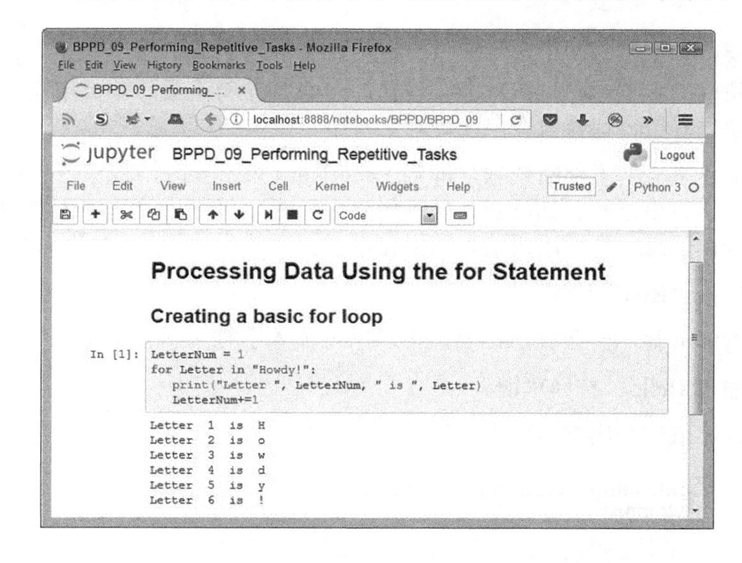

图9-1 使用for循环，每次处理一个字符串中的字符

9.1.3 使用break语句跳出循环

生活中充满了意外。例如，你开动一条装配线想要大批量生产钟表。但是，到了某个时候，装配线用光了所有零件。如果没有零件可用，装配线必须在加工过程中停下来。尽管生产目标还没有完成，但无论如何生产线都得停下来，除非用完的零件再次补充到位。

计算机中也会出现中断。当网络出现故障并发生连接中断时，你可能正从某个在线源不断获取数据，这时数据流发生中断，随之应用程序也就没什么事情可做了，尽管还有一些任务没有完成，也没有办法。

REMEMBER

在循环语句中，我们可以使用 break 子句来跳出循环。但是，使用 break 子句时，你不能简单地把它放到你的代码中，而要把它放到 if 语句中，并且为它指

定一个执行条件，其表达的含义可能是：若数据流中断，则跳出循环。

在下面处理字符串的例子中，你会看到，当计数满足了指定条件时会发生什么。为了简单起见，我们特意把这个例子设计得很简单，但是它真实反映了当某个数据元素太长而无法处理时可能会发生的情况（可能会给出一个错误提示）。

1. 在 Notebook 中输入如下代码，每输完一行按一次回车键。

```
Value = input("Type less than 6 characters: ")
LetterNum = 1
for Letter in Value:
   print("Letter ", LetterNum, " is ", Letter)
   LetterNum+=1
   if LetterNum > 6:
      print("The string is too long!")
      break
```

这个例子以上一节的示例为基础，经过修改得到。它先让用户提供一个任意长度的字符串，然后判断字符串中包含的字符个数，如果字符串包含的字符超过 6 个，程序就会停止处理字符串。

if 语句给出了判断依据，即当 LetterNum 大于 6 时，程序就会认为用户输入的字符串过长。请注意，if 语句块中包含二级缩进，程序先向用户显示一条错误信息，告诉用户输入的字符串过长，然后执行 break 语句结束循环。

2. 单击“Run”按钮。

Python 显示一条提示信息，请求用户输入字符串。

3. 输入 Hello，按回车键。

程序依次列出字符串中的每个字符，如图 9-2 所示。

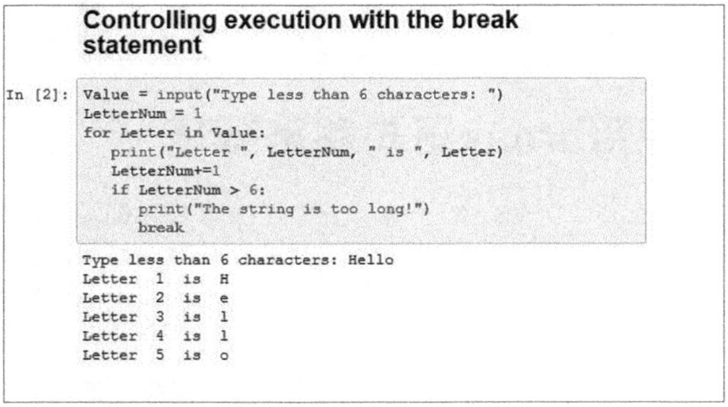

Controlling execution with the break statement

```
In [2]: Value = input("Type less than 6 characters: ")
        LetterNum = 1
        for Letter in Value:
           print("Letter ", LetterNum, " is ", Letter)
           LetterNum+=1
           if LetterNum > 6:
              print("The string is too long!")
              break

        Type less than 6 characters: Hello
        Letter  1  is  H
        Letter  2  is  e
        Letter  3  is  l
        Letter  4  is  l
        Letter  5  is  o
```

图9–2 程序能够正常处理少于6个字符的字符串

4. 重复步骤 2 和步骤 3，这次输入“I am too long”而非“Hello”。

如你所料，程序先向用户显示一条错误信息，并停止显示其余字符，如图 9-3 所示。

```
In [3]: Value = input("Type less than 6 characters: ")
        LetterNum = 1
        for Letter in Value:
           print("Letter ", LetterNum, " is ", Letter)
           LetterNum+=1
           if LetterNum > 6:
              print("The string is too long!")
              break

        Type less than 6 characters: I am too long.
        Letter  1  is  I
        Letter  2  is
        Letter  3  is  a
        Letter  4  is  m
        Letter  5  is
        Letter  6  is  t
        The string is too long!
```

图9-3 程序只处理指定数目的字符，长字符串中多余的字符会被截掉

TIP

这个示例把长度检查添加到应用程序的数据错误检查功能中。第 8 章我们学习了如何进行范围检查，用来确保某个值在指定的范围内。长度检查也是必需的，它可以用来确保数据（特别是字符串）不会超出数据字段的大小。此外，较少的输入限制使入侵者更难对你的系统进行某些类型的攻击，从而让你的系统更安全。

9.1.4 使用continue语句进入下一轮循环

有时你希望检查序列中的每个元素，但并不想处理其中的某些元素。例如，你可能想处理数据库中除棕色汽车外的每辆汽车的所有信息。也许你并不需要有关特定颜色的车的信息。break 子句只是结束循环，所以在这种情况下你不能使用它。否则，序列中的其他元素你会看不到。

REMEMBER

许多开发人员都使用 continue 子句来代替 break 子句。与 break 子句一样，continue 子句也作为 if 语句的一部分出现。但是，continue 表达的含义是继续处理序列中的下一个元素，而不是全部结束。

下面举个例子，帮助大家弄清 continue 子句和 break 子句的区别。示例中，程序不会处理字母 w，但是会处理字符串中的其他字母。

1. 在 Notebook 中输入如下代码，每输完一行按一次回车键。

```
LetterNum = 1
for Letter in "Howdy!":
   if Letter == "w":
      continue
      print("Encountered w, not processed.")
   print("Letter ", LetterNum, " is ", Letter)
   LetterNum+=1
```

上面的例子基于“编写一个基本循环”一节中的示例修改而成。不过，这个例子在 for 语句块中添加了一个含有 continue 子句的 if 语句。请注意，print("Encountered w, not processed.") 语句属于 if 语句块，它不会得到执行，因为执行完 continue 语句之后，程序会立即进入下一轮循环。

2. 单击“Run”按钮。

Python 把字符串中的各个字母及其编号依次显示出来，如图 9-4 所示。当遇到字母 w 时，程序就会执行 continue 子句，立即进入下一轮循环，不对字母 w 做任何处理。

Controlling execution with the continue statement

```
In [4]: LetterNum = 1
        for Letter in "Howdy!":
           if Letter == "w":
              continue
              print("Encountered w, not processed.")
           print("Letter ", LetterNum, " is ", Letter)
           LetterNum+=1

        Letter  1  is  H
        Letter  2  is  o
        Letter  3  is  d
        Letter  4  is  y
        Letter  5  is  !
```

图9-4 使用continue子句跳过序列中的特定元素

9.1.5 使用pass子句

Python 中包含了一个其他大多数语言所没有的子句——pass 子句，它是个空语句，不做任何事情，在程序中 pass 之后的语句会照样得到执行。pass 子句一般用作占位语句，以保持程序结构的完整性。为帮助大家了解 pass 子句的用法，下面我们再次以上一节中的示例为例，但要使用 pass 语句来代替 continue 语句。

1. 在 Notebook 中输入如下代码，每输完一行按一次回车键。

```
LetterNum = 1
for Letter in "Howdy!":
   if Letter == "w":
      pass
      print("Encountered w, not processed.")
   print("Letter ", LetterNum, " is ", Letter)
   LetterNum+=1
```

2. 单击“Run”按钮，运行程序。

程序会把字符串中的各个字母及其编号依次显示出来，如图 9-5 所示。当遇到字母 w 时，程序会执行 pass 语句，但什么都不会做，然后继续执行后面的语句。请注意，print("Encountered w, not processed.") 语句在这里得到了执行，而在上一节使用 continue 的示例中，这条语句并未得到执行。

continue 子句允许你悄悄地绕过序列中的特定元素，以防止对它们进行任何处理。当你需要对元素做某种后续处理时，请使用 pass 子句，例如将元素记录在错误日志中，向用户显示一条信息，或者以其他方式处理有问题的元素。请注意区分 continue 和 pass 子句，它们用在不同的情况下。

Controlling execution with the pass clause

```
In [5]: LetterNum = 1
        for Letter in "Howdy!":
           if Letter == "w":
              pass
              print("Encountered w, not processed.")
           print("Letter ", LetterNum, " is ", Letter)
           LetterNum+=1

        Letter  1  is  H
        Letter  2  is  o
        Encountered w, not processed.
        Letter  3  is  w
        Letter  4  is  d
        Letter  5  is  y
        Letter  6  is  !
```

图9-5 使用pass语句不会做任何事情并且后面的语句继续得到执行

9.1.6 在循环中使用else语句

Python 循环中，我们还可以使用 else 子句，这种现象你在其他语言中见不到。即使指定序列中没有要处理的元素，我们也可以使用 else 子句来执行一些代码。比如，你可能需要告知用户没什么事可做。其实，下面这个例子就是这样的。你可以在源代码的 ForElse.py 文件中找到这个例子。

1. 在 Notebook 中输入如下代码，每输完一行按一次回车键。

```
Value = input("Type less than 6 characters: ")
LetterNum = 1
for Letter in Value:
   print("Letter ", LetterNum, " is ", Letter)
   LetterNum+=1
else:
   print("The string is blank.")
```

上面这个例子基于“编写一个基本循环”一节中的示例修改而成。不过，当程序等待用户输入时，用户不输入任何东西，直接按回车键，这样 else 语句就会得到执行。

2. 单击“Run”按钮，运行程序。

Python 显示一条提示信息，请求用户输入字符串。

3. 输入 Hello 并按回车键。

程序列出了用户输入的每个字母，如图 9-2 所示。不过，请注意，你还会看到一条语句说：The string is blank.，这有点让人难以理解。当 else 子句和 for 循环配合使用时，else 语句总会得到执行。即使迭代器非法，else 子句还是会执行。因此，我们可以为任何一个 for 循环加上这个 else 子句，作为结束语句使用。

4. 重复步骤 2 和 3，这次不输入任何文本，直接按回车键。

你会看到一条提示信息，告知用户没有输入任何文本，如图 9-6 所示。

else 子句很容易被误用，因为空序列并非总是表示没有输入。空序列还可以表示应用程序错误或其他需要处理的条件（这与简单的数据缺失不同）。我们一定要搞清应用程序是如何处理数据的，确保 else 子句不会掩盖潜在的错误条件，而不是让它们显示出来，这样能更轻松地修复它们。

图9-6 我们可以使用else子句在序列为空的情形下执行一些任务

```
In [7]: Value = input("Type less than 6 characters: ")
        LetterNum = 1
        for Letter in Value:
           print("Letter ", LetterNum, " is ", Letter)
           LetterNum+=1
        else:
           print("The string is blank.")

        Type less than 6 characters:
        The string is blank.
```

9.2 使用while语句处理数据

当不确定应用程序要处理多少数据时，你可以使用 while 语句，这样你就不必明确地告诉 Python 要处理的项目数量，使用 while 语句可以让 Python 一直处理下去，直到所有项目都处理完为止。这种循环在执行下面这些任务时非常有用，比如下载大小未知的文件，或者对来自于某个源（如广播电台）的数据进行流处理。不论什么情况下，只要你开始时不知道应用程序要处理多少数据，就应该使用 while 语句。接下来几节，我们将进一步讲解 while 语句的用法。

9.2.1 理解while语句

在 while 语句中，接在关键词 while 之后的是条件而非序列。在程序中使用 while 语句时，其中的语句会不断重复执行，直到其条件不再为真为止。例如，想象有这样一个场景：有好多顾客在一家熟食店前排队，想购买这家点的熟食，店员不断地为队伍中的每位顾客服务，直到不再有顾客等待。随着不断有新顾客到来，队伍可能会排得很长，所以一开始没法知道会有多少顾客来购买熟食。但店员们都知道要不断地为顾客服务，直到所有顾客都买到了自己想买的东西为止。下面是 while 语句的一个例子。

```
while Sum < 5:
```

while 语句以 while 关键字开头，然后是一个条件。就上面代码来说，循环要继续下去，变量 Sum 必须小于 5。上面代码中，Sum 的当前值并没有指定，也没有说明 Sum 的值是如何变化的。当 Python 执行这条语句时，唯一知道的是 Sum 必须小于 5 循环才能继续执行下去。while 语句以冒号结尾，并且包含在其中的语句都是带缩进的。

由于 while 语句并非按照次数来执行一系列任务，所以用它创建无限循环

（endless loop）是可能的，这种循环永远不会结束。例如，假设循环开始时 Sum 被设置为 0，结束条件是 Sum 必须小于 5。但是，如果 Sum 的值根本不增加，那循环将一直执行下去（至少在计算机关闭之前是这样）。无休止的循环会在系统中引起各种奇怪的问题，比如速度变慢，甚至是电脑死机，所以最好避免它们。在使用 while 循环时，一定要给出循环结束的方法（这点与 for 循环不同，在 for 循环中，指定序列遍历完了循环也就结束了）。因此，使用 while 语句时，必须做好下面 3 件事：

1. 构建条件初始环境（比如把 Sum 设置为 0）；
2. 在 while 语句中给出循环条件（比如 Sum < 5）；
3. 根据需要更新的条件，确保循环最终会结束（比如在 while 语句块中添加 Sum+=1）。

和 for 语句一样，你可以使用如下 4 种子句来调整 while 语句的默认行为。

- **break**：退出当前循环。
- **continue**：立即停止对当前元素的处理，进入下一轮循环。
- **pass**：执行完 if 语句块中的语句后，结束对当前元素的处理。
- **else**：提供一个代替处理的方法，用来在循环条件不满足时执行。

9.2.2 在程序中使用while语句

while 语句的用法有很多种，这里我们先举一个最简单的例子，根据变量 Sum 的初始和结束条件显示计数数字。下面几个步骤帮你编写和测试示例代码。

1. 在 Notebook 中输入如下代码，每输完一行按一次回车键。

```
Sum = 0
while Sum < 5:
    print(Sum)
    Sum+=1
```

上面的示例代码中，我们可以看到使用 while 循环时必须要做的 3 件事。首先把 Sum 设置为 0，这就是我们前面所说第 1 件事："构建条件初始环境"。循环条件（Sum<5）作为 while 语句的一部分出现，这是第 2 件事。while 语句块的最后一句是第 3 件事，用来更新循环变量的值。当然 while 语句块中还有一条 print 语句，用来把当前循环变量的值显示出来。

相比于 for 语句，while 语句为我们提供了更多的灵活性。上面这个例子中，Sum 的更新方法相对简单。不过，你可以使用任何更新方法来实现应用程序的目标。没有人说你必须使用特殊方式来更新 Sum。此外，如果你愿意，循环条件也可以变得很复杂。比如，如果需要，你可以跟踪 3 个或 4 个变量的当前值。当然，循环条件越复杂，陷入死循环的风险越高，因此实际使用过程中，while 循环条件的复杂度应该有一定的限制。

2. 单击“Run”按钮，运行程序。

Python 执行 while 循环，把数字序列显示出来，如图 9-7 所示。

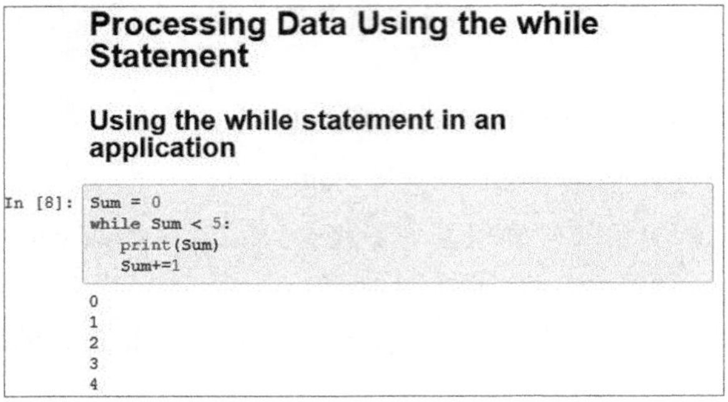

Processing Data Using the while Statement

Using the while statement in an application

```
In [8]: Sum = 0
        while Sum < 5:
           print(Sum)
           Sum+=1

0
1
2
3
4
```

图9-7 使用简单 while循环显示数字序列

9.3 循环语句嵌套

某些情况下，你可以使用 for 循环或 while 循环来实现相同的效果。这两种循环语句的工作方式不同，但可以实现相同的效果。在下面的示例中，我们通过在 for 循环中嵌套一个 while 循环来创建一个乘法表生成器。为了让输出看起来更美观，我们还需要用到一些格式化的知识。

1. 在 Notebook 中，输入如下代码，每输完一行按一次回车键。

```
X = 1
Y = 1
print ('{:>4}'.format(' '), end= ' ')
for X in range(1, 11):
   print('{:>4}'.format(X), end=' ')
print()
for X in range(1,11):
   print('{:>4}'.format(X), end=' ')
   while Y <= 10:
      print('{:>4}'.format(X * Y), end=' ')
      Y+=1
   print()
   Y=1
```

在这个例子中，开始先创建了两个变量 *X*、*Y*，分别用来保存乘法表的行和列。也就是说，*X* 是行变量，*Y* 是列变量。

为了增强乘法表的可读性，需要在其顶部和左侧创建标题行。当用户在顶部看到一个 1，左侧看到一个 1，并跟着它们到其交点时，即可看到这两个数字的乘积。

第一个 print() 语句用来在乘法表的左上角打印一个空格，那里不会有数字，结合图 9-8 你会很容易明白这一点。格式语句用来创建一个 4 个字符宽的空格，并且在其中设置一个空格。{:>4} 控制列的尺寸。format(‘ ’) 函数用来指定空格中有什么。print() 函数的 end 属性用来把结束符从回车符变为简单的空格。

第一个 for 循环用来显示表头，1 ～ 10。range() 函数用来创建数字序列。使用 range() 函数时，我们先指定一个起始值（1），然后再给出结束值（11），这样 range() 函数就会产生一个从起始值到结束值（不包含结束值）的整数序列（1,2,3,...,10）。

打印出标题行之后，光标位于标题行末尾。为了将其移动到下一行，我们调用了 print() 函数并且没有为它提供任何打印信息。

接下来的代码看上去很复杂，但是，如果你一行行地看，也能看明白。乘法表显示的值是 1×1 ～ 10×10，所以我们需要 10 行和 10 列来进行显示。for 语句让 Python 创建 10 行。

再次看着图 9-8，把行标题画出来。for 循环中，第一个 print() 用来显示行头（行首数字）。当然，我们必须对它进行格式化，即用四字符空格，并且以一个空格结尾，注意结尾不要用回车符，这样可以实现按行打印。

接下来是 while 循环。它用来按行打印两个数字的乘积，即 *X*×*Y*。并且，打印也是带格式的（4 个空格）。在 while 循环中使用 *Y*+=1 不断增加 *Y* 的值，当 *Y* 为 11 时，while 循环即停止。

然后，执行 for 循环中的 print() 语句，把光标移动到下一行。最后必须把 *Y* 值重置为 1，这样当打印下一行时，仍会从 1 开始。

2. 单击“Run”按钮，运行示例代码。

程序显示出如图 9-8 所示的乘法表。

Nesting Loop Statements

In [9]:

```
X = 1
Y = 1
print ('{:>4}'.format(' '), end= ' ')
for X in range(1, 11):
   print('{:>4}'.format(X), end=' ')
print()
for X in range(1,11):
   print('{:>4}'.format(X), end=' ')
   while Y <= 10:
      print('{:>4}'.format(X * Y), end=' ')
      Y+=1
   print()
   Y=1
```

```
        1    2    3    4    5    6    7    8    9   10
   1    1    2    3    4    5    6    7    8    9   10
   2    2    4    6    8   10   12   14   16   18   20
   3    3    6    9   12   15   18   21   24   27   30
   4    4    8   12   16   20   24   28   32   36   40
   5    5   10   15   20   25   30   35   40   45   50
   6    6   12   18   24   30   36   42   48   54   60
   7    7   14   21   28   35   42   49   56   63   70
   8    8   16   24   32   40   48   56   64   72   80
   9    9   18   27   36   45   54   63   72   81   90
  10   10   20   30   40   50   60   70   80   90  100
```

图9-8 对乘法表的显示做格式化处理便于识读

本章概要

- 了解错误源
- 处理错误条件
- 指出有错误发生
- 开发你自己的错误指示器
- 错误发生后继续执行任务

第10章 处理错误

不管复杂与否，大多数应用程序代码中都含有一些错误。如果一个应用程序突然无缘无故地挂掉，那多半是由某个错误引起的。有时在程序的运行过程中，我们还会看到一个带有模糊消息的对话框弹出来，这往往也是由程序中的错误引起的。除此之外，有些错误来得“静谧无声”，压根就不会向我们提供任何相关信息。某个程序对你提供的一系列数据进行运算时也有可能会发生错误，产生不正确的输出，除非有人告诉你出了问题或者你自己发现了问题，否则你可能永远都不会知道。而且有时错误也不一定必然出现，某些情况下你能看到它们，而在另外一些场合下又看不到，比如有些错误只在天气不好或网络过载时才会发生。简而言之，错误有可能发生在各种情况下，产生的原因也五花八门。本章我们会向你讲解程序中的各种错误，以及你的程序在遇到这些错误时都该做些什么。

对于程序出现的错误，我们不要感到惊讶。程序是由人编写的，而人会犯错，所以程序中出现错误应该是很正常的。大多数开发人员把应用程序中的错误称为异常，它们是规则上的异常。一般来说，应用程序肯定会发生一些异常，所以我们必须尽可能地检测和处理它们。检测和处理异常的行为称为错误处理（error handling）或异常处理（exception handling）。要正确地检测错误，你首先需要了解错误源和错误发生的原因。当检测到错误时，你必须通过捕获异常来处理它。捕捉异常是指检查异常，并针对异常做一些事情。本章还有一部分讲解如何处理自己程序中的异常。

有时你的代码要检测程序中的错误。这时，你需要引发（raise）或抛出（throw）异常。这里，“引发”和“抛出”两个术语的含义相同，都是指你的代码遇到了自身无法处理的错误，因此它把错误信息传递给另一段代码进行处理（解释、处理、修复）。某些情况下，你可以使用自定义错误消息对象来传递信息。尽管 Python 提供了大量的通用消息对象，它们覆盖了大多数情况，但有些特殊情况仍然需要我们自己定义消息对象。例如，你可能想为一个数据库应用程序提供专门的支持，而 Python 中的通用消息对象通常不会覆盖这种特殊情况。为此，你需要知道何时在本地处理异常，何时把异常发送到调用你的代码的那些代码，以及何时创建特殊异常，以便让应用程序的每个部分都知道如何处理异常。这些都是本章要讲解的内容。

有时，你还必须确保你的应用程序能够优雅地处理异常，即使这意味着要把应用程序关闭。幸运的是，Python 为我们提供了 finally 子句，这个子句总会得到执行，与异常是否发生无关。你可以把关闭文件的代码或其他必须执行的任务放入 finally 语句块中。尽管有时你可能并不需要使用 finally 语句，但在本章最后一部分，我们还是会详细讲解有关 finally 语句的内容。本章学习过程中会用到 BPPD _10_ Dealing_with_Errors.ipynb 这个文件，你可以在源代码文件中找到它。关于源代码文件的下载方法，请参考本书前言的相关内容。

10.1 为何Python不懂你

开发人员经常会对编程语言和计算机感到沮丧，因为它们似乎总是无法准确地理解他们的意图。当然，编程语言和计算机都是无生命的，它们什么都不想要。编程语言和计算机也不会思考，他们会原封不动地接受开发者告诉它们的一切。这就是问题所在。

当你输入指令代码时，Python 和计算机都不“懂你的意思”。它们只是忠实地按照你提供的指令去执行，既不“短斤缺两”，也不自由发挥。除非出现了一些不合理的状况，不然你可能不会让 Python 删除一个数据文件。但是，如果你不把条件搞清楚，Python 有可能会删除那个文件，而不管条件是否得到满足。当发生这类错误时，人们通常会说应用程序中存在 bug。简单地说，bug 就是代码中的错误，你可以使用调试器来找到并纠正它们。（调试器是一种特殊的工具，它允许你停止或暂停执行应用程序，方便你检查变量的内容，分析应用程序，以便找到程序中存在的 bug 并予以纠正）

许多情况下，当开发人员所做的假设不成立时，程序就会出现错误。当然，这其中也包括对应用程序用户的假设，他们可能并不关心你在编写应用程序时付出了多少努力。用户可能会向程序输入不良的数据。而且，Python 也不知道或关心数据是不是良好的，即使你不希望程序处理这些不良的数据，它也会进行处理。Python 眼里根本没有什么优质数据和不良数据的概念，它只是根据你设定的规则来处理输入数据，也就是说，你必须设定相应规则来防止用户输入不良的数据。

Python 不具备主动性和创造性——这些品质只存在于开发人员身上。即使出现了网络错误或者用户做了一些出人意料的事，Python 也不会主动拿出解决方案来修复这些问题，它只处理代码。如果你不提供用于处理错误的代码，应用程序在遇到问题时很可能会发生崩溃，这有可能会损坏用户的所有数据。当然，开发人员也不可能预估到所有可能出现的错误，这就是大多数复杂应用程序或多或少都存在一些错误的原因，即程序中存在一些潜在错误，而开发人员并没有想到，从而导致错误遗漏问题。

尽管有些荒谬，但一些开发者还是固执地认为他们编写的代码无懈可击，事实上，这么完美的代码是不可能存在的。聪明的开发者认为，程序中有一些 bug 是无法通过代码筛选检查出来的，他们还知道用户会不断做出一些让人意想不到的行为，同时也清楚，即使最聪明的开发者也无法预测所有可能出现的错误。心里始终想着自己的应用程序可能会受到某些错误的影响，在这种思想的作用下，你才能写出更可靠的应用程序来。心中时刻记着“墨菲定律”（如果事情有变坏的可能，不管这种可能性有多小，它总会发生），它能给你的帮助比你想的要多。有关墨菲定律的更多内容，请自行了解。

10.2 程序错误来源

你可以通过占卜（观察杯中的茶叶）来推测你的应用程序中有哪些潜在的错误来源，但这种迷信行为其实没什么实际效果。事实上，错误可以分为好几个类别，这可以（在某种程度上）帮你预测错误何时何地会发生。检查应用程序时，时刻想着这些分类有助于你发现程序中潜在的错误源，这样就可以防止错误的发生，造成不必要的损害。错误主要有如下两个类型：

- 特定时间发生的错误；
- 特定类型的错误。

下面几节将详细讨论这两个类别。总体思想是，检查应用程序时，一定要考虑错误类别，这有助于我们查找和修复应用程序中潜在的错误。

10.2.1 错误发生的时间

程序中的错误一般会出现在不同时间段中，发生错误的时间段主要有如下两个：

- 编译期间；
- 运行期间。

不论错误何时发生，都会导致程序行为异常。接下来，讲讲发生在上面两个时间段中的错误。

10.2.1.1 编译期

编译期错误发生在你单击“运行”，让 Python 运行应用程序时。在运行应用程序之前，Python 必须解释代码并将其转换成计算机能够理解的形式。计算机运行的是特定于处理器和体系结构的机器代码。如果你编写的代码有问题或者缺少必要的信息，Python 就无法完成这种转换。这时，你会得到一条错误提示，只有修复好这个错误才能继续运行程序。

幸运的是，编译期的错误是最容易发现和修改的。当发生编译期错误时，程序就无法运行，所以最终用户是见不到这种类型的错误的，因为最终用户看到的程序都是正常可运行的。编译期的错误是编写代码的过程中由开发者随时修改的。

出现了编译期的错误，就意味着代码中存在输入错误或者遗漏。这时，最好检查一下周围的代码，确保没有其他潜在问题（那些不可能出现在编译期中的问题）。

10.2.1.2 运行时

在 Python 编译好你编写的代码并交由计算机开始执行后，这期间出现的错误称为运行时错误。运行时错误分为几种不同类型，并且有些错误很难发现。当应用程序突然停止运行并显示一个异常对话框或者用户抱怨程序存在输出错误（或至少是不稳定）时，这就是出现了运行时错误。

并非所有运行时错误都会产生异常。有些运行时错误会导致程序不稳定（程序卡住了），产生输出错误或造成数据损坏。运行时错误还可能会影响其他应用程序，或者对应用程序运行的平台造成无法预料的损害。简而言之，运行时错误可能会给你带来相当大的麻烦，具体取决于当时你所遇到的错误类型。

许多运行时错误都是由代码错误引起的。例如，你可能拼错一个变量的名称，导致 Python 在程序运行期间无法将信息放入正确的变量中。调用某个方法时漏掉了一个可选但必需的参数也会导致问题。这些例子都是人为造成的类别性错误（errors of commission），它们是由代码本身错误所引起的。通常，你可以使用调试器或者逐行检查代码来找出这样的错误。

运行时错误还可能由与代码无关的外部源引起。比如，用户输入了应用程序所不希望的信息，从而导致异常。网络错误造成程序所需的资源不可访问。有时计算机硬件也会发生故障，导致不可重复的应用程序错误。这些都是遗漏错误（errors of omission）的例子，如果应用程序中有错误捕获代码，程序就可以从中恢复过来。编写应用程序时，一定要认真考虑这两种运行时错误。

10.2.2 区分错误类型

我们可以根据错误的产生方式把错误划分成不同类型。了解错误类型有助于你定位潜在问题在程序中的位置。异常和生活中的许多事情很相像。例如，你知道电子设备没有电源就不能工作。所以，当你试着打开电视机时，如果电视机没有开机，你自然就去检查电源插头是否插紧了。

TIP

了解错误类型有助于你更早、更快、更一致地定位错误，从而减少错误诊断的数量。优秀的开发人员都知道，在应用程序开发过程中修复错误总是比在应用程序实际使用过程中修复错误要容易得多，因为用户天生就没有耐心，他们希望程序中的错误立即得到修复。此外，在程序开发早期修复总是比在应用程序接近完成时修复错误要容易得多，因为开发早期我们需要检查的代码会更少。

关键在于知道去哪里找错误。Python（以及其他大多数编程语言）把错误分成如下 3 种：

- 语法错误；
- 语义错误；
- 逻辑错误。

接下来几节，我们会详细讲解每种错误。我根据错误查找的难易程度安排了这几节内容，先从最容易查找的错误讲起。一般来说，语法错误是最容易找到的，而逻辑错误则是最难找到的。

10.2.2.1 语法错误

编写程序过程中，打错字会产生一个语法错误。一些 Python 语法错误很容易被发现，因为这些错误会导致应用程序无法运行。Python 解释器甚至会通过突出显示的方式为你指出错误，同时会显示一条错误信息。但是，有些语法错误则是很难发现的。Python 是区分大小写的，某个地方你可能用错了变量的大小写，并且发现那个变量并不像你想的那样工作。在代码中找出你用错大小写的地方是非常困难的。

REMEMBER

大多数语法错误都会在代码编译期间显现出来，解释器会为我们指出它们。这时，纠正错误是很容易的，因为解释器一般会指出要修复的内容，并且相当准确。即使语法错误没有被解释器找出来，它们也会阻止应用程序正常运行，所有没有被解释器发现的错误都会在测试阶段显现出来。只要你对程序进行了足够的测试，就不太会有语法错误被带入实际生产环境中。

10.2.2.2 语义错误

当你创建了一个执行次数过多的循环时，应用程序通常不会向你提供任何错误信息。Python 会正常运行这个应用程序，因为它认为自己所做的所有操作都是对的，但是循环次数过多会导致各种数据错误。我们把代码中的这类错误称为语义错误。

REMEMBER

之所以出现语义错误是因为用于执行任务的一系列步骤背后的含义是错的，尽管代码按部就班地正常运行，但最终得到的结果是错的。语义错误很难找出来，有时需要借助某种调试器才能找到它们。（第 20 章我们会讲一些用于调试应用程序的工具。有关调试的内容，你也可以在作者的博客上找到相关文章。）

10.2.2.3 逻辑错误

有些开发人员区分不开语义错误和逻辑错误，两者其实是不同的。若代码基本正确，但实现是错的（比如循环执行得太频繁），这样产生的错误就是语义错误。如果开发人员本身的想法就是错的，由此产生的错误就是逻辑错误。在许多情况下，当开发人员错误地使用了关系或逻辑运算符时，就会出现这类错误。除此之外，还有其他很多情况也有可能发生逻辑错误。例如，开发人员认为数据总是存储在本地硬盘上，这样，当应用程序试图从网络驱动器加载数据时，其行为就有可能出现异常。

REMEMBER

逻辑错误一般很难找出来，因为问题不在于实际代码，而是代码本身定义得不对，也就是说，创建代码的思想过程是错误的，所以犯这个错误的开发人员不太可能找到它。聪明的开发者善于使用另一双眼睛来发现逻辑错误。另外，制定一个正式的应用程序规范也会很有用，因为应用程序所执行任务的背后逻辑通常会得到正式审查。

10.3 捕获异常

一般来说，我们不应该让用户看到异常对话框。我们的应用程序应该捕获异常并在用户看到它之前处理好它。但现实却不是这样的，用户的确会时不时地看到异常出现。不过，开发应用程序时，捕获每个潜在的异常仍旧是开发者的首要目标。接下来几节，我们将详细讲解如何捕获并处理异常。

10.3.1 处理基本异常

要处理异常，你必须先告诉 Python 你想这样做，然后提供异常处理的代码。Python 中有许多方法可以帮我们做这个事。在下面几节中，我们先从最简单的方法讲起，进而讲一些更复杂的方法，这些方法能够为我们提供更多的灵活性。

Python 内建异常

Python 内置了很多异常，其数量之多可能超乎你的想象。你可以在 Python 官网上看到 Python 的内置异常列表。文档把异常分成了若干个类别。下面列出了大家会经常用到的异常类别。

- **基类（Base classes）**：基类为其他异常提供基本的构建块（比如 Exception 异常）。但是，在应用程序中实际使用时，你可能只会看到这些异常的一部分，比如 ArithmeticError 异常。

- **具体异常（Concrete exceptions）**：应用程序可能会遇到“硬”错误——这种错误很难克服，因为确实没有好方法来处理它们，或者它们会向应用程序发送一个必须处理的事件信号。例如，当系统内存耗尽时，Python 会产生一个 MemoryError 异常。程序想从这个错误中恢复是比较困难的，因为它不可能让其他程序释放所占用的内存。当用户按下中断键（Ctrl+C 或 Delete）时，Python 会生成一个 KeyboardInterrupt 异常。应用程序必须先处理这个异常，才能继续做其他任务。
- **OS 异常**：Python 还会把操作系统产生的异常传递给你的应用程序。比如，如果你的程序试图打开一个不存在的文件，操作系统就会产生 KeyboardInterrupt 异常。
- **警告**：当发生了一些意料之外的事件或行为，并且它们可能会导致将来出现错误时，Python 就会向你发出警告。比如，当资源（如图标）使用不当时，Python 就会产生一个 ResourceWarning 异常。需要你注意的是，警告并不是错误，你可以忽略它，但以后可能会给你带来麻烦。

10.3.1.1 处理单个异常

第 8 章中的 IfElse.py 和其他示例中存在一个很大的问题，那就是当用户输入意外值时，程序就会抛出异常。一个解决办法是提供范围检查。但是，范围检查并不能解决用户输入非数值文本（比如 Hello）的问题。异常处理为这样的问题提供了更灵活的解决方案，具体步骤如下。

1. 打开一个新的 Notebook。

你还可以使用源文件中的 BPPD_10_Dealing_with_Errors.ipynb 文件。

2. 在 Notebook 中输入如下代码，每输完一行按一次回车键。

```
try:
   Value = int(input("Type a number between 1 and 10: "))
except ValueError:
   print("You must type a number between 1 and 10!")
else:
   if (Value > 0) and (Value <= 10):
      print("You typed: ", Value)
   else:
      print("The value you typed is incorrect!")
```

上面示例中，try 块中的代码可能会产生异常，即调用 int(input()) 获取用户输入有可能发生异常。若异常发生在 try 块之外，则不会得到处理。基于程序可靠性的考虑，你也许想把所有可执行代码都放入 try 块中，这样程序的每个异常都会得到处理。但这种做法其实并不可取，你希望有可能发生异常的代码块更小、更有针对性，这样问题查找起来会更容易。

本示例中，except 块用来捕获一个特定异常：ValueError。当用户通过输入 Hello 而非数值时，Python 就会生成 ValueError 异常，然后被 except 块捕获，执行其中的代码。而对于用户触发的其他类型的异常，这个块将不会进行处理。

当 try 块中的代码正常执行、没有产生异常时，else 块中的代码就会得到执行。也就是说，这个块中的代码你并不希望执行，除非用户提供了有效的输入。当用户输入一个整数时，else 块中的代码就会得到执行，检查用户输入的整数是否在指定的范围内，确保用户输入正确。

3. 单击“Run”按钮，运行代码。

Python 显示一条提示，请求用户输入 1 ～ 10 之间的一个数字。

4. 输入 Hello，并按回车键。

程序会显示一条错误信息，如图 10-1 所示。

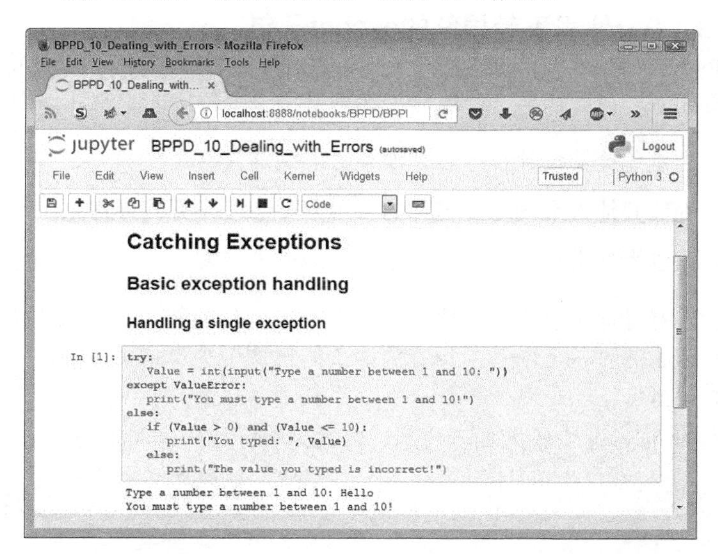

图10-1 输入非数字文本会产生一个错误

5. 重复步骤 3 和 4，输入 5.5 代替 Hello。

程序再次显示相同的错误信息，如图 10-1 所示。

6. 重复步骤 3 和 4，输入 22。

如你所料，程序会显示一条范围错误信息，如图 10-2 所示。异常处理并包括范围错误，你必须单独编写代码进行检查。

```
In [3]: try:
           Value = int(input("Type a number between 1 and 10: "))
        except ValueError:
           print("You must type a number between 1 and 10!")
        else:
           if (Value > 0) and (Value <= 10):
              print("You typed: ", Value)
           else:
              print("The value you typed is incorrect!")

        Type a number between 1 and 10: 22
        The value you typed is incorrect!
```

图10-2 异常处理不确保用户输入的值在正确的范围内

7. 重复步骤3和4，输入7。

这次，程序正常运行，用户输入没有触发异常，而且数字范围也对，于是程序把用户输入的数字7打印出来。尽管这种检查似乎需要做大量工作，但是少了它，我们真的无法确保应用程序能够正常工作。

你可能需要检查其他类型的问题，这取决于你选用的测试环境。例如，如果你一直在使用IDLE而不是Notebook来进行测试，那按下Ctrl+C组合键、Cmd+C组合键或其他类型的意外中断就会触发KeyboardInterrupt异常。Notebook会自动检查这类异常，当你按下这些中断键时，什么也不会发生，所以你不必再进行一次检查。很显然，只有大家都使用Notebook等IDE时，这个策略才会有效，因为这些IDE提供了内置保护。

10.3.1.2 使用不带异常的except子句

在Python中，你可以创建一个通用的异常处理块，它不会查找特定异常。大多数情况下，在进行异常处理时，你想给出一个特定的异常，原因有如下几个：

- 为避免掩盖设计程序时你没有考虑到的异常；
- 确保其他人准确地知道你的应用程序会处理哪些异常；
- 通过为异常指定特定代码来正确地处理异常。

不过，有时你可能需要程序具备处理一般异常的能力，比如当你使用第三方库或外部服务时。下面几个步骤演示了如何使用不带特定异常的except子句捕获一般异常。

1. 在Notebook中输入如下代码，每输完一行按一次回车键。

```
try:
   Value = int(input("Type a number between 1 and 10: "))
except:
   print("This is the generic error!")
except ValueError:
   print("You must type a number between 1 and 10!")
else:
   if (Value > 0) and (Value <= 10):
      print("You typed: ", Value)
   else:
      print("The value you typed is incorrect!")
```

上面这个例子和前一节的例子唯一的不同在于，新增加了一条不带特定异常的 except 子句。这个 except 子句会捕获除 ValueError 之外的其他所有异常。

2. 单击“Run”按钮，运行程序。

运行程序后，你会看到一条错误信息，如图 10-3 所示。Python 能够自动检测到放置位置错误的异常处理程序（更多相关内容将在本章后面讲解）。调换两个异常的顺序，如下所示。

```
try:
   Value = int(input("Type a number between 1 and 10: "))
except ValueError:
   print("You must type a number between 1 and 10!")
except:
   print("This is the generic error!")
else:
   if (Value > 0) and (Value <= 10):
      print("You typed: ", Value)
   else:
      print("The value you typed is incorrect!")
```

Using the except clause without an exception

```
In [5]: try:
           Value = int(input("Type a number between 1 and 10: "))
        except:
           print("This is the generic error!")
        except ValueError:
           print("You must type a number between 1 and 10!")
        else:
           if (Value > 0) and (Value <= 10):
              print("You typed: ", Value)
           else:
              print("The value you typed is incorrect!")

          File "<ipython-input-5-587f65f032cf>", line 2
            Value = int(input("Type a number between 1 and 10: "))
            ^
        SyntaxError: default 'except:' must be last
```

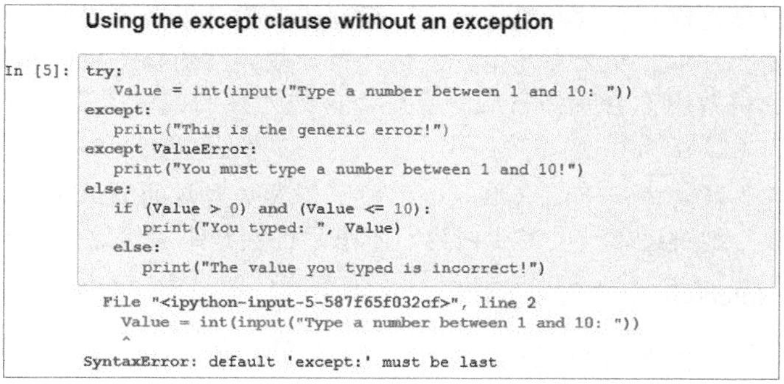

图10-3
异常处理程序顺序不对

3. 单击“Run”按钮，运行程序。

Python 显示一条提示信息，请求用户输入一个 1 ～ 10 之间的数字。

4. 输入 Hello，并按回车键。

程序会显示一条错误信息（参见图 10-1）。当程序中的异常顺序正确时，代码会先检测是否存在指定错误，并且必要时，尽量不用指定的处理程序。

5. 单击“Run”按钮，运行程序代码。

Python 显示一条提示信息，请求用户输入一个 1 ～ 10 之间的数字。

6. 选择 Kernel ⇨ Interrupt。

这等同于在其他 IDE 中按 Ctrl+C 组合键或 Cmd+C 组合键。执行这个命令后，什么都不会发生，但是查看服务器窗口，你会看到一条 Kernel Interrupted 信息。

7. 输入 5.5，并按回车键。

你会看到程序显示出了“This is the generic error!”信息（如图 10-4 所示），

这是由 Notebook 响应中断而非输入错误引起的，中断先于错误输入发生。Python 会把接收到的错误按照先后顺序放入队列中。所以，有时你会发现应用程序输出的信息好像是错的。

```
In [7]: try:
           Value = int(input("Type a number between 1 and 10: "))
        except ValueError:
           print("You must type a number between 1 and 10!")
        except:
           print("This is the generic error!")
        else:
           if (Value > 0) and (Value <= 10):
              print("You typed: ", Value)
           else:
              print("The value you typed is incorrect!")

        Type a number between 1 and 10: 5.5
        This is the generic error!
```

图10-4 默认异常捕获并处理 Keyboard Interrupt异常

8. 重复步骤 3 和 4，输入 5.5。

程序再次显示和以前一样的错误信息（参见图 10-1）。这次运行没有发生中断，所以你看到了预期的错误信息。

10.3.1.3 使用异常参数

大多数异常都不提供参数（这是一系列值，你可以查看它们来获取额外信息）。异常要么发生，要么不发生。但是，有一些异常的确提供了参数，在本书后面内容的讲解中你会看到它们的身影。参数为我们提供了更多有关异常的信息，并给出了修改细节。

基于完整性考虑，下面会举一个生成了带参数异常的简单例子。如果需要，你可以放心地跳过本节的其余内容，本书后面会详细讲解这些内容。

1. 在 Notebook 中输入如下代码，每输完一行按一次回车键。

```
import sys
try:
   File = open('myfile.txt')
except IOError as e:
   print("Error opening file!\r\n" +
      "Error Number: {0}\r\n".format(e.errno) +
      "Error Text: {0}".format(e.strerror))
else:
   print("File opened as expected.")
   File.close();
```

上面这个例子使用了 Python 的一些高级功能。import 语句用来从其他文件导入代码。第 11 章我们会讲解如何使用这个功能。

open() 函数用来打开一个文件，并通过 File 变量提供对这个文件的访问。第 16 章会讲解和文件访问相关的内容。假设程序目录中不存在 myfile.txt 文件，操作系统将无法打开它，并告知 Python 这个文件不存在。

当尝试打开一个不存在的文件时，就会产生 IOError 异常。这个异常提供了如下两个参数。

- errno：提供操作系统错误编号（整数）。
- strerror：包含了错误信息（人类可读字符串）。

as 子句用来把异常信息放入变量 *e* 中，这样我们就可以通过变量 *e* 访问到所需要的信息。except 块中调用了 print()，用来把错误信息格式化成容易阅读的形式。

如果程序目录中存在 myfile.txt 文件，else 子句就会得到执行，显示一条文件正常打开的提示信息，然后把打开的文件关闭，不进行任何处理。

2. 单击“Run”按钮，运行程序。

程序显示文件打开错误信息，如图 10-5 所示。

Working with exception arguments

```
In [9]: import sys
        try:
           File = open('myfile.txt')
        except IOError as e:
           print("Error opening file!\r\n" +
              "Error Number: {0}\r\n".format(e.errno) +
              "Error Text: {0}".format(e.strerror))
        else:
           print("File opened as expected.")
           File.close();

        Error opening file!
        Error Number: 2
        Error Text: No such file or directory
```

图10-5 尝试打开一个不存在的文件会触发 IOError

获取异常参数列表

异常所提供的参数列表因异常和发送方提供的参数而异。要在额外信息中找出你想要的并不容易。这个问题的一个解决方法是使用如下代码打印出所有参数。

```
import sys
try:
   File = open('myfile.txt')
except IOError as e:
   for Arg in e.args:
      print(Arg)
else:
   print("File opened as expected.")
   File.close();
```

上面代码中 args 属性包含着一个异常参数列表（以字符串形式）。你可以使用一个简单的 for 循环打印出每个参数。这个方法的唯一问题是你会失去参数名，你知道输出信息（本示例很明显），但是却不知道怎么称呼它。

这个问题还有一个更复杂一点的解决方法，那就是同时打印参数的名称和内容。下面代码用来显示每个参数的名称和值。

```
import sys
try:
   File = open('myfile.txt')
except IOError as e:
   for Entry in dir(e):
      if (not Entry.startswith("_")):
         try:
            print(Entry, " = ", e.__getattribute__
             (Entry))
         except AttributeError:
            print("Attribute ", Entry, " not
             accessible.")
else:
   print("File opened as expected.")
   File.close();
```

上面代码中，首先使用 dir() 函数获取与错误参数对象相关的属性列表。dir() 函数返回的是一个字符串列表，包含着属性名，你可以将其打印出来。其中，只有那些不以下划线（_）打头的参数才包含有用的异常信息。但是，有些实体（Entry）不可访问，所以我们必须把打印代码放到一个

try...except 块中（更多细节，请参考本章“嵌套异常处理”一节）。

属性名很简单，因为它包含在实体中。要想获取和属性相关的值，我们必须使用 __getattribute() 函数并且向它提供想要的属性名。运行上面代码时，你将会看到特定错误参数对象的每个属性的名称和值。上面代码实际运行结果如下：

```
args  =  (2, 'No such file or directory')
Attribute  characters_written  not accessible.
errno  =  2
filename  =  myfile.txt
filename2  =  None
strerror  =  No such file or directory
winerror  =  None
with_traceback  =  <built-in method with_traceback of
   FileNotFoundError object at 0x0000000004A0C268>
```

10.3.1.4 在单个except子句中处理多个异常

大多数应用程序可以为一行代码生成多个异常。这一点你可以在本章“使用不带异常的 except 子句”一节中看到。至于如何处理多个异常，则取决于应用程序的

目标、异常类型和用户的相关技能。若用户的技术不怎么样，当应用程序遇到不可恢复的错误时，把相关细节记录到应用程序目录或中心位置的日志中会更好。

REMEMBER

只有当公共操作源满足所有异常类型的需求时，才使用单个 except 子句来处理多个异常。否则，你需要单独处理每个异常。下面步骤演示了如何使用单个 except 子句来处理多个异常。

1. 在 Notebook 中输入如下代码，每输完一行按一次回车键。

```
try:
   Value = int(input("Type a number between 1 and 10: "))
except (ValueError, KeyboardInterrupt):
   print("You must type a number between 1 and 10!")
else:
   if (Value > 0) and (Value <= 10):
      print("You typed: ", Value)
   else:
      print("The value you typed is incorrect!")
```

REMEMBER

上面代码中，except 子句中包含 ValueError 和 KeyboardInterrupt 两个异常，它们位于同一个圆括号中，之间使用逗号分隔开。

2. 单击“Run”按钮，运行程序。

   Python 显示一条提示信息，请求用户输入一个 1 ～ 10 之间的数字。

3. 输入 Hello，按回车键。

   程序显示一条错误信息（参见图 10-1）。

4. 单击“Run”按钮。

   Python 显示一条提示信息，请求用户输入一个 1 ～ 10 之间的数字。

5. 选择 Kernel ➪ Interrupt。

   作用等同于在其他 IDE 中按 Ctrl+C 组合键或 Cmd+C 组合键。

6. 输入 5.5，按回车键。

   程序显示一条错误信息（参见图 10-1）。

7. 重复步骤 2 和 3，输入 7 代替 Hello。

   这次，程序得到正确执行，将用户输入的值打印出来。

10.3.1.5　使用多个except子句处理多个异常

在处理多个异常时，最好把每个异常放在各自的 except 子句中。这种方法允许你为每个异常提供有针对性的处理代码，并且也让用户轻松地知道到底哪里出了问题。当然，使用这种方法需要做很多工作。下面的步骤演示了如何使用多个 except 子句处理不同的异常。

1. 在 Notebook 中输入如下代码，每输完一行按一次回车键。

```
try:
   Value = int(input("Type a number between 1 and 10: "))
except ValueError:
   print("You must type a number between 1 and 10!")
except KeyboardInterrupt:
   print("You pressed Ctrl+C!")
else:
   if (Value > 0) and (Value <= 10):
      print("You typed: ", Value)
   else:
      print("The value you typed is incorrect!")
```

REMEMBER

请注意本例中使用了多个 except 子句。每个 except 子句处理一个不同的异常。你可以综合使用各种 except 子句，比如有些 except 子句只处理一个异常，有些 except 子句处理多个异常。在 Python 中，你可以根据具体的错误情况，选择最有效的处理方法。

2. 单击“Run”按钮，运行程序。

   Python 显示一条提示信息，请求用户输入一个 1 ～ 10 之间的数字。

3. 输入 Hello，按回车键。

   程序显示一条错误信息（参见图 10-1）。

4. 重复步骤 2 和 3，输入 22 代替 Hello。

   程序显示出了输入数字范围错误的信息。（参见图 10-2）

5. 重复步骤 2 和 3，选择 Kernel ➪ Interrupt，然后输入 5.5，按回车键。

   程序显示出了指定的错误信息，提示用户错在哪里，如图 10-6 所示。

```
In [17]: try:
            Value = int(input("Type a number between 1 and 10: "))
         except ValueError:
            print("You must type a number between 1 and 10!")
         except KeyboardInterrupt:
            print("You pressed Ctrl+C!")
         else:
            if (Value > 0) and (Value <= 10):
               print("You typed: ", Value)
            else:
               print("The value you typed is incorrect!")

         Type a number between 1 and 10: 5.5
         You pressed Ctrl+C!
```

图10-6 使用多个 except子句显示特定错误信息

6. 重复步骤 2 和 3，输入 7。

   这次，程序得到正常运行，把用户输入的数字 7 正确地打印出来。

10.3.2 处理特定异常

处理异常的一个策略是：对所有已知异常使用特定 except 子句进行处理，对未知异常使用默认 except 子句进行处理。关于 Python 中的异常继承关系，你可以参见 Python 官网。

从异常继承图中，我们可以知道 BaseException 是最顶层的异常。大多数异常都继承自 Exception。处理数学错误时，你既可以使用通用更强的 ArithmeticError 异常，也可以使用更具体的 ZeroDivisionError 异常。

Python 会根据 except 子句在源代码文件中出现的顺序依次对它们进行检查，先检查第一个 except 子句，然后是第二个 except 子句，依此类推。下面这个示例演示了正确使用 except 子句顺序的重要性。运行示例代码时，你要特意制造一些数学错误。

1. 在 Notebook 中输入如下代码，每输完一行按一次回车键。

```
try:
   Value1 = int(input("Type the first number: "))
   Value2 = int(input("Type the second number: "))
   Output = Value1 / Value2
except ValueError:
   print("You must type a whole number!")
except KeyboardInterrupt:
   print("You pressed Ctrl+C!")
except ArithmeticError:
   print("An undefined math error occurred.")
except ZeroDivisionError:
   print("Attempted to divide by zero!")
else:
   print(Output)
```

   上面代码中，先获取用户的两个输入值：Value1 和 Value2。前两个 except 子句用来处理用户的输入异常，后两个 except 子句用来处理数学异常，比如除数为零。若程序执行时未发生任何异常，则 else 子句得到执行，把运算结果显示出来。

2. 单击“Run”按钮，运行程序。

   Python 请求用户输入第一个数。

3. 输入 Hello，按回车键。

   如你所料，Python 显示 ValueError 异常信息。不过，检查潜在的问题总是值得的。

4. 再次单击“Run”按钮，运行程序。

   Python 请求用户输入第一个数。

5. 输入 8，按回车键。

   程序请求用户输入第二个数。

6. 输入 0，按回车键。

你会看到与 ArithmeticError 异常有关的错误信息，如图 10-7 所示。但你实际应该看到的是 ZeroDivisionError 异常信息，因为它对错误的描述比 ArithmeticError 异常更具体。

```
In [20]: try:
             Value1 = int(input("Type the first number: "))
             Value2 = int(input("Type the second number: "))
             Output = Value1 / Value2
         except ValueError:
             print("You must type a whole number!")
         except KeyboardInterrupt:
             print("You pressed Ctrl+C!")
         except ArithmeticError:
             print("An undefined math error occurred.")
         except ZeroDivisionError:
             print("Attempted to divide by zero!")
         else:
             print(Output)

         Type the first number: 8
         Type the second number: 0
         An undefined math error occurred.
```

图10-7 Python处理异常的顺序很重要

7. 调换最后两个异常的顺序，如下：

```
except ZeroDivisionError:
   print("Attempted to divide by zero!")
except ArithmeticError:
   print("An undefined math error occurred.")
```

8. 再次执行步骤 4 ～ 6。

这次，你会看到有关 ZeroDivisionError 异常的错误信息，因为它放在了 ArithmeticError 异常的前面。

9. 再次执行步骤 4 和 5，第二个数输入 2 代替 0。

这次，程序得到正确运行，把运算结果（4.0）显示出来，如图 10-8 所示。

```
In [22]: try:
             Value1 = int(input("Type the first number: "))
             Value2 = int(input("Type the second number: "))
             Output = Value1 / Value2
         except ValueError:
             print("You must type a whole number!")
         except KeyboardInterrupt:
             print("You pressed Ctrl+C!")
         except ZeroDivisionError:
             print("Attempted to divide by zero!")
         except ArithmeticError:
             print("An undefined math error occurred.")
         else:
             print(Output)

         Type the first number: 8
         Type the second number: 2
         4.0
```

图10-8 有效输入产生有效输出

REMEMBER

请注意，从图 10-8 可以看到，程序输出的是一个浮点数。如果你不使用向下取整运算符（//）特意指出要整数，除法运算产生的结果就是一个浮点数。

10.3.3　嵌套异常处理

有时，你需要将一个异常处理例程放入另一个异常处理例程中（这个过程叫嵌套）。在嵌套异常处理例程中，Python 首先尝试在嵌套内部中查找异常处理代码，然后再移动到外层进行查找。你可以根据需要对异常处理程序进行多层嵌套，以便更好地确保代码安全。

使用双层异常处理代码的一个常见情形是：你希望从用户那里获得输入，并且需要把输入代码放入一个循环中，以确保你实际得到了所需的信息。下面步骤演示了这种代码是如何工作的。

1. 在 Notebook 中输入如下代码，每输完一行按一次回车键。

```
TryAgain = True
while TryAgain:
   try:
      Value = int(input("Type a whole number. "))
   except ValueError:
      print("You must type a whole number!")
      try:
         DoOver = input("Try again (y/n)? ")
      except:
         print("OK, see you next time!")
         TryAgain = False
      else:
         if (str.upper(DoOver) == "N"):
            TryAgain = False
   except KeyboardInterrupt:
      print("You pressed Ctrl+C!")
      print("See you next time!")
      TryAgain = False
   else:
      print(Value)
      TryAgain = False
```

上面代码中，开始先创建了一个输入循环。实际上，在程序中使用循环来接收用户输入的做法是十分常见的，因为你不希望每次发生输入错误时程序都终止。这是一个经过简化的循环，一般我们会把这些代码写成一个单独的函数。

循环开始时，程序要求用户输入一个整数。你可以输入任意一个整数。如果用户输入的不是整数，或者按了 Ctrl+C 组合键（Cmd+C 组合键），或其他中断键组合，相应异常处理代码就会得到执行。如果用户输入了整数，程序就会把用户输入的值打印出来，并把 TryAgain 设置成 False，终止循环。

当用户输入非整数值时，就会发生 ValueError 异常。由于你不知道用户为何输入了错误的值，所以需要询问用户是否再试一次。当然，从用户那里获得的输入越多，越有可能产生其他异常。内层 try...except 代码块用来处理用户的另一个输入。

TIP

请注意，上面示例代码中，当从用户那里接收字符输入时，我们用到了 str.upper() 函数。这个函数用来把字符串中的小写字母转为大写字母，这样不管用户输入的是 y 还是 Y，最终都被统一转换成 Y。在请求用户输入字符时，最好把小写字符转换成大写字符，这样方便进行比较（减少发生错误的可能性）。

REMEMBER

发生 KeyboardInterrupt 异常时，先显示两条信息，然后把 TryAgain 设置为 False，退出循环。只有用户按下特定的按键组合（终止程序），才会发生 KeyboardInterrupt 异常。此时，用户不想再用这个程序了。

2. 单击“Run”按钮，运行程序。

Python 请求用户输入一个整数。

3. 输入 Hello，按回车键。

程序显示一个错误信息，并询问用户是否想再试一次。

4. 输入 Y，按回车键。

程序再次请求用户输入一个整数，如图 10-9 所示。

Nested exception handling

In [*]:

```
TryAgain = True
while TryAgain:
   try:
      Value = int(input("Type a whole number. "))
   except ValueError:
      print("You must type a whole number!")
      try:
         DoOver = input("Try again (y/n)? ")
      except:
         print("OK, see you next time!")
         TryAgain = False
      else:
         if (str.upper(DoOver) == "N"):
            TryAgain = False
   except KeyboardInterrupt:
      print("You pressed Ctrl+C!")
      print("See you next time!")
      TryAgain = False
   else:
      print(Value)
      TryAgain = False
```

```
Type a whole number. Hello
You must type a whole number!
Try again (y/n)? Y

Type a whole number.
```

图10-9 使用循环可以让程序从错误中恢复过来

5. 输入 5.5，按回车键。

程序再次显示错误信息，询问用户是否想再试一次。

6. 选择 Kernel ➪ Interrupt 菜单，中断程序，输入 Y，然后按回车键。

这时，程序终止，如图 10-10 所示。请注意，程序显示的信息来自于内层异常。程序不会到达外层异常，因为内层异常处理程序包含了对一般异常的处理。

```
Nested exception handling

In [23]: TryAgain = True
         while TryAgain:
            try:
               Value = int(input("Type a whole number. "))
            except ValueError:
               print("You must type a whole number!")
               try:
                  DoOver = input("Try again (y/n)? ")
               except:
                  print("OK, see you next time!")
                  TryAgain = False
               else:
                  if (str.upper(DoOver) == "N"):
                     TryAgain = False
            except KeyboardInterrupt:
               print("You pressed Ctrl+C!")
               print("See you next time!")
               TryAgain = False
            else:
               print(Value)
               TryAgain = False

         Type a whole number. Hello
         You must type a whole number!
         Try again (y/n)? Y
         Type a whole number. 5.5
         You must type a whole number!
         Try again (y/n)? Y
         OK, see you next time!
```

图10-10 内层异常处理程序提供了对二级输入的支持

7. 单击“Run”按钮，运行程序。

   Python 请求用户输入一个整数。

8. 选择 Kernel ⇨ Interrupt，中断程序，输入 5.5，然后按回车键。

   程序终止，如图 10-11 所示。请注意，程序显示的信息来自于外层异常。在步骤 6 和 8 中，用户都按中断键终止了程序。但是，程序使用了两种不同的异常处理程序来处理它们。

```
In [24]: TryAgain = True
         while TryAgain:
            try:
               Value = int(input("Type a whole number. "))
            except ValueError:
               print("You must type a whole number!")
               try:
                  DoOver = input("Try again (y/n)? ")
               except:
                  print("OK, see you next time!")
                  TryAgain = False
               else:
                  if (str.upper(DoOver) == "N"):
                     TryAgain = False
            except KeyboardInterrupt:
               print("You pressed Ctrl+C!")
               print("See you next time!")
               TryAgain = False
            else:
               print(Value)
               TryAgain = False

         Type a whole number. 5.5
         You pressed Ctrl+C!
         See you next time!
```

图10-11 外层异常处理程序提供了对主要输入的支持

10.4 引发异常

到目前为止，本章中的所有例子都能对异常做出反应。程序运行过程中，有些事件会发生，程序必须为这些事件提供错误处理支持。但是，在应用程序设计过程中，你可能不知道应该如何处理错误事件。也许你甚至无法在特定级别上处理错误，需要将其传递到其他级别进行处理。简而言之，在某些情况下，应用程序必须生成异常。这种行为称为引发异常（也叫抛出异常）。下面几节将讲解常见情景下抛出异常的一些方法。

10.4.1 在异常情况下引发异常

下面举个例子，演示如何引发简单异常（不必做特别准备）。如下几个步骤创建了一个异常，然后立即对其进行了处理。

1. 在 Notebook 中输入如下代码，每输完一行按一次回车键。

```
try:
   raise ValueError
except ValueError:
   print("ValueError Exception!")
```

实际上，你肯定不会创建上面这样的代码，但它向你展示了如何在最基本的层面上引发异常。上面示例中，raise 语句位于一个 try...except 语句块中。在 Python 中，要想引发异常，最简单的方法就是输入关键字 raise，后面加上要引发（或抛出）的异常名称。你还可以在输出中给出参数，以便提供更多信息。

请注意，上面示例的 try...except 语句块中缺少 else 子句，因为没什么事可做。尽管你很少以这种方式使用 try...except 语句块，但你的确可以这样做。有时，你可能会遇到类似的情况，请你记住，else 子句不是必须加的，它是可选的。与此相反，你必须至少添加一个 except 子句。

2. 单击“Run”按钮，运行代码。

如你所料，Python 显示出异常信息，如图 10-12 所示。

Raising Exceptions

Raising exceptions during exceptional conditions

```
In [25]: try:
            raise ValueError
         except ValueError:
            print("ValueError Exception!")

         ValueError Exception!
```

图10-12 引发异常时只需使用raise关键字

10.4.2 把错误信息传递给调用者

Python 提供了极其灵活的错误处理方式，你可以将错误信息传递给调用者（指调用你的代码的代码），不论你使用哪种异常都可以。当然，调用者可能不知道这些信息是否可用，这导致了人们对这个问题的大量讨论。如果你用到了其他人的代码，并且不知道是否有其他信息可用，你可以使用本章前面“获取异常参数列表”中描述的方法来查找它。

你可能想知道，在处理 ValueError 异常时，是否能够提供比 Python 本地异常更好的信息。下面几个步骤表明你可以修改输出，以便让它包含有用的信息。

1. 在 Notebook 中输入如下代码，每输完一行按一次回车键。

```
try:
   Ex = ValueError()
   Ex.strerror = "Value must be within 1 and 10."
   raise Ex
except ValueError as e:
   print("ValueError Exception!", e.strerror)
```

一般 ValueError 异常不提供 strerror（字符串错误的常用名）属性，但是你可以通过赋值的方式来添加它。当示例引发异常时，except 子句照常处理它，但要使用 e 来访问各种属性。然后，你可以访问 e.strerror 成员以获取添加的信息。

2. 单击“Run”按钮，运行示例。

Python 显示经过扩展的 ValueError 异常，如图 10-13 所示。

Passing error information to the caller

```
In [26]: try:
            Ex = ValueError()
            Ex.strerror = "Value must be within 1 and 10."
            raise Ex
         except ValueError as e:
            print("ValueError Exception!", e.strerror)

         ValueError Exception! Value must be within 1 and 10.
```

图10-13 你可以向所有异常添加错误信息

10.5 创建和使用自定义异常

Python 为我们提供了大量的标准异常，你应该尽可能使用这些异常。这些异常非常灵活，你甚至还可以根据需要（在合理范围内）修改它们以满足自己的特定需求。例如，本章“把错误信息传递给调用者”一节演示了如何修改 ValueError 异常以便添加数据。但是，有时你还是要创建自定义异常，因为所有标准异常都不符合你的需要。或许异常名称并不能告诉你它的作用。在使用某个服务或专门数据库时，你可能需要自定义异常。

本节示例看上去有点复杂，因为之前你从未用过这些类。第 15 章将向你介绍一些类，并讲解它们的工作原理。当然，你也可以学完第 15 章之后再来学习本节内容，这样做一点问题都没有。

本节示例演示了快速创建自定义异常的方法。要自定义异常，必须以现有的异常作为起点创建异常类。为简单起见，本示例基于 ValueError 异常所提供的功能创建异常类。相比于“把错误信息传递给调用者”一节所使用的方法，使用这种方法的优点是，它可以准确地告诉使用者你向 ValueError 异常中添加了什么，而且，它还让修改后的异常更容易使用。

1. 在 Notebook 中输入如下代码，每输完一行按一次回车键。

```
class CustomValueError(ValueError):
   def __init__(self, arg):
      self.strerror = arg
      self.args = {arg}
try:
   raise CustomValueError("Value must be within 1 and 10.")
except CustomValueError as e:
   print("CustomValueError Exception!", e.strerror)
```

这个例子提供的功能和“把错误信息传递给调用者”一节中的例子是一样的。但是，它把同样的错误同时放入 strerror 和 args 中，方便开发者从中选择一个使用（这种情况经常发生）。

在上面的代码中，先以 ValueError 异常类为起点创建了 CustomValueError 类。__init__() 函数提供了创建该类实例的方法。把“类”看作是对象的模板，实例（又叫对象）是根据类创建出来的。

REMEMBER

请注意，strerror 属性可以直接赋值，但是 args 将它作为一个数组接收。一般 args 成员包含着一个由所有异常值组成的数组，因此这是个标准程序，即使 args 只包含一个值，亦是如此。

相比于直接调整 ValueError，这样的异常代码用起来要更容易。我们所要做的就是写出 raise 关键字，后面再加上异常名字，以及你想传递的参数，全部工作一行代码搞定。

2. 单击“Run”按钮，运行代码。

程序会显示出指定的错误信息，如图 10-14 所示。

Creating and Using Custom Exceptions

```
In [27]: class CustomValueError(ValueError):
            def __init__(self, arg):
               self.strerror = arg
               self.args = {arg}
         try:
            raise CustomValueError("Value must be within 1 and 10.")
         except CustomValueError as e:
            print("CustomValueError Exception!", e.strerror)

         CustomValueError Exception! Value must be within 1 and 10.
```

图10-14 自定义异常让代码更易读

10.6 使用finally子句

通常，你希望以不会导致应用程序崩溃的方式来处理发生的所有异常。不过，有时你什么都做不了，并且应用程序肯定会崩溃。此时，你的目标是让应用程序如何“优雅地”崩溃掉，比如，在程序彻底崩溃前要关闭文件（防止用户数据丢失），以及执行其他一些收尾工作。为了把对数据和系统的损害降到最低，你应该编写好应对程序崩溃的代码，并将其作为处理数据的一个重要组成部分。

finally 子句是应对程序崩溃策略的一部分。你可以使用 finally 子句执行任何必需的收尾任务。通常，finally 子句非常短，里面放入一些不会进一步产生问题的语句，用于关闭文件、注销用户，以及执行其他必需的任务，防止程序崩溃导致更严重的问题（如系统全面故障）。下面几个步骤演示了 finally 子句的简单用法。

1. 在 Notebook 中输入如下代码，每输完一行按一次回车键。

```
import sys
try:
   raise ValueError
   print("Raising an exception.")
except ValueError:
   print("ValueError Exception!")
   sys.exit()
finally:
   print("Taking care of last minute details.")
print("This code will never execute.")
```

上面代码中，先使用 raise 关键字引发一个 ValueError 异常。而后 except 子句捕获并处理这个异常。调用 sys.exit() 表示异常处理之后退出程序。也许应用程序无法从这个特殊实例中恢复，但是它通常会结束，这正是最后一个 print() 函数永远不会执行的原因。

REMEMBER

不管是否发生了异常，finally 子句中的代码总会得到运行。你应该把最想执行的通用代码放入 finally 语句块中。例如，处理文件时，你可以把关闭文件的代码放入这个块中，以确保留存在内存中的数据不会发生损坏。

2. 单击“Run”按钮，运行代码。

程序把 except 子句和 finally 子句中的信息打印出来，如图 10-15 所示。调用 sys.exit() 阻止其他代码执行。

REMEMBER

请注意，这是一个非正常退出，因此 Notepad 会向你显示额外的信息。当你使用其他 IDE（比如 IDLE）时，程序会直接退出，而不会向你显示任何额外的信息。

3. 在 raise ValueError 语句前加两个“#”号，将其注释掉，如下：

```
##raise ValueError
```

把异常抛出语句注释掉，有助于我们观察 finally 子句的实际工作方式。

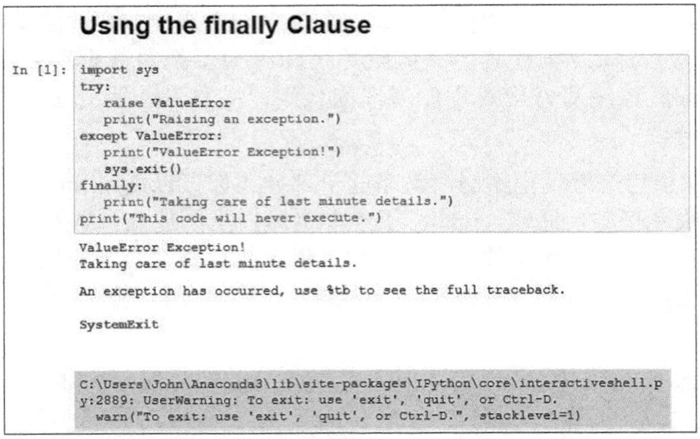

```
Using the finally Clause

In [1]: import sys
        try:
           raise ValueError
           print("Raising an exception.")
        except ValueError:
           print("ValueError Exception!")
           sys.exit()
        finally:
           print("Taking care of last minute details.")
        print("This code will never execute.")

        ValueError Exception!
        Taking care of last minute details.

        An exception has occurred, use %tb to see the full traceback.

        SystemExit

        C:\Users\John\Anaconda3\lib\site-packages\IPython\core\interactiveshell.p
        y:2889: UserWarning: To exit: use 'exit', 'quit', or Ctrl-D.
          warn("To exit: use 'exit', 'quit', or Ctrl-D.", stacklevel=1)
```

图10-15 使用finally子句确保程序结束前做一些必要的处理工作

4. 单击“Run”按钮，运行代码。

程序打印出一系列信息，包括 finally 子句中的信息，如图 10-16 所示。这表明 finally 子句总是会执行，使用它的时候，一定要小心！

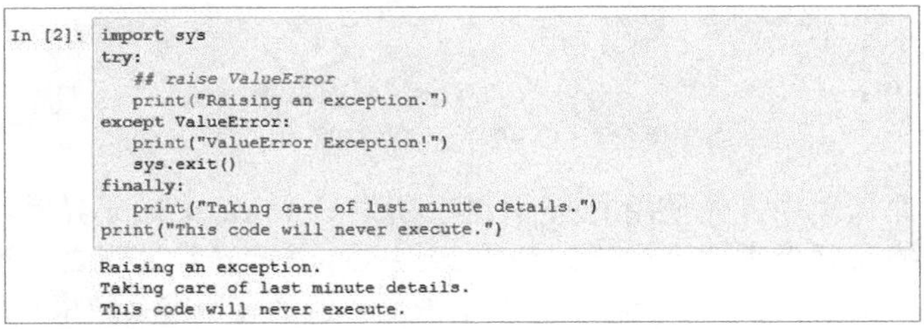

```
In [2]: import sys
        try:
           ## raise ValueError
           print("Raising an exception.")
        except ValueError:
           print("ValueError Exception!")
           sys.exit()
        finally:
           print("Taking care of last minute details.")
        print("This code will never execute.")

        Raising an exception.
        Taking care of last minute details.
        This code will never execute.
```

图10-16 一定要记住：finally子句总会得到执行

第 3 部分
执行常见任务

内容概要

导入和使用包

使用字符串以友好方式显示数据

创建和管理对象列表

使用集合增强列表功能

编写和使用类

本章概要

组织代码

从外部源添加代码

寻找并查看代码库

获取和阅读代码文档

第11章 使用包

本书中的示例代码都很简短，所提供的功能也非常有限。但，拿真正的应用程序来说，一个很小的程序也包含数千行代码。事实上，包含数百万行代码的应用程序也是很常见的。想象一下，你正在使用一个很大的文件，它包含数百万行代码，你很难从中找到所需要的东西。简言之，你需要某种方法将代码组织成更易于管理的小块，就像本书中那些简短的示例一样。对此，Python 的解决方案是将代码放在称为“包”的单独代码组中。（某些人把“包”叫作“模块”，这两个术语通用）。一般，我们把包含通用代码的常用包称为“库”。

REMEMBER

“包”位于单独的文件中。要使用包，你必须让 Python 获取包文件并将其读入到当前应用程序中。我们把从外部文件获取代码的过程称为“导入”（importing）。你可以在自己的程序中导入某个包或库以使用其中的代码。在前面的一些示例中，已经用到了 import 语句，这一章我们将详细讲解 import 语句，学完这些内容后，你会知道如何使用它。

初始化设置时，Python 创建了一个指针，这个指针指向 Python 使用的通用库。因此，你可以在程序中添加一条 import 语句，而后在后面加上要使用的库名，Python 就能找到它。但是，我们最好还是要学学如何查找磁盘上的文件，以便你对它们进行更新或者把自己的包和库添加到文件列表中供 Python 使用。

库代码是独立的，并且有很好的文档（至少在大多数情况下是这样）。有些开发人员可能觉得他们从来都不需要查看库代码，在某种程度上他们是对的，你不需要查看库代码就可以使用它们。不过，有时你还是希望能查看一下库代码，以便理解它们的工作方式。此外，查看库代码的过程中，你或许还能从中学到一些之前从没见过的新的编程方法。总之，你看不看库代码都可以，但查看它对你会很有帮助。

你需要知道的是如何获取和使用 Python 库文档。本章将向你讲解编写应用程序的过程中如何获取和使用库文档。你可以在 BPPD_11_Interacting_with_Packages.ipynb 文件中找到本章的示例代码。包示例在 BPPD_11_Packages.ipynb 文件中。

11.1 创建代码包

像代码块一样，把一些相关代码组织在一起显得非常重要，这使代码更容易使用、修改和理解。随着开发得深入，应用程序变得越来越大，在单个文件中管理代码也变得越来越困难。到了某个时候，代码就无法再进行管理了，因为它的体量太过庞大，人们很难使用它。

上面阐述中提到的“代码”一词是个宽泛的概念，代码包可以包含如下内容：

- 类；
- 函数；
- 变量；
- 可运行代码。

包中的类、函数、变量和可运行代码的统称为“属性”（attributes）。你可以通过属性名访问包中的属性。本章后面几节会详细讲解如何进行包访问。

实际上，可运行代码可以使用 Python 之外的其他语言编写，比如，使用 C/C++ 编写的包还是比较常见的。一些开发人员选用可运行代码是为了让 Python 应用程序运行得更快、更少地消耗资源，并且更好地使用特定平台的资源。不过，使用可运行代码有个缺点，那就是它降低了应用程序的可移植性（能够运行在其他平台上），除非每个支持平台都有相应的可运行代码包可用。此外，双语应用程序（dual-language applications）可能更难维护，因为你公司的开发人员必须掌握应用程序中使用的每一种计算机语言。

创建包时最常见的方法是定义一个独立的文件，其中包含着你从程序其余部分分离出来的代码。例如，你可能想创建一个打印例程，程序在多个地方都会用到它。打印例程不是为独立运行而设计的，它通常作为整个应用程序的一部分来使用。你之所以想把它分离出来是因为程序在多个地方要用到它，当然你也可以在其他应用程序中使用这段代码。创建包最主要的原因是为了实现代码重用。

为了帮助大家理解，本章示例将使用一个公共包。虽然这个包的功能没什么令人惊叹之处，但是它指出了包的使用原则。打开一个 Python 3 Notebook 项目，将其命名为 BPPD_11_Packages，在其中创建如清单 11-1 所示的代码。完成之后，单击 Notebook 中的 File ⇨ Download As ⇨ Python (.py) 菜单，把代码下载为一个名为 BPPD_11_Packages.py 的文件。

清单11-1 一个简单的包

```
def SayHello(Name):
   print("Hello ", Name)
   return
def SayGoodbye(Name):
   print("Goodbye ", Name)
   return
```

你可能需要把包文件复制到现有的 BPPD 文件夹中，你可以使用第 4 章“导入 notebook”一节中讲解的 Upload 功能来完成这项工作，是否需要这样做取决于你的浏览器把文件下载到了哪里。若操作无误，你应该能在 Notebook 中看到那个文件的副本，如图 11-1 所示。

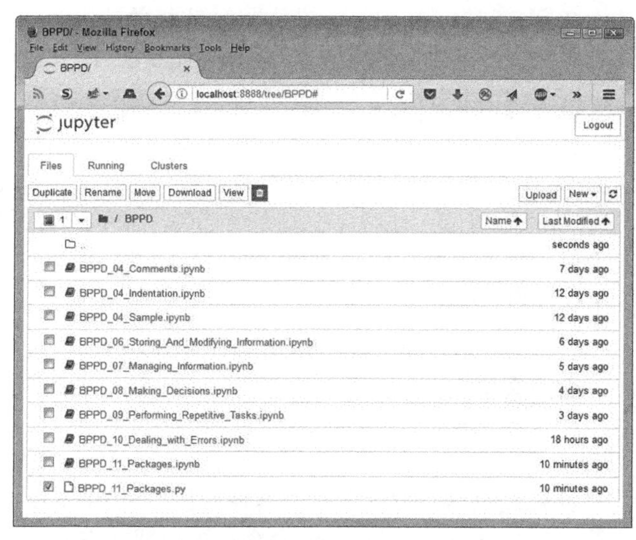

图11-1 确定把包文件放入到BPPD文件夹中

示例代码中包含了两个简单的函数：SayHello() 和 SayGoodbye()。这两个函数都需要你提供一个 Name 参数，以便打印问候语。然后，函数把控制权返回给调用者。显然，在实际工作中，你创建的函数比这复杂得多，但是就讲解本章内容而言，这两个函数足够用了。

11.1.1 了解包的类型

Python 的支持系统非常强大。事实上，即使编写要求严苛的应用程序，你用到的也不过是其中很小的一部分。这并不是说 Python 本身有多么庞大，其实，与其他语言相比，Python 本身还是相当简洁的。Python 的强大之处来自于其强大的软件包系统，几乎涵盖了所有领域，从科研工作到人工智能，再到太空探索，再到生物建模，以及所有你能想到和想不到的领域。但是，这些包并非总是可用的，你需要了解 Python 支持哪种类型的包以及你在哪里能找到它们（按优先级排序）。

- **内建包：** Python 内建包能够满足最常见的需要。你可以在系统的 Adaconda3\Lib 文件夹中找到它们。我们只需要使用 import 语句把它们导入到自己的程序中即可使用它们。
- **自定义包：** 正如本章所演示的那样，你可以自己创建包，并按需使用它们。它们存在于你的硬盘上，一般和你的项目代码在同一个目录下，使用时，只要用 import 语句把它们导入到你的程序中即可。
- **conda 包：** 在 conda 网站，你可以找到大量专为 Anaconda 设计的包。使用这些包之前，你必须先在 Anaconda 命令行中使用 conda 实用工具安装它们，本章“安装 conda 包”一节中将讲解相关的内容。当这些包安装完成之后，你就可以像使用内建包一样使用它们了。
- **非 conda 包：** 有些包不是专为 Anaconda 设计的，但这并不意味着你不能使用它们。你可以从第三方那里获得大量有用的包。要安装这些包，请在 Anaconda 命令行中使用 pip 实用程序，相关内容将在本章“使用 pip 安装包”一节讲解。这些包安装完成之后，你可能还需要按照包创建者的要求做一些额外配置才能使用它们。当相关包配置好之后，你就可以像使用内建包一样使用它们了。

11.1.2 包缓存

Anaconda 为我们提供了包缓存（Package Cache），它驻留在 Python 库之外。这个包缓存允许我们通过 conda 命令行工具轻松使用 Anaconda 专用包。要了解包缓存的用法，先打开一个 Anaconda 命令行窗口或终端窗口，为此你可以在“开始”菜单下的 Anaconda3 文件夹中单击一个名为 Anaconda Prompt 的菜单项。输入 conda list，按回车键，你可以看到当前已经安装好的包列表，如图 11-2 所示。

REMEMBER

请注意，在显示的包列表中包括包名（你可以在 Anaconda 中通过包名访问它）、包的版本号，以及相关的 Python 版本。所有这些信息都有助于管理包。下面列出了用于包管理的多个 conda 命令。

```
Anaconda Prompt
(C:\Users\John\Anaconda3) C:\Users\John>conda list
# packages in environment at C:\Users\John\Anaconda3:
#
_license                  1.1                    py36_1
alabaster                 0.7.10                 py36_0
anaconda                  4.4.0            np112py36_0
anaconda-client           1.6.3                  py36_0
anaconda-navigator        1.6.2                  py36_0
anaconda-project          0.6.0                  py36_0
asn1crypto                0.22.0                 py36_0
astroid                   1.4.9                  py36_0
astropy                   1.3.2            np112py36_0
babel                     2.4.0                  py36_0
backports                 1.0                    py36_0
beautifulsoup4            4.6.0                  py36_0
bitarray                  0.8.1                  py36_1
blaze                     0.10.1                 py36_0
bleach                    1.5.0                  py36_0
bokeh                     0.12.5                 py36_1
boto                      2.46.1                 py36_0
bottleneck                1.2.1            np112py36_0
bzip2                     1.0.6                  vc14_3  [vc14]
cffi                      1.10.0                 py36_0
chardet                   3.0.3                  py36_0
```

图11-2 使用conda工具获取包列表

- **conda clean**：移除不用的包。
- **conda config**：配置包缓存设置。
- **conda create**：新建包含一系列特定包的conda环境，这让包更容易管理，并且有利于提高程序速度。
- **conda help**：显示完整的 conda 命令。
- **conda info**：显示 conda 配置信息，包括包存放的位置和新包查找的位置等。
- **conda install**：把一个或多个包安装到默认或指定的 conda 环境。
- **conda list**：显示一系列 conda 包，包含包的详细信息。你可以指定要显示哪些包，以及在哪种环境中查看。
- **conda remove**：从包缓存中移除一个或多个包。
- **conda search**：使用你提供的搜索条件查找特定包。
- **conda update**：更新部分或所有包缓存中的包。

TIP

这些命令起的作用可能比你想象的要大得多。当然，要记住所有命令是不可能的，不过，你可以使用 --help 这个命令行开关来获取某个特定命令的完整细节。例如，要了解更多有关 conda list 命令的信息，只要输入 conda list --help，再按回车键即可。

11.2 导入包

要使用某个包，必须先导入它。在内存中，Python 把包代码和程序的其他部分内联在一起，就好比你直接创建了这个大型文件一样。两者在磁盘上没有变化，它们仍然是分开的，但是 Python 查看代码的方式却是不同的。

REMEMBER

导入包的方式有两种，每种方式都有特定的使用场景。

- **import**：当你想导入整个包时，你可以使用 import 语句。这个方法是开发者导入包时最常使用的，因为这个方法不但能帮助我们节省时间，而且用起来也十分简单，只要一行代码就能搞定。但是，与只导入你需要的那些属性相比，使用这种方法显然会占用更多的内存资源。
- **from...import**：如果你想有选择性地导入包的某些属性，你可以使用 from...import 语句。使用这个方法能大大节省资源，不过用起来有点麻烦。而且，当你试图使用一个未导入的属性时，Python 就会报错。虽然那个包里有这个属性，但是你没有导入它，所以 Python“看不见”它。

使用当前 Python 目录

Python 用来访问代码的目录会影响你可以加载哪些包。Python 库总是位于 Python 可以访问到的位置列表中，但是 Python 不知道你用来保存源代码的目录是哪一个，因此你要明确告诉它去哪个地方查找。当然，你需要知道如何使用目录函数告诉 Python 去何处查找特定的代码段。你可以在 BPPD_11_Directory.ipynb 文件中找到这个示例。

1. 新打开一个 notebook。
2. 输入 import os，按回车键。

   这条语句用来导入 Python os 库。我们需要导入这个库，把目录（Python 在磁盘上的查找位置）更改为本书的工作目录。

3. 输入 print(os.getcwd())，单击“Run”按钮。

   你会看到当前工作目录（cwd），Python 用它来获取本地代码。

4. 在新单元格中，输入 for entry in os.listdir(): print(entry)，单击“Run”按钮。

   这段代码把当前工作目录下的所有文件显示出来，根据这个列表，你可以知道自己所需要的文件是否在当前工作目录下。如果不在，你需要把目录更改到包含所需文件的位置。

要把目录更改到新位置，需要使用 os.chdir() 方法，并且把新位置以字符串的形式提供给它，比如 os.chdir（‘C:\MyDir’）。不过，在 Notebook 中，一般你都会发现当前工作目录中包含了你的当前项目文件。

到这里，你已经对如何导入包有了更好的了解，接下来，我们详细讲一讲。下面几节我们将详细学习 Python 中导入包的两种方法。

11.2.1 使用import语句

import 语句是把包导入 Python 中最常用的方法。这种方法简单快捷，并且能确保整个包都可以使用。下面几个步骤教大家如何使用 import 语句。

1. 新打开一个 Notebook。

你还可以使用源文件中的 BPPD_11_Interacting_with_Packages.ipynb 这个文件。

2. 若有必要，更改目录到源代码所在的目录。

一般来说，Notebook 会让你进入到正确的目录下，方便你使用源代码文件，所以你并不需要做这一步。更多细节，请参考“使用当前 Python 目录”中的内容。

3. 输入 import BPPD_11_Packages，按回车键。

这条语句让 Python 导入 BPPD_11_Packages.py 文件中的内容。这个 .py 文件是在本章“创建代码包”一节中创建的。 现在，整个库就可以使用了。

WARNING

重要的是，要知道 Python 还会在 __pycache__ 子目录中创建一个包缓存。在第一次导入 BPPD_11_Packages 之后，如果你查看源代码目录，就会看到一个新目录 __pycache__directory。如果你要对包进行更改，必须先删除这个目录。否则，Python 会继续使用未更改的缓存文件，而非你更新后的源代码文件。

TECHNICAL STUFF

缓存的文件名包含它所指的 Python 版本，即 BPPD_11_Packages .cpython-36.pyc。文件名中的 36 表示这个文件针对的是 Python 3.6。.pyc 文件是指已编译好的 Python 文件，用来提高程序的速度。

4. 输入 dir(BPPD_11_Packages)，单击“Run”按钮。

这条语句用来把包内容列出来，其中就包括 SayHello() 和 SayGoodbye() 函数，如图 11-3 所示。（有关其他内容的讲解，请参考本章“查看包内容”一节）。

5. 在新单元格中，输入 BPPD_11_Packages.SayHello(“Josh”)。

REMEMBER

请注意，你必须在属性名（在本例中是 SayHello() 函数）前面加上包名（BPPD_11_Packages），两者之间使用小圆点隔开。对你导入的包的每次调用都要采用这种方式。

6. 输入 BPPD_11_Packages.SayGoodbye(“Sally”)，单击“Run”按钮。

如图 11-4 所示，SayHello() 和 SayGoodbye() 函数输出了我们希望看到的文本。

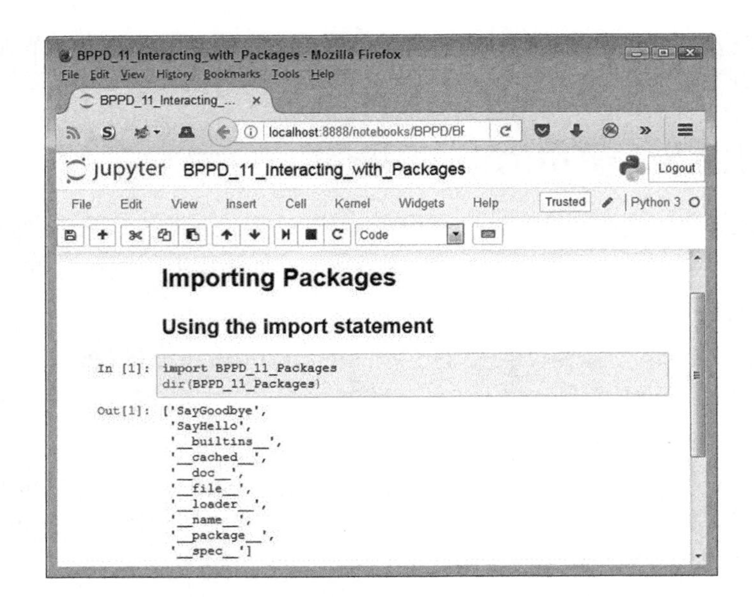

图11-3 输出结果表明Python从包中导入了SayHello()和SayGoodbye()函数

```
In [2]: BPPD_11_Packages.SayHello("Josh")
        BPPD_11_Packages.SayGoodbye("Sally")

        Hello  Josh
        Goodbye  Sally
```

图11-4 SayHello()和SayGoodbye()两个函数输出了我们所期望的文本

11.2.2 使用from...import语句

使用 from...import 语句的优点是，你可以只从包中导入所需要的属性。这意味着这个包占用的内存和其他系统资源要比使用 import 语句时少。此外，from...import 语句使包更容易使用，因为有些命令（比如 dir()）显示的信息较少，或者只显示你实际所需要的信息。关键是你得到的正是你想要的，而非别的什么。下面几个步骤演示了 from...import 语句的用法。但是，在你有选择地导入 BPPD_11_Packages 之前，你必须先从环境中删除它。

1. 在 Notebook 中输入如下代码：

```
import sys
del sys.modules["BPPD_11_Packages"]
del BPPD_11_Packages
dir(BPPD_11_Packages)
```

2. 单击“Run”按钮。

你会看到如图 11-5 所示的错误信息。我们无法再把 BPPD_11_Packages 包中的内容显示出来，因为我们已经将其删除了。

```
In [3]: import sys
        del sys.modules["BPPD_11_Packages"]
        del BPPD_11_Packages
        dir(BPPD_11_Packages)

        ---------------------------------------------------------------------------
        NameError                                 Traceback (most recent call last)
        <ipython-input-3-c87e6f10a47b> in <module>()
              2 del sys.modules["BPPD_11_Packages"]
              3 del BPPD_11_Packages
        ----> 4 dir(BPPD_11_Packages)

        NameError: name 'BPPD_11_Packages' is not defined
```

图11-5 从环境中删除包需要两步

3. 在新单元格中，输入 from BPPD_11_Packages import SayHello，按回车键。

Python 会把 SayHello() 函数（这个函数是在本章“创建包”一节中创建出来的）导入进来。现在只有这个函数是可用的。

如果你想，你仍然可以导入整个包。这有两种方法可以办到：一是创建一个导入列表（名称之间用逗号分隔，比如 from BPPD_11_Packages import SayHello, SayGoodbye）；二是使用星号（*）代替特定的属性名。这里的星号是通配符，代表导入所有的内容。

4. 输入 dir(BPPD_11_Packages)，单击“Run”按钮。

Python 会显示一条错误信息，如图 11-5 所示。Python 只把你指定的属性导入进来。也就是说，BPPD_11_Packages 包不在内存中，只有你指定的属性在内存中。

5. 在新单元格中，输入 dir(SayHello)，单击“Run”按钮。

你会看到与 SayHello() 函数相关的一系列属性，如图 11-6 所示（图中只显示了其中一部分）。现在，你不必了解这些属性是如何工作的，后面我们会用到其中一些属性。

```
In [5]: dir(SayHello)

Out[5]: ['__annotations__',
         '__call__',
         '__class__',
         '__closure__',
         '__code__',
         '__defaults__',
         '__delattr__',
         '__dict__',
         '__dir__',
```

图11-6 使用dir()函数获取与你导入的特定属性相关的信息

6. 在新单元格中，输入 SayHello("Angie")，单击“Run”按钮。

SayHello() 函数输出了所期望的文本，如图 11-7 所示。

```
In [6]: SayHello("Angie")

        Hello  Angie
```

图11-7 调用SayHello()函数时前面不再需要添加包名

REMEMBER

在使用 from...import 语句导入属性之后，你就不必再在属性名之前添加包名了。这样一来，属性访问起来会更容易。

WARNING

使用 from...import 语句的过程中可能会出现问题。如果两个属性同名，那你只能导入其中一个。而 import 语句能够防止名称冲突，当你需要导入大量属性时，这非常有用。总之，使用 from...import 语句时你必须小心谨慎。

7. 在新单元格中，输入 SayGoodbye("Harold")，单击“Run”按钮。

由于我们只导入了 SayHello() 函数，所以 Python 并不认识 SayGoodbye() 函数，因而显示一条错误信息。对于某个属性，你假设它存在，而实际上它并不存在，这时使用 from...import 语句就会引起问题。

11.3 查找磁盘上的包

要使用包中的代码，Python 必须能够找到这个包，并将其加载到内存中。包的位置信息存储成 Python 中的路径。每当你请求 Python 导入一个包时，Python 都会查看其路径列表中的所有文件。路径信息有 3 个来源。

- **环境变量：**第 3 章讲解了有关 Python 环境变量（比如 PYTHONPAHT）的内容，这些环境变量告诉 Python 去磁盘的哪个地方查找包。
- **当前目录：**本章前面讲过，你可以随意更改当前 Python 目录，这样你就可以定位程序所需要的所有包。
- **默认目录：**即使你没有定义任何环境变量，当前目录也没有任何可用的包，Python 仍然可以在默认目录中查找自己的库，这些默认目录包含在 Python 自己的路径信息中。

了解当前路径信息是很有用的，因为缺少路径会导致应用程序出现问题。为了获取路径信息，在新单元格中输入 for p in sys.path:print(p)，并单击“Run”按钮。这时，你会看到一个路径信息的列表，如图 11-8 所示。你看到的列表可能和图 11-8 有所不同，这取决于你使用的平台、安装的 Python 版本以及功能特性。

Finding Packages on Disk

```
In [8]: for p in sys.path: print(p)

        C:\BP4D
        C:\Users\John\Anaconda3\python36.zip
        C:\Users\John\Anaconda3\DLLs
        C:\Users\John\Anaconda3\lib
        C:\Users\John\Anaconda3
```

图11-8 sys.path属性中包含了系统的各个路径清单

sys.path 属性是可靠的，但并非其中所有路径对 Python 都是可见的。如果有一条必需的路径没有看到，你总是可以检查另外一个 Python 用来查找信息的地方。下面几个步骤演示了这个过程。

1. 在新单元格中，输入 import os，按回车键。
2. 输入 os.environ['PYTHONPATH'].split(os.pathsep)，单击“Run”按钮。

   如果你定义了 PYTHONPATH 环境变量，你就会看到一个路径列表，如图 11-9 所示。但是，如果你没有定义，你就会看到一条错误信息。

图11-9
你必须分别获取环境变量的相关信息

```
In [9]:  import os
         os.environ['PYTHONPATH'].split(os.pathsep)

Out[9]:  ['C:\\BP4D']
```

   请注意，本例中，sys.path 和 os.environ['PYTHONPATH'] 属性都包含 C:\BP4D\Chapter11 这一项。sys.path 属性不包括 split() 函数，这就是示例中使用 for 循环的原因。而 os.environ['PYTHONPATH'] 属性中包含 split() 函数，所以你可以使用它得到一系列单独的路径。

   在使用 split() 拆分各个项目时，你必须同时为它提供一个待查找的值。os.pathsep 常量（其值不会发生变化）用来为当前平台定义路径分隔符，这样你就可以在支持 Python 的所有平台上使用相同代码。

TIP

你还可以向 sys.path 添加或从其删除项目。例如，如果你想把当前工作目录添加到包列表中，只要在 Notebook 单元格中输入 sys.path.append(os.getcwd()) 并点“Run”按钮即可。当你再次列出 sys.path 的内容时，你可以看到新添加的项出现在了列表末尾。同样地，当你想删除一项时，只要在 Notebook 单元格中输入 sys.path.remove(os.getcwd()) 并点“Run”按钮即可。请注意，添加只在当前会话中有效。

11.4 从其他地方下载包

你安装的 Python 和与之相关的 Jupyter Notebook（Anaconda 的一个组件）都附带了各种各样的包，这些包可以满足许多常见的需求。事实上，出于实验目的，你的需要很少会超出这些包，你的系统中已经安装了大量的常用包。当然，有些人总是想尝试用一些新方法来做事情，这需要新的代码和包来存储代码。而且，有些编程技术非常深奥，默认安装都要安装大量的支持包，这将占用计算机的大量空间，这些包大部分人从来都不会用到。因此，你可能不得不不时地从线上或其他来源安装包。

获取新包的常用方法有两种：一种是使用 conda，另一种是使用 pip（Pip Installs Packages 的递归缩写）。但是，你可能会发现使用其他安装方法的软件包，它们的成功程度各不相同。使用 conda 和 pip 有不同的用途。对这两个包管理器有许多误解，总体说来，conda 为 conda 环境中具有特殊需求的多种语言提供通用的包管理，而 pip 可以在任何环境下为 Python 提供专门服务。当你需要 Python 专用包时，首先考虑使用 pip。比如，通过 pip，你可以访问 PyyPI（Python Package Index）。接下来，我们详细讲解这两种方法。

11.4.1　打开Anaconda Prompt

在进行包管理之前，必须先打开 Anaconda Prompt。Anaconda Prompt 和其他命令行窗口或终端窗口差不多，但是它经过了专门配置，使得我们可以更容易地使用 Anaconda 提供的各种命令行工具。要打开 Anaconda Prompt，必须先在你机器上的 Anaconda3 文件夹中找到它的图标。在 Windows 系统下，依次选择“开始➪所有程序➪ Anaconda3 ➪ Anaconda Prompt”，即可打开 Anaconda Prompt。Anaconda Prompt 启动时可能需要花一点时间进行配置才能显示出来。

11.4.2　使用conda包

我们可以使用 conda 工具做各种事，其中有些事是要经常做的。接下来，我们会讲解如何使用 conda 来做常见的 5 件事。关于这个工具的更多说明，请参考官网文档。当然，你也可以在 Anaconda Prompt 中输入 conda --help 来获取有关这个工具的帮助信息。

1. 查看conda包

查看 conda 包的方法有两种：一种是获取可用包的列表，另一种是查找特定包。前一种方法有助于你确认某个包是否已经安装，后一种方法有助于你查看某个安装包的细节。

你可以使用通用方式执行搜索和列表操作，找出安装在特定系统上的所有内容。这里，我们使用如下两个命令：

```
conda list
conda search
```

这两个命令的输出结果很长，可能会超出屏幕缓冲区（这样你就不可能回滚并查看所有结果）。比如，在 Anaconda Prompt 中输入 conda list 命令，得到的输出结果如图 11-10 所示。

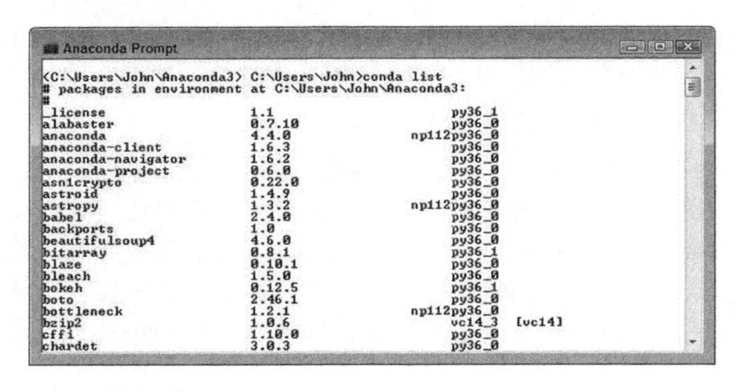

图11-10　conda list输出结果很长，可能会超出屏幕缓冲区

请注意，输出结果中包括包名、包版本号和相关 Python 版本。你可以通过这些输出结果判断某个包是否已经安装在你的系统上了。不过，有时你需要更多的相关信息，这时，你就需要使用搜索命令了。例如，如果你想知道 scikit-learn 包会在 Windows 64 位平台上安装什么，你可以输入 conda search --platform win-64 scikit-learn 命令并按回车键，这时你会看到更多的相关细节，如图 11-11 所示。

```
Anaconda Prompt
(C:\Users\John\Anaconda3) C:\Users\John>conda search --platform win-64 scikit-le
arn
Fetching package metadata .............
scikit-learn                 0.11                np16py27_0  defaults
                             0.12.1              np16py27_0  defaults
                             0.13                np16py26_0  defaults
                             0.13                np16py27_0  defaults
                             0.13                np17py26_0  defaults
                             0.13                np17py27_0  defaults
                             0.13.1             np16py27_p0  defaults        [m
kl]
                             0.13.1              np17py26_0  defaults
                             0.13.1              np17py27_0  defaults
                             0.13.1             np17py27_p0  defaults        [m
kl]
                             0.14.1             np16py27_p0  defaults        [m
kl]
                             0.14.1              np17py26_0  defaults
                             0.14.1              np17py27_0  defaults
                             0.14.1             np17py27_p0  defaults        [m
kl]
                             0.14.1              np17py33_0  defaults
                             0.14.1              np17py26_1  defaults
                             0.14.1              np17py27_1  defaults
```

图11-11 搜索命令输出的信息要比列表命令更详细

TIP

conda search 命令为我们提供了许多可选参数，使用这些参数可以大大增加你接收到的信息。例如，当你使用 --json 参数时，你会获得非常详细的信息，比如包依赖项的完整列表、包是否已完全安装，以及包的 URL。关于 conda search 命令的更多内容，请前往 conda 官网了解。

2. 安装conda包

为了确定某个包（如 SciPy）是否可用，只需在页面的搜索框中输入包名并按回车键搜索即可。奇怪的是，你往往会得到一个非常长的候选列表，如图 11-12 所示。

ANACONDA CLOUD　MENU

scipy

Filters
Type: All　Access: All　Platform: All

Favorites	Downloads	Package (owner / package)	Platforms
2	498851	conda-forge / scipy 0.19.1 Scientific Library for Python　conda	linux-64 osx-64
6	89165	anaconda / scipy 0.19.1 Scientific Library for Python　conda	linux-32 linux-64 linux-ppc64le osx-64 win-32 win-64
0	17179	intel / scipy 0.19.1 conda	linux-64 osx-64 win-64
0	10046	carlkl / scipy 0.18.0 NEW: prereleases available at https://anaconda.org/mingwpy MingW-W64 compiled scipy wheels for Windows based on OpenBLAS　pypi	source Windows-

图11-12 选择要用的包版本

使用 conda info

尽管 conda info 命令一般用来获取和环境相关的信息，但你也可以用它来获取包信息。要了解某个特定包的细节，只需在这个命令后面加上包名，如 conda info numpy。很遗憾，像这样使用 conda inof 命令获得的信息会很长，那应该如何缩短一点呢？一种解决方法是在包名后面加上包的版本号，包名和版本号之间使用等号（=）分隔，比如使用 conda info numpy=1.13.1，可以获取包 numpy 1.13.1 的相关信息。

大多数情况下，针对包使用 --version 不会得到任何附加信息。但是，使用 --json 开关却可以产生一些额外的信息，这个开关将信息放在一个表单中，你可以很容易地使用代码（如脚本）操作输出。关键是你可以使用 conda info 命令获取关于包的更深层的秘密。有关 conda info 命令的更多内容，请前往 conda 官网了解。

要搞懂长长的候选列表，你必须单击各个链接，跳转到如图 11-13 所示的详细页面。这时，你会获得关于 scipy 包的各种信息。不过，其中最重要的是有关包安装的内容。你可以下载安装程序或使用 conda 命令进行安装，即 conda install -c anaconda scipy。

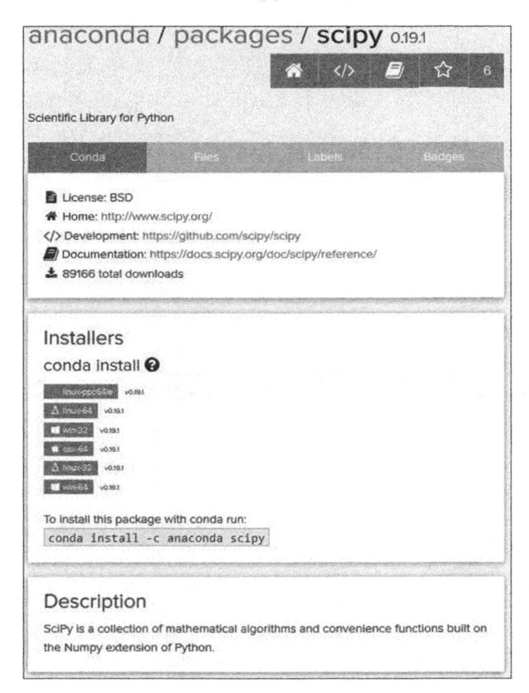

图11-13 找到要安装的包并使用conda命令安装

3. 更新conda包

随着时间的推移，你的程序中所使用的包可能会过时。程序维护人员可能需要向其添加新特性或修复 bug。这样的更新可能会导致应用程序工作不正常，或者根本无法工作。但是，如果是为了修复与程序安全相关的 bug，那经常更新包是很有必要的。当然，你要知道哪些包需要更新。要找到过时的包，你可以使用 conda search --outdated 命令，后面再跟上要检查的包名。

TIP

如果你想检查所有包，只需执行搜索时把包名去掉就行了。遗憾的是，这会让输出结果变得非常长，你很难看到任何内容（假设大多数内容不只是从屏幕缓冲区滚屏）。这时，可以使用 conda search --outdated --names-only 命令，只把需要进行更新的包名显示出来。

知道了要更新哪些包之后，我们就可以使用 conda update 这个命令进行更新了。例如，如果你想更新 NumPy 包，只要在 Anaconda Prompt 中输入 conda update NumPy 并按回车键即可。很少有包是独立的，conda 会提供需要随 NumPy 一起更新的包列表。键入 y 并按回车键继续，整个更新过程如图 11-14 所示。

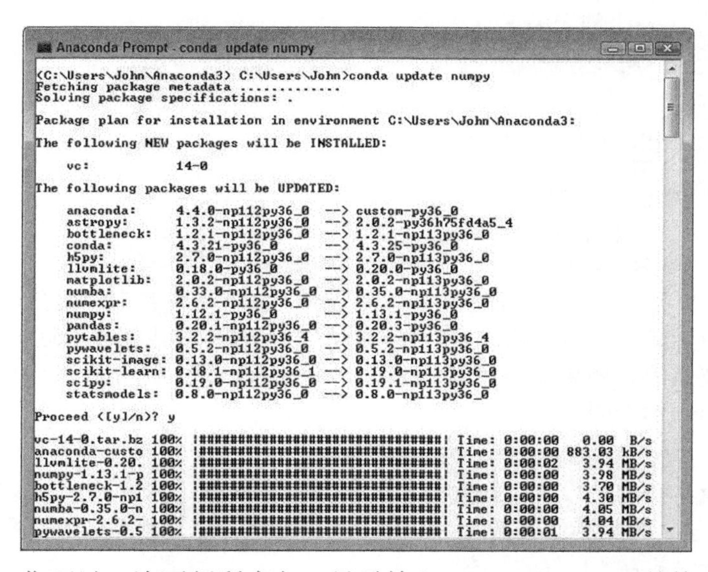

图11-14 更新期间会显示大量信息

WARNING

你可以一次更新所有包，只需输入 conda update -all 并按回车键即可。但是，你可能会发现，与各个包分别更新相比，一次更新所有包时，包之间错综复杂的关系可能会导致更新失败。而且，全部更新往往需要很长时间，如果你执意这样做，一定要准备好足够的咖啡和一本《战争与和平》。你可以自行了解更多有关 conda 更新的内容。

4. 删除conda包

有时，你可能不再需要某个 conda 包，你想删除它，但是在此之前你必须先搞清有哪些包依赖这个包。程序中包之间的依赖关系可能变得十分复杂，并且你希望确保程序能够继续运行，所以，你需要检查有哪些包会依赖这个包。遗憾的是，conda info 这个命令只告诉你包的需求，即它所依赖的包。最好的做法就是在安装好相关包之后就不要再删了。

如果你确实需要删除某个包，那你可以使用 conda remove 这个命令。使用这个命令会删除你指定的包，以及所有依赖这个包的包。在这种情况下，最好的做法是先使用 --dry-run 命令行开关来确保你确实想删除这个包。例如，你可能想删除 NumPy，这时，输入 conda remove --dry-run numpy 并按回车键。这个命令实际不会执行，conda 只是显示如果实际运行这个命令会有哪些包被一同删除，如图 11-15 所示。

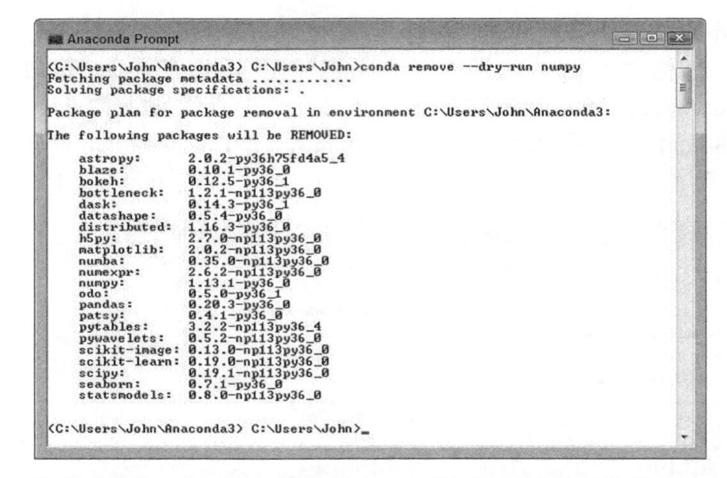

图11–15 删除某个包会导致大量的包被一同删除

如你所见，对于你想删除的包，可能会有很多包依赖它，而在这许多包中，有一些可能是你需要的，而当你删除这个包时，其他依赖于这个包的包也会一起被删除。如果你坚持删除它，只要输入不带 --dry-run 命令行开关的 conda remove 命令即可。

千万不要使用 --force 这个命令行开关。启用这个命令行开关后，conda 只删除你指定的包，而依赖这个包的包则不会被删除，这最终会破坏你安装好的 Python。如果你必须删除一个包，那同时也要删除所有依赖它的包，这样可以保持安装有个良好的状态。

11.4.3 使用pip安装包

事实上，pip 和 conda 两个工具用起来很相像，本质上它们都做一样的事，你只要会用其中一个，另一个也就会了。其实 pip 和 conda 两个工具所支持的命令都差不多，只是在措辞上有点差异。例如，如果你想查找过期的包，你可以输入 pip list --outdated 并按回车键。下面是 pip 所支持的常用命令列表。

- **check**：验证已安装的包是否有兼容的依赖项。
- **download**：为后面的安装下载指定的包。
- **freeze**：按需求格式输出安装的包。
- **help**：显示命令帮助。
- **install**：安装指定包。
- **list**：列出安装的包。
- **search**：在 PyPI 搜索包。
- **show**：显示安装包的信息。
- **uninstall**：卸载指定包。

11.5 查看包内容

Python 为我们提供了好几种查看包内容的方法，其中开发者最常用的一个方法是使用 dir() 函数，用来获取指定包提供的属性。

这个函数我们已经在前面使用过了，请见图 11-3。除了 SayGoodbye() 和 SayHello() 函数之外，图中还列出了其他一些属性，这些属性是 Python 自动为我们生成的，它们执行如下任务或包含如下信息。

- **__builtins__**：包含从包可访问的所有内建属性列表。这些属性由 Python 自动为我们添加。
- **__cached__**：告诉你与包关联的缓存文件的名称和位置。位置信息（路径）指的是相对于当前 Python 目录。
- **__doc__**：输出包的帮助信息，前提是这些信息已经存在了。例如，如果你输入 os.__doc__ 并按回车键，Python 将输出与 os 库相关的帮助信息。
- **__file__**：显示包名和位置。其中位置信息（路径）是相对于当前 Python 目录而言的。
- **__initializing__**：判断某个包是否处于初始化过程中。一般，这个属性会返回 False。当你需要等待某个包加载完毕，而后才导入另一个依赖这个包的包时，这个属性会非常有用。
- **__loader__**：显示某个包的加载器信息。加载器是一个软件，用来获取包并将其放入内存，这样 Python 就能使用它了。这个属性一般很少会用到。

» __name__：显示包的名字。

» __package__：这个属性供导入系统内部使用，可以更容易地加载和管理包。你不必记这个属性。

你可以进一步深入了解包的属性，这一点也许会让你感到惊讶。输入 dir (BPPD_11_Packages. SayHello) 并按回车键，你会看到如图 11-16 所示的结果。

```
Viewing the Package Content

In [12]: import BPPD_11_Packages
         dir(BPPD_11_Packages.SayHello)

Out[12]: ['__annotations__',
          '__call__',
          '__class__',
          '__closure__',
          '__code__',
          '__defaults__',
          '__delattr__',
          '__dict__',
          '__dir__',
          '__doc__',
          '__eq__',
          '__format__',
```

图11-16 在Python中你可以进一步了解所使用的包

其中，有一些属性（如 __name__）也出现在了包清单中。此外，你可能还会对其他一些属性感到好奇。例如，你可能想知道 __sizeof__ 是什么意思。为此，我们可以使用另外一种用于获取更多信息的方法，即输入 help("__sizeof__") 并按回车键，你会看到一些有用的帮助信息，如图 11-17 所示。

```
In [13]: help("__sizeof__")

         Help on built-in function __sizeof__:

         __sizeof__(...)
             __sizeof__() -> int
             size of object in memory, in bytes
```

图11-17 使用help()函数获取指定属性的帮助信息

如果你尝试使用这个属性，Python 不会崩溃。但在 Notebook 中使用这个属性可能会遇到一些问题，这时也可以重启内核（或者干脆重启整个环境）。因此，检查包的另一种简单方法是试一试这个属性。例如，当你键入 BPPD_11_Packages.SayHello.__sizeof__() 并按回车键后，你会看到 SayHello() 函数的大小（以字节为单位），如图 11-18 所示。

```
In [14]: BPPD_11_Packages.SayHello.__sizeof__()

Out[14]: 112
```

图11-18 通过使用属性你可以更好地了解它们是如何工作的

与许多其他编程语言不同，Python 还为其本地语言库提供源代码。例如，当你查看 \Python36\Lib 目录时，你会看到一系列 .py 文件，这些文件可以毫无障碍地在 Notebook 中打开。尝试使用 Notebook 控制面板中的 Upload 按钮上传 os.py 库，本章中的许多任务都会用到它。打开这个文件后，单击文件右侧的“Upload”按钮，上传完成后单击 os.py 文件，你会看到这个文件的内容，如图 11-19 所示。请注意，.py 文件是在一个简单的编辑器中打开的，并不像 Notebook 文件那样显示在单元格中。

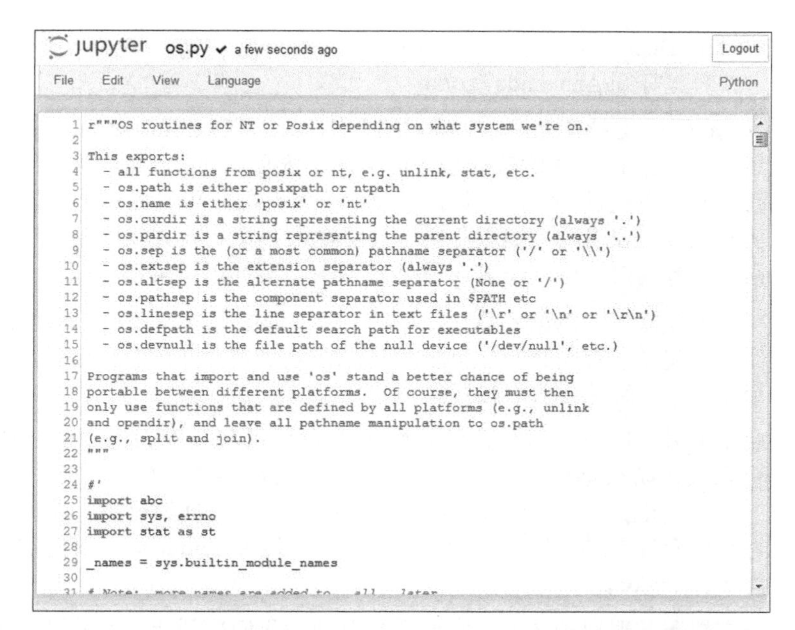

jupyter os.py a few seconds ago
Logout
File Edit View Language
Python
1 r"""OS routines for NT or Posix depending on what system we're on.
2
3 This exports:
4 - all functions from posix or nt, e.g. unlink, stat, etc.
5 - os.path is either posixpath or ntpath
6 - os.name is either 'posix' or 'nt'
7 - os.curdir is a string representing the current directory (always '.')
8 - os.pardir is a string representing the parent directory (always '..')
9 - os.sep is the (or a most common) pathname separator ('/' or '\\')
10 - os.extsep is the extension separator (always '.')
11 - os.altsep is the alternate pathname separator (None or '/')
12 - os.pathsep is the component separator used in $PATH etc
13 - os.linesep is the line separator in text files ('\r' or '\n' or '\r\n')
14 - os.defpath is the default search path for executables
15 - os.devnull is the file path of the null device ('/dev/null', etc.)
16
17 Programs that import and use 'os' stand a better chance of being
18 portable between different platforms. Of course, they must then
19 only use functions that are defined by all platforms (e.g., unlink
20 and opendir), and leave all pathname manipulation to os.path
21 (e.g., split and join).
22 """
23
24 #'
25 import abc
26 import sys, errno
27 import stat as st
28
29 _names = sys.builtin_module_names
30

图11-19 直接阅读包代码有助于你理解它

事实上，直接阅读某个库的源代码有助于我们学习新的编程技术，也有利于我们更好地理解这个库的工作方式。你使用 Python 的时间越长，你就越能熟练地使用它来构建各种有趣的应用程序。

查看库代码时，一定要小心谨慎，千万不要改动它。否则，你的应用程序可能会因此而停止工作。更糟糕的是，你有可能会把一些不起眼的 bug 引入到的程序中，并且这些 bug 只出现在你的系统中，在其他地方看不到它们。总之，使用库代码时，一定要小心谨慎。

11.6 查看包文档

你可以在需要时使用 doc() 函数来快速获得帮助。但是，对于 Python 路径中的包和库，我们有更好的方法来学习它们，即 Python 包文档。你在系统的 Python 文件夹中会经常看到这个包文档（Package Docs），它还有个名字叫 Pydoc。不论你如何称呼它，Python 包文档（Python Package Documentation）都会让开发人员的工作变得更加轻松。下面几节我们将讲解如何使用包文档。

11.6.1 打开Pydoc程序

Pydoc 只是一个 Python 程序——pydoc.py，位于你系统的 \Python36\Lib 目录下。与其他 .py 文件一样，你可以在 Notebook 中打开这个文件，了解它是如何工作的。启动方式有两种：一种是在“开始”菜单的 Python 3.6 中选择“Python 3.6

Module Docs”；另一种是在 Anaconda Prompt 中输入 Pydoc 命令（更多细节，请参考“打开 Anaconda Prompt”一节）。

Pydoc 同时支持图形和文本两种模式。打开 Anaconda Prompt 后，输入 pydoc 命令，后面加上关键字（比如 JSON），按回车键，Pydoc 就会显示出相应的帮助文本。在关键词（if）前使用 -k 命令行开关，可以显示所有有这个关键词出现的地方。要启动文档服务器，只要输入 Pydoc -b 并按回车键即可。如果你要指定服务端口，可以使用 -p 命令行开关，后面加上端口号即可。

在图形模式下，Pydoc 程序会创建一个本地服务器，该服务器与浏览器协同工作，一起显示有关 Python 包和库的信息。当你启动这个程序时，你会看到有一个命令行（终端）窗口打开。

启动 Pydoc 服务器时，你的系统可能会显示获取权限提示。比如，你可能会看到来自防火墙的警告，提示你 Pydoc 正在尝试访问本地系统。你需要赋予 Pydoc 权限使用本地系统，这样你才能看到它提供的信息。此外，你还要让杀毒软件允许 Pydoc 继续才行。有些平台（比如 Windows）可能需要提高权限才能运行 Pydoc。

在文档服务器启动之后，它通常会自动为我们打开一个新的浏览器窗口，如图 11-20 所示。这个窗口中包含到系统中各个包的链接，这其中还包括你自己创建并添加到 Python 路径中的自定义包。要查看某个包的信息，只需单击相应链接即可。

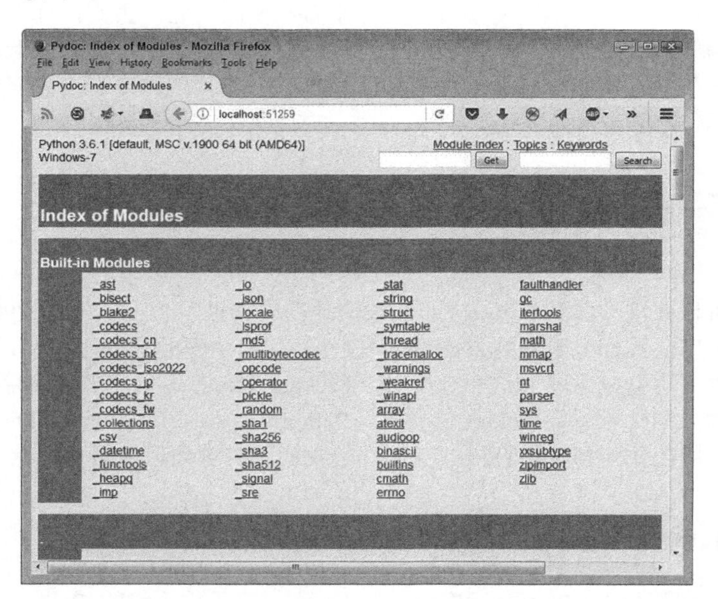

图11–20 在浏览器的索引页面中有到各个包的链接

Anaconda Prompt 为我们提供了如下两个命令来控制服务器。使用时，只需输入相应的命令并按回车键，即可激活。

» b：启动默认浏览器，并把索引页面加载到其中。

» q：停止服务器。

REMEMBER

浏览完帮助信息之后，请在命令行窗口中输入 q 并按回车键，确保服务器停止工作。这样可以释放服务器占用的各种资源，封堵住防火墙为运行 Pydoc 而暴露的漏洞。

11.6.2 使用快速访问链接

让我们回过头去再看看图 11-20。在页面顶部，你会看到 3 个链接：Module Index、Topics、Keywords，它们使得我们可以快速访问相关内容。浏览器默认采用 Module Index，如果你需要返回到这个页面，只要单击 Module Index 链接即可。

单击 Topics 链接，你会看到如图 11-21 所示的页面。这个页面包含了 Python 基本主题的链接。比如，如果你想了解更多有关 Boolean 值的内容，可以单击 BOOLEAN 链接。在新打开的页面中，你会学习到 Python 中 Boolean 值的工作方式。页面底部列出的是相关链接，通过这些链接你可以学到更多有用的信息。

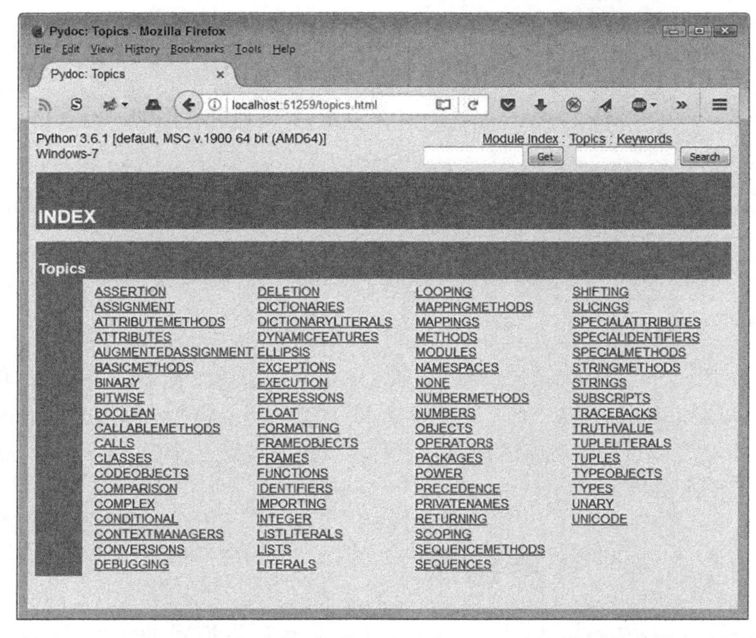

图11-21 Topic页面列出了Python基本主题，比如Boolean值如何工作等

单击 Keywords 链接，你会进入如图 11-22 所示的页面中。这个页面把 Python 支持的关键字都列出来了。比如，如果你想学习更多有关创建 for 循环的内容，可以单击 for 关键字。

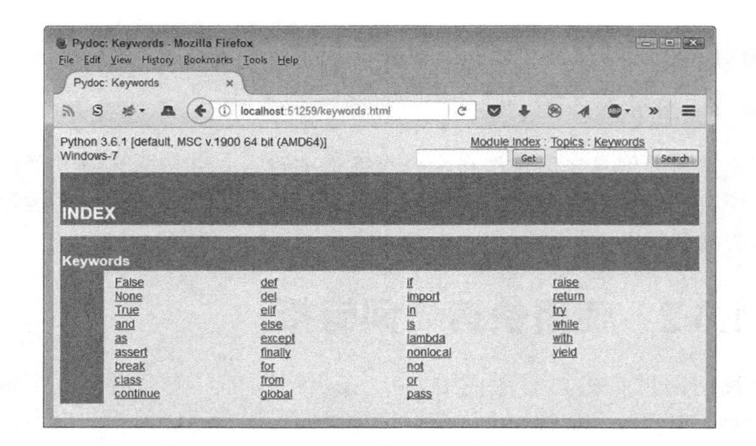

图11–22 关键字页面列出了Python支持的所有关键字

11.6.3 输入搜索词

页面顶部还有两个文本框。第一个文本框右侧是一个“Get”按钮，第二个文本框右侧是一个“Search”按钮。在第一个文本框中输入搜索词，单击“Get”按钮，你会得到和指定包或属性相关的文档。在第一个文本框中输入“print”，单击“Get”按钮，你会看到如图 11-23 所示的页面。

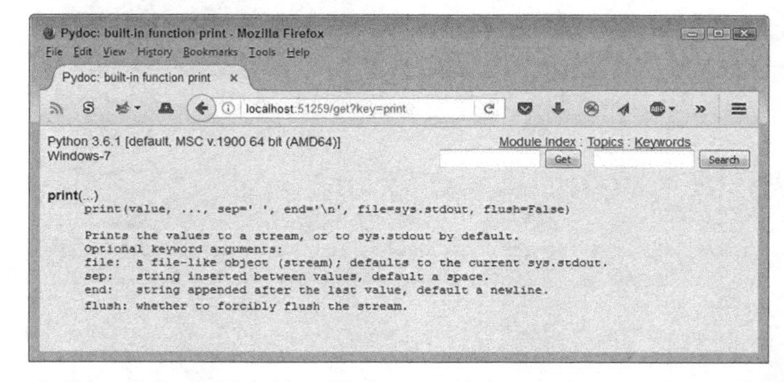

图11–23 使用“Get”获取与搜索词相关的信息

在第二个文本框中输入搜索词，单击“Search”按钮，你会得到与这个搜索词相关的所有主题。在第二个文本框中输入“print”，单击“Search”按钮，你会看到如图 11-24 所示的页面。这时，单击其中一个链接（比如 calendar），你能看到更多的信息。

11.6.4 查看结果

当你查看某个页面时，显示内容的多寡和你搜索的主题有关。有些主题很简略，如图 11-23 所示，而有些主题很庞大，显示的内容会很多。比如单击图 11-24 中的“calendar”，你会看到一个包含大量信息的页面，如图 11-25 所示。

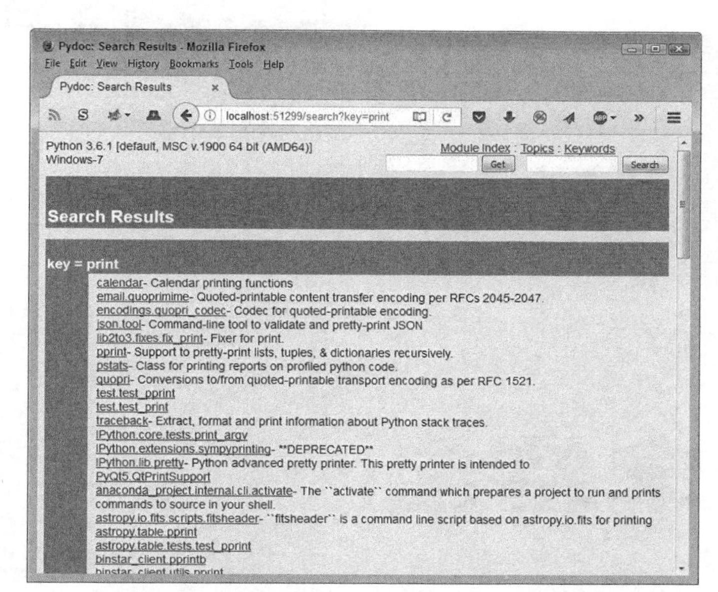

图11-24 使用Search获取和搜索词相关的主题

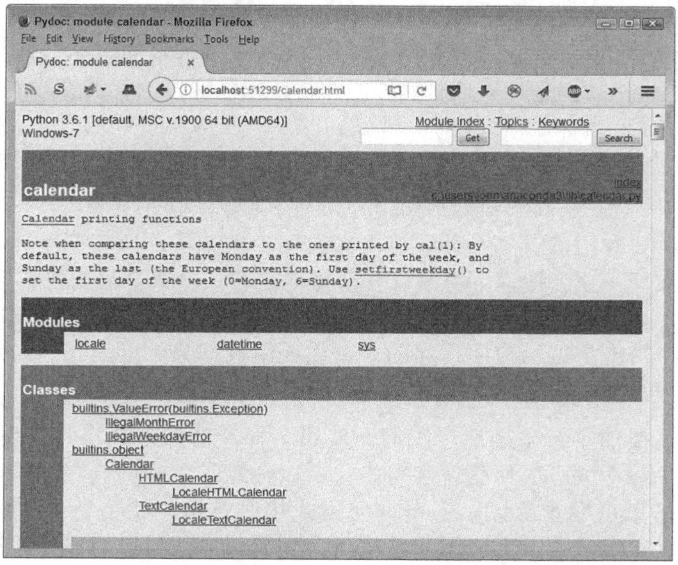

图11-25 有些页面中包含大量的帮助信息

在新打开的 calendar 页面中，你会看到大量与 calendar 打印函数相关的信息，包括相关的包信息、错误信息、函数、数据以及其他各种信息。你看到的信息量部分取决于主题的复杂性，部分取决于开发人员为包所提供的信息数量。例如，如果你从包索引页面中选择 BPPD_11_Packages，那么你只能看到一个函数列表，没有其他任何文档。

本章概要

了解字符串的不同之处

使用特殊和单个字符

操作和搜索字符串

调整字符串的输出格式

第12章 使用字符串

我们的计算机不理解字符串，这是一个基本的事实。计算机能够理解数字，但是却不理解字母。你在计算机屏幕上看到的每个字符串在计算机看来都是一些数字。不过，由于人类能够很好地理解字符串，所以我们编写的应程序要能够处理字符串。幸运的是，Python 使字符串的处理变得很容易，它能把我们人类理解的字符串转换成计算机能理解的数字，反之亦然。

字符串要有用，首先必须能够操作它们。也就是，把字符串拆开，只使用你需要的部分，或者搜索字符串以获得特定信息。本章学习如何使用 Python 构建字符串，如何根据需要拆分字符串，以及如何在找到所需要的部分后使用它们。操作字符串是编写应用程序的一个重要组成部分，因为我们需要计算机为我们做这类工作（即使计算机不理解字符串为何物）。

有了需要的字符串之后，我们还要用一种友好的方式将其呈现给用户。其实，计算机并不关心如何呈现字符串，所以你经常会看到一些乱七八糟的信息。这样的信息也很难阅读。懂得如何格式化字符串，让字符串更好地呈现在屏幕上，这点很重要，因为用户希望所看到的信息是自己能够理解的。学完本章内容后，你能掌握创建、操作和格式化字符串的方法，运用这些方法，就能保证用户看到正确的信息。本章使用的示例文件是 BPPD_12_Working_with_ Strings.ipynb，你可以在本书源代码文件中找到它。

12.1 了解字符串的不同之处

大部分初级开发人员（甚至是一些编写了很长时间代码的开发人员）都不知道

“计算机只懂01串”这件事。不管多大的数字都是由0和1串组成，比较时用的是01串，移动数据时用的也是01串。简而言之，对计算机来说，字符串这个东西并不存在（其实数字也不存在）。对计算机来说，把0和1串分组得到数字相对容易，但处理字符串要难得多，因为对于我们所说的信息，计算机不仅要以数字形式处理它，还要以字符的形式呈现它。

计算机科学中不存在“字符串”。字符串由字符组成，单个字符其实是数值。当你在Python中使用字符串时，你真正做的是创建一个字符的集合，计算机将其看作数字值。这就是我们接下来要讲的内容，掌握这些内容不仅有助于你搞清楚为什么字符串如此特殊，还能为你以后省去很多麻烦。

12.1.1 使用数字定义字符

要创建一个字符，首先你必须定义这个字符与数字之间的关系。更重要的是，每个人都必须同意：当某个特定数字出现在应用程序中并被该应用程序视为一个字符时，这个数字就被转换成特定的字符。做这个任务的最常见方法之一是使用美国信息交换标准代码（ASCII）。Python使用ASCII把数字65转换成字母A。在AsciiTable网站中，你会看到一个ASICII码表，其中给出了各个字符和与之相对应的ASCII码。

你使用的每个字符都分配有一个唯一的ASCII码。字母A的ASCII码为65，小写字母a对应的ASCII码是97。计算机把A和a视为完全不同的字符，但人们把它们视为同一个字符的大小写形式。

本章中使用的ASCII码值都是十进制形式。但是，计算机仍然把它们视为01串。比如，字母A实际对应的是01000001，字母a对应的是01100001。当你在屏幕上看到字母A时，计算机实际看到的是01000001。

要是只有一个字符集就好了。但是，并不是每个人都赞同这个想法。其中部分原因在于ASCII字符集并不支持除英语外其他语言中的字符，而且，它还无法把特殊字符显示在屏幕上。事实上，字符集有很多，大多数字符集都是在ASCII字符集的基础上经过扩展得到的。

12.1.2 使用字符创建字符串

在Python中，创建字符串很简单。从“字符串”字面的含义，你应该能大致猜出创建字符串的过程。想想串珠或者其他你可能串起来的东西。你每次都在细绳上放一颗珠子，如此不断串入珠子，最终你会得到某种装饰品——也许是项链或花冠。重要的一点是这些物品都是由单个珠子组成的。

在计算机中创建字符串和使用珠子做项链一样。当你看到一个语句时，你就会明白它是你使用编程语言把单个字符串在一起形成的。语言创造了一种将单个字符连接在一起的结构。因此，这个语言（不是计算机）知道一行中有这么多数字（每个数字都表示一个字符）定义了一个字符串，比如一个句子。

你可能想知道，为什么了解 Python 处理字符的方式如此重要。原因是 Python 提供的许多函数和特殊功能处理的都是单个字符，你需要知道 Python 看到的是单个字符。即便是一个句子，在 Python 看起来也是一些字符的组合。

与大多数编程语言不同，在 Python 中，你可以使用单引号或双引号把字符串引起来。比如，“Hello There!”（双引号）是一个字符串，‘Hello There!’（单引号）也是一个字符串。Python 还支持我们使用三重双引号和单引号创建多行字符串。下面例子演示了 Python 中字符串的一些特性。

1. 新打开一个 Notebook。

你还可以直接使用源代码文件夹中的 BPPD_12_Working_with_Strings.ipynb 文件。

2. 在 Notebook 中输入如下代码，每输完一行按一次回车键。

```
print('Hello There (Single Quote)!')
print("Hello There (Double Quote)!")
print("""This is a multiple line
string using triple double quotes.
You can also use triple single quotes.""")
```

3 个 print() 函数分别演示了 3 种创建字符串的方法。如上所示，创建单行字符串时，你既可以使用单引号，也可以使用双引号。而当创建多行字符串时，则要使用三重引号（三重单引号或双引号）。

3. 单击“Run”按钮，运行代码。

运行代码后，Python 输出了我们所期望的文本。请注意，在最终显示结果中，多行文本显示在了 3 行中（见图 12-1），这和源代码中是一样的，这也算是对字符串进行格式化的一种方式。你可以使用这种多行格式化方式，根据需求把文本断行后显示在屏幕上。

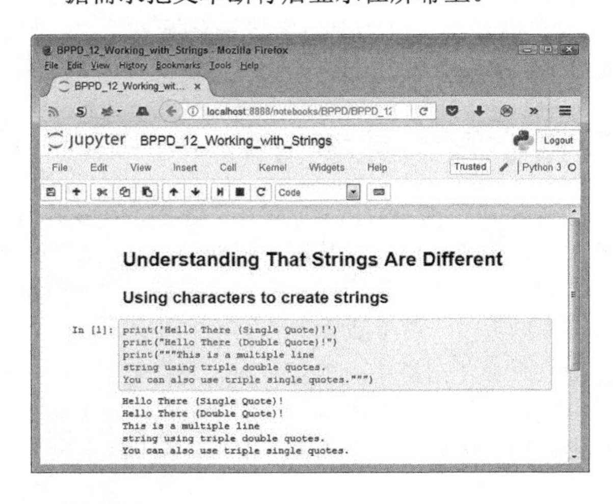

图12-1 字符串由单个字符连接而成

12.2 创建包含特殊字符的字符串

有些字符串中包含有特殊字符，这些特殊字符和我们常用的字母、数字、标点符号不同。事实上，我们可以把特殊字符分成如下几类。

- **控制字符**：应用程序需要某种方法来保证特殊字符不显示出来，而只用来控制显示。所有控制动作都基于插入光标（insertion pointer），也就是你输入文本时在屏幕上看到的线。例如，你不会看到制表符。制表符用来在两个元素之间插入一个空格，空格大小由制表位控制。同样地，当你想转到下一行时，你可以使用一个回车换行符，其中，回车用来把插入光标移动到行首，换行用来把插入光标移到下一行。
- **重音符号**：大多数情况下，重音符号（像 ‘、`、^、¨、~、°）表示的是特殊口音。我们必须使用特殊字符创建包含这些重音符号的字母字符。
- **制图符号**：你可以使用一些字符创建基本图形。你可以在网上看到许多用来绘制盒形的字符。有些人还使用 ASCII 字符创建图形。
- **排版符号**：当需要在屏幕上显示特定类型的文本时，需要用到大量的排版符号（比如段落符号），这些符号在编写编辑器程序时会经常使用。
- **其他符号**：不同字符集为我们提供的字符选择也不一样。有些字符集下，你几乎可以找到所需要的任何字符。关键是你需要一些方法来告诉 Python 如何表示这些特殊字符。

处理字符串（包括简单控制台应用程序中的字符串）时，我们通常要用到控制字符。考虑到这一点，Python 为我们提供了转义序列，你可以使用这些转义序列直接定义控制字符（以及其他字符的特殊转义序列）。

REMEMBER

从字面意思看，转义序列指的是脱离了一个字母的常用含义（比如 a），赋予它一个新的含义（如 ASCII 中的响铃或蜂鸣声）。反斜杠（\）和字母（比如 a）的组合通常被开发人员视为单个字母——转义字符或转义码。表 12-1 列出了 Python 所支持的转义序列。

表12-1　Python转义序列

转义序列	含义
\（在行尾时）	续行
\\	反斜杠（\）
\`	单引号（`）

续表

转义序列	含义
\``	双引号（”）
\a	响铃（BEL）
\b	退格（BS）
\f	换页（FF）
\n	换行（LF）
\r	回车（CR）
\t	水平制表符（TAB）
\uhhhh	Unicode 字符（世界广受欢迎的字符集），其中 hhhh 是十六进制值
\v	垂直制表符（VT）
\o00	ASCII 字符，其中 00 是八进制值
\xhh	ASCII 字符，其中 hh 表示十六进制值

了解转义序列如何工作的最佳方式是直接试一试。下面示例中，我们将测试各种转义序列，你可以借此了解一下它们的含义。

1. 在 Notebook 中输入如下代码，每输完一行按一次回车键。

```
print("Part of this text\r\nis on the next line.")
print("This is an A with a grave accent: \xC0.")
print("This is a drawing character: \u2562.")
print("This is a pilcrow: \266.")
print("This is a division sign: \xF7.")
```

上面示例代码中使用各种方法来达到相同的目的，即创建一个特殊字符。当然，你可以直接使用控制字符，如第 1 行所示。许多特殊字母可以通过使用一个两位的十六进制数来访问（如第 2 行和第 5 行）。但是，有些需要使用 Unicode 数（4 位）才能显示出来，如第 3 行所示。八进制值使用 3 个数字，没有与之相关的特殊字符，如第 4 行所示。

2. 单击“Run”按钮，运行代码。

运行代码，Python 显示出我们所期望的文本和特殊字符，如图 12-2 所示。

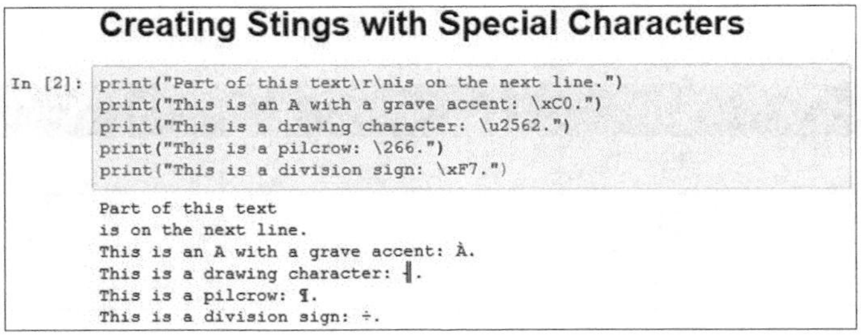

Creating Stings with Special Characters

```
In [2]: print("Part of this text\r\nis on the next line.")
        print("This is an A with a grave accent: \xC0.")
        print("This is a drawing character: \u2562.")
        print("This is a pilcrow: \266.")
        print("This is a division sign: \xF7.")

        Part of this text
        is on the next line.
        This is an A with a grave accent: À.
        This is a drawing character: ╢.
        This is a pilcrow: ¶.
        This is a division sign: ÷.
```

图12-2 根据需要使用特殊字符表示特殊信息或对输出进行格式化

Notebook 使用的是一个跨平台的标准字符集，无论在哪个平台下，你看到的特殊字符应该都是一样的。但是，创建应用程序时，请一定要在各种平台下对程序进行测试，以便了解应用程序在不同平台下的表现。在不同平台下，字符集可能会使用不同数值来表示特殊字符。另外，用户选用的字符集可能会影响应用程序显示特殊字符的方式。请一定要对特殊字符的用法进行完整测试。

12.3 获取子字符串

前面我们讲过，字符串是由一个个字符组成的，这些字符就像项链上的珠子一样，每颗珠子都是项链上的一个独立元素。

在 Python 中，我们可以很轻松地访问字符串中的单个字符。这是一个很重要的特性，因为你可以利用这个特性轻松地从原始字符串获取部分字符，进而形成新的字符串。另外，你还可以通过组合字符串来创建新字符串。使用这个特性时要用到方括号，即在变量名后面加上一个包含数字的方括号。示例如下：

```
MyString = "Hello World"
print(MyString[0])
```

运行上面代码，输出字母 H。在 Python 字符串的索引是从零开始的，即从左到右，从 0 开始标序号。例如，输入 print(my[1])，你将得到字母 e。

你还可以从字符串一次获取多个字符，即获取字符串的子串。为此，我们只需要在方括号中给出起始字母和结束字母的索引值即可，两个索引值之间要用冒号分隔开。例如，运行 print(MyString[6:11]) 这条语句，你将得到单词 World，即以第 7 个字符开头至第 12 个字符结尾的字符串（请记住，索引值从 0 开始）。下面几个步骤演示了使用 Python 字符选择方法做一些常见的任务。

1. 在 Notebook 中输入如下代码，每输完一行按一次回车键。

```
String1 = "Hello World"
String2 = "Python is Fun!"
print(String1[0])
print(String1[0:5])
print(String1[:5])
print(String1[6:])
String3 = String1[:6] + String2[:6]
print(String3)
print(String2[:7]*5)
```

上面代码中，前两行用来创建两个字符串，第 3 行到第 6 行演示的是利用字符串索引从第 1 个字符串获取各种子串的方法。请注意，当方括号里面给出的是一个索引范围时，其起始索引或结束索引是可以省略的，若省略起始索引，则默认从 0 开始；若省略结束索引，则默认到整个字符串末尾。

第 7 行代码演示的是两个子串的连接方法，即使用“+”把从 String1 获取的子串“Hello ”和从 String2 获取的子串“Python”连接起来，形成新字符串 String3。

REMEMBER

我们把使用“+”符号将两个字符串连接起来的过程称为“拼接字符串”。编写程序过程中，在处理字符串时，“+”是最易用的操作符之一。

最后一行代码用到了 Python 的一个特性——重复（repetition）。你可以使用这个特性为一个字符串或子串创建多个副本。

2. 单击“Run”按钮，运行代码。

Python 输出一系列字符串子串和字符串的组合，如图 12-3 所示。

Selecting Individual Characters

```
In [3]: String1 = "Hello World"
        String2 = "Python is Fun!"
        print(String1[0])
        print(String1[0:5])
        print(String1[:5])
        print(String1[6:])
        String3 = String1[:6] + String2[:6]
        print(String3)
        print(String2[:7]*5)

        H
        Hello
        Hello
        World
        Hello Python
        Python Python Python Python Python
```

图12-3 从一个字符串获取子串

12.4 字符串切片和切块

处理字符串时使用字符范围为我们提供了一定程度的灵活性，但是它并没有为我们提供实际操作字符串或查找字符串的能力，比如，处理某个字符串时，你可能想把其字符改为大写或判断它是否包含指定的字符。幸运的是，Python 为我们提供了一系列函数来完成这样的任务。最常用的函数如下。

- **capitalize()**：把字符串的首字母改为大写。
- **center(width, fllchar=" ")**：把字符串居中对齐，其中 width 是字符串的总长度，fllchar 是填充字符，默认为空格。但，如果你指定了填充字符，center() 函数就会使用你指定的字符进行填充。
- **expandtabs(tabsize=8)**：使用指定数量的空格代替字符串中的 tab 符号。空格数量由 tabsize 确定，默认值为 8。也就是说，如果你不指定 tabsize，这个函数就是使用 8 个空格替换字符串中的 tab 符号。
- **isalnum()**：当字符串至少包含一个字符，并且所有字符都是字母或数字时，该函数返回 True。

- **isalpha()**：当字符串至少包含一个字符，并且所有字符都是字母时，该函数返回 True。
- **isdecimal()**：当一个 Unicode 字符串只包含十进制字符时，该函数返回 True。
- **isdigit()**：当一个字符串只包含数字（非字母）时，该函数返回 True。
- **islower()**：当一个字符串至少包含一个字母，并且所有字母均为小写时，该函数返回 True。
- **isnumeric()**：当一个 Unicode 字符串只包含数字时，该函数返回 True。
- **isspace()**：当一个字符串中只包含空白字符（包括空格、制表符、回车、换行、换页、垂直制表符，退格除外）时，该函数返回 True。
- **istitle()**：当一个字符串中每个词的首字母为大写，被用作标题（比如 Hello World）时，该函数返回 True。请注意，这里的"每个词"包括冠词。例如，当 istitle() 函数作用于 Follow a Star 时返回 False，作用于 Follow A Star 返回 True。
- **isupper()**：当一个字符串至少包含一个字母且所有字母都是大写时，该函数返回 True。
- **str.join(seq)**：这个函数用来把两个字符串连接成一个新的字符串，连接方式为：把 str 插入到 seq 字符串的各个字符之间。例如，MyString = "Hello"，则 print(MyString.join("!*!")) 将输出：!Hello*Hello!
- **len(string)**：获取 string 的长度。
- **ljust(width, fillchar=" ")**：把字符串居左对齐，其中 width 是字符串的总长度，fllchar 是填充字符，默认为空格。但，如果你指定了填充字符，ljust() 函数就会使用你指定的字符进行填充。
- **lower()**：把字符串中的所有大写字母变成小写字母。
- **lstrip()**：删除字符串左侧所有的空白字符。
- **max(str)**：返回 str 中 ASCII 码值最大的字符，比如 a 的 ASCII 码值大于 A。
- **min(str)**：返回 str 中 ASCII 码最小的字符，比如 A 的 ASCII 码值小于 a。
- **rjust(width, fillchar=" ")**：把字符串居右对齐，其中 width 是字符串的总长度，fllchar 是填充字符，默认为空格。如果你指定了填充字符，rjust() 函数就会使用你指定的字符填充到指定宽度。
- **rstrip()**：删除字符串右侧所有空白字符。

» **split(str=" ", num=string.count(str))**：使用 str 指定的分隔符把字符串拆分成若干子串。默认分隔符为空格。例如，把这个函数应用于“A Fine Day”字符串，则你会得到 A、Fine、Day 3 个子字符串。num 用来指定拆分次数，默认返回所有拆分出的子字符串。

» **splitlines(num=string.count('\n'))**：把包含换行符的字符串拆分成独立字符串。每次拆分都按照换行符进行。输出时会把换行符删除。你可以使用 num 指定拆分的行数。

» **strip()**：删除字符串左右两侧所有空白字符。

» **swapcase()**：对字符串的大小写字母进行转换。

» **title()**：该函数返回一个字符串，其中每个单词的第一个字母为大写，其余字母为小写。

» **upper()**：把字符串的所有小写字母变为大写。

» **zfill(width)**：该函数会返回一个指定长度（width）的字符串，左侧部分补 0。这个函数用于包含数字的字符串，（若有）保留数字所提供的原始符号信息。

多使用这些函数进行一些尝试，有助于你更好地理解它们。下面例子演示了如何使用这些函数做一些常见的任务。

1. 在 Notebook 中输入如下代码，每输完一行按一次回车键。

```
MyString = " Hello World "
print(MyString.upper())
print(MyString.strip())
print(MyString.center(21, "*"))
print(MyString.strip().center(21, "*"))
print(MyString.isdigit())
print(MyString.istitle())
print(max(MyString))
print(MyString.split())
print(MyString.split()[0])
```

上面代码中，第 1 行用来创建一个字符串，字符串文本前后各含有两个空格，这样有助于观察那些与空格操作相关的函数是如何工作的。第 2 行语句用来把字符串中的字母全部转换成大写，而后打印出来。

程序开发过程中，我们常常需要删除字符串中多余的空格。strip() 函数就很适合用来做这个任务。center() 函数用来把字符串中的文本居中对齐，并在文本左右两侧填充指定的字符，默认填充字符为空格。你可以针对同一个字符串连续应用多个函数，比如第 5 行代码就接连向字符串应用了

strip() 和 center() 两个函数，其输出结果和只应用 center() 一个函数时是不一样的。

你可以通过组合函数来获得自己想要的结果。Python 会按照从左到右的顺序执行每个函数。函数出现的顺序会影响最终的输出结果，程序开发中，有些开发人员经常会把函数的顺序搞错，从而造成最终结果和我们期望的不一样，如果你遇到了这种情况，请尝试更改一下函数的先后顺序。

有些函数在处理字符串时会将其作为输入而非字符串实例。max() 函数就属于这一类函数。如果你输入了 MyString.max()，Python 就会显示一个错误。在本节前面给出的常用函数列表中，你可以看到有哪些函数在处理字符串时需要把字符串作为输入来用。

在使用输出结果为列表的函数时，你可以通过提供索引值来访问列表中的单个成员。在上面代码的最后两行，首先演示了如何使用 split() 将字符串分割为若干个子字符串。然后演示了如何访问列表中的第一个子字符串。有关列表的更多内容，我们将在第 13 章中详细讲解。

2. 单击“Run”按钮，运行代码。

Python 显示了一系列修改过的字符串，如图 12-4 所示。

Slicing and Dicing Strings

```
In [4]: MyString = "  Hello World  "
        print(MyString.upper())
        print(MyString.strip())
        print(MyString.center(21, "*"))
        print(MyString.strip().center(21, "*"))
        print(MyString.isdigit())
        print(MyString.istitle())
        print(max(MyString))
        print(MyString.split())
        print(MyString.split()[0])

          HELLO WORLD
        Hello World
        ***  Hello World  ***
        *****Hello World*****
        False
        True
        r
        ['Hello', 'World']
        Hello
```

图12-4 使用函数可以更灵活地操作字符串

12.5 查找字符串

有时我们需要在字符串中查找特定信息，比如，你可能想知道给定的字符串中是否包含单词 Hello。创建和维护数据的基本目的之一就是能够以后在其中进行搜索，以便找到特定信息。字符串也是一样，它们最大的用处体现在你能够快速从中找到自己需要的信息，并且不会发生任何问题。Python 为我们提供了大量用来搜索字符串的函数。下面列出的是一些最常用的函数。

- **count(str, beg= 0, end=len(string))**：返回某个字符串中 str 出现的次数，其中，str 指的是待搜索的字符串，beg 指的是字符串开始搜索的位置，end 指的是字符串中结束搜索的位置。你可以通过指定 beg 和 end 来限制搜索范围。
- **endswith(suffix, beg=0, end=len(string))**：该函数用于判断某个字符串是否以指定的后缀 suffix 结尾，若是，返回 True，否则返回 False。其中，beg 与 end 分别为搜索字符串的开始位置与结束位置，你可以通过指定这两个参数来限制搜索范围。
- **find(str, beg=0, end=len(string))**：判断 str 是否在指定字符串中出现，若是，则返回 str 在字符串中的起始位置。其中，beg 与 end 分别为搜索字符串的开始位置与结束位置，你可以通过指定这两个参数来限制搜索范围。
- **index(str, beg=0, end=len(string))**：功能和 find() 函数一样，不同点在于：如果指定字符串中不包含 str，index() 会抛出一个异常。
- **replace(old, new [, max])**：把字符串中的 old（旧字符串）替换成 new（新字符串）。可选参数 max 用来指定替换次数。
- **rfind(str, beg=0, end=len(string))**：功能和 find() 一样，但它返回的是 str 在字符串中最后一次出现的位置。其中，beg 与 end 分别为搜索字符串的开始位置与结束位置，你可以通过指定这两个参数来限制搜索范围。
- **rindex(str, beg=0, end=len(string))**：功能和 index() 一样，但它返回的是 str 在字符串中最后一次出现的位置。
- **startswith(prefix, beg=0, end=len(string))**：检查字符串是否以 prefix 指定的字符串开头，若是，返回 True。其中，beg 与 end 分别为搜索字符串的开始位置与结束位置，你可以通过指定这两个参数来限制搜索范围。

找到你需要的数据是一项最基本的编程任务，不论你创建什么样的应用程序，这都是必需的。下面这个例子演示了如何在字符串中查找指定字符串。

1. 在 Notebook 中输入如下代码，每输完一行按一次回车键。

```
SearchMe = "The apple is red and the berry is blue!"
print(SearchMe.find("is"))
print(SearchMe.rfind("is"))
print(SearchMe.count("is"))
print(SearchMe.startswith("The"))
print(SearchMe.endswith("The"))
print(SearchMe.replace("apple", "car")
      .replace("berry", "truck"))
```

在上面的代码中，第一行创建了一个字符串——SearchMe，其中包含两个 is 单词，用来演示不同搜索起点给搜索结果带来的不同影响。find() 函数从字符串开头开始搜索，rfind() 从字符串结尾开始搜索。

当然，你可能不知道某组字符在某个字符串中出现的次数，为此，你可以使用 count() 函数进行统计。

处理不同类型的数据时，有些数据有着严格的格式，这时你可以使用特定模式进行处理。例如，你可以判断特定字符串（或子字符串）是否以特定字符序列开始或结束。你还可以很容易地使用这个方法来查找某一部分数字。

在最后一条语句中，使用 apple 代替 car，用 berry 代替 truck。请注意，这条语句把代码放入两行中。某些情况下，你需要把一条语句的代码放入多行中，这样更方便阅读。

2. 单击“Run”按钮，运行代码。

Python 显示的输出结果如图 12-5 所示。特别要注意的是，根据待搜索字符串在字符串中的起始位置不同，搜索返回了不同索引。进行搜索时，使用正确的函数是确保得到预期结果的关键。

Locating a Value in a String

```
In [5]: SearchMe = "The apple is red and the berry is blue!"
        print(SearchMe.find("is"))
        print(SearchMe.rfind("is"))
        print(SearchMe.count("is"))
        print(SearchMe.startswith("The"))
        print(SearchMe.endswith("The"))
        print(SearchMe.replace("apple", "car")
              .replace("berry", "truck"))

        10
        31
        2
        True
        False
        The car is red and the truck is blue!
```

图12-5 输入类型错误会产生一个错误而非异常

12.6 格式化字符串

Python 为我们提供了多种字符串格式化方式。格式化字符串的目标是使用一种既让用户满意又容易理解的形式展现字符串。请注意，这里说的“格式化”并非指向字符串添加特殊字体或效果，而是指数据的呈现方式。例如，用户可能需要程序输出一个定点数而不是十进制数。

在 Python 中，你可以使用多种方法来格式化字符串，随着本书学习的深入，你会看到大量使用这些格式化方法的例子。但是，大多数格式化主要还是使用 format() 函数。使用时，你首先要创建一个格式规范，即格式化字符串，而后使用 format() 函数把数据添加至格式化字符串。这个格式规范可以简单到只有两个花括号 {}，用来为数据指定占位符。你还可以对占位符进行编号以创建特殊的效果。例如，{0} 将包含字符串中的第一个数据元素。在对数据元素进行编号时，你甚至可以重复它们，以便相同数据在字符串中不止出现一次。

格式规范跟在一个冒号后面。当你只想创建一个格式规范时，花括号中只包含冒号和你想使用的格式。例如，{:f} 会把数据以定点数的形式输出。如果你编了号，则冒号前面的数字（{0:f}）表示为第一个数据元素创建一个定点数输出。格式规范遵循如下形式，其中斜体元素用作占位符：

```
[[fill]align][sign][#][0][width][,][.precision][type]
```

在上面的格式规范中，各个部分的含义如下。

- **fill**：定义空白处填充的字符，当要显示的数据太少不足以填满指定的空间时，就会使用这些字符进行填充。
- **align**：指定显示区中数据的对齐方式，有如下几种对齐方式。
  - <：左对齐。
  - >：右对齐。
  - ^：居中对齐。
  - =：自动扩展。
- **sign**：输出中使用符号。
  - +：正数带正号，负数带负号。
  - –：负数带负号
  - <空格>：正数前面有一个空格，负数带一个负号。
- **#**：指定是否在输出中为数字添加进制前缀。比如，它会在十六进制数字前加上 0x 前缀。
- **0**：指定输出应该考虑正负号，并在必要时使用 0 进行填充，以保持输出的一致性。
- **width**：控制数据区的总宽度（即使数据填不满给定的空间）。
- **,**：为数字添加逗号，充当千位分隔符。
- **.precision**：指定小数点后保留的位数。
- **type**：指定输出类型，可以和输入类型不匹配，主要有如下 3 种类型。
  - String：使用 s 或空白指定字符串。

- Integer：整数类型有 b（二进制）、c（字符）、d（十进制）、o（八进制）、x（带小写字母的十六进制）、X（带大写字母的十六进制）、n（对区域敏感的十进制，使用适当的字符作千位分隔符）。
- Floating point：浮点类型有 e(指数，使用小写字母 e 作为分隔符)、E（指数，使用大写字母 E 作为分隔符）、f（小写定点）、F（大写定点）、g（小写通用格式）、G（大写通用格式）、n（区域敏感通用格式，使用适当字符作为十位、千位分隔符）、%（百分数）。

格式规范元素出现的顺序必须正确，否则 Python 将不知道如何处理它们。如果在填充字符之前指定对齐方式，Python 会显示错误消息，你无法得到所需的格式。下面的例子帮助你了解格式规范的工作原理，以及在使用各种格式规范标准时需要遵循的顺序。

1. 在 Notebook 中输入如下代码，每输完一行按一次回车键。

```
Formatted = "{:d}"
print(Formatted.format(7000))
Formatted = "{:,d}"
print(Formatted.format(7000))
Formatted = "{:^15,d}"
print(Formatted.format(7000))
Formatted = "{:*^15,d}"
print(Formatted.format(7000))
Formatted = "{:*^15.2f}"
print(Formatted.format(7000))
Formatted = "{:*>15X}"
print(Formatted.format(7000))
Formatted = "{:*<#15x}"
print(Formatted.format(7000))
Formatted = "A {0} {1} and a {0} {2}."
print(Formatted.format("blue", "car", "truck"))
```

上面代码中，先创建一个格式化区域，而后向输出中添加千分位分隔符，再加宽格式化区域，使之大于数据所需尺寸，并把数据居中对齐。最后，把星形填充到空白的地方。

当然，这个示例中还包含了其他数据类型。接下来使用定点格式显示相同数据。该示例还演示了大写和小写十六进制格式的输出。大写输出是右对齐的，小写输出是左对齐的。

最后，这个示例还演示了如何使用编号区域。在本例中，创建了一个有趣的字符串输出，重复其中一个输入值。

2. 单击“Run”按钮，运行代码。

Python 使用不同格式将数据输出，如图 12-6 所示。

Formatting Strings

```
In [6]: Formatted = "{:d}"
        print(Formatted.format(7000))
        Formatted = "{:,d}"
        print(Formatted.format(7000))
        Formatted = "{:^15,d}"
        print(Formatted.format(7000))
        Formatted = "{:*^15,d}"
        print(Formatted.format(7000))
        Formatted = "{:*^15.2f}"
        print(Formatted.format(7000))
        Formatted = "{:*>15X}"
        print(Formatted.format(7000))
        Formatted = "{:*<#15x}"
        print(Formatted.format(7000))
        Formatted = "A {0} {1} and a {0} {2}."
        print(Formatted.format("blue", "car", "truck"))

        7000
        7,000
             7,000
        *****7,000*****
        ****7000.00****
        ***********1B58
        0x1b58*********
        A blue car and a blue truck.
```

图12-6 使用你想要的格式输出数据

本章概要

为何列表如此重要

创建列表

管理列表

使用 Counter 对象

第13章 管理列表

许多人都忽略了这样一个事实：大多数编程技术都是基于现实世界的。部分原因是，程序员经常使用其他人不使用的术语来描述这些真实世界的对象。例如，大多数人会把存放东西的地方叫“盒子”或“橱柜”，但程序员不这么叫，他们把它称为“变量”。列表是不同的。每个人都在创建列表，并以各种方式使用它们来做大量的任务。事实上，当你读这本书的时候，你可能正被各种各样的列表包围着。所以，这一章我们要讲的“列表”其实就是你经常使用的东西。唯一的不同之处是你需要用 Python 的方式来看待列表。

你可能读过一些说列表难用的文章。有些人觉得列表难用，原因在于他们不习惯于按照实际情况思考自己创建的列表。当你创建一个列表时，你只需要按照自己认为有意义的顺序写下里面的项目就行了。有时你会重写列表，以便将其按特定的顺序排列。在其他情况下，你在浏览列表时会用手指指着，以便更方便地浏览列表内容。像这样，你对列表所做的一切在 Python 中也是可行的。不同之处在于，你现在必须真实地考虑自己在做什么，以便让 Python 理解你想要做什么。

列表在 Python 中非常重要。本章将向你讲解如何在 Python 中创建、管理、搜索和打印列表，以及其他任务。在你学完这一章后，你可以在自己的程序中使用列表，让它变得更健壮、更快、更易于使用。事实上，你很可能会吃惊于过去那些不用列表的日子是怎么混过来的。要记住的重要一点是，你一生中大部分时间都在使用列表。现在真的没什么区别了，但是你现在必须考虑自己在管理列表时那些理所当然的行为。你可以在 BPPD_13_Managing_Lists.ipynb 文件中找到本章示例。

13.1 在应用程序中组织信息

人们创建列表来组织信息，使其更容易访问和修改。在 Python 中使用列表也是出于同样的原因。在许多情况下，你确实需要某种组织结构来保存数据。例如，你可能想要创建一个单独的位置来查找一周中的几天或一年中的几个月。这些项目的名称会出现在列表中，就像你在现实世界中把它们写在纸上一样。下面几节我们将详细讲解列表及其工作方式。

13.1.1 理解列表

Python 规范把列表定义成一种序列。序列仅仅提供了允许多个数据项在一个存储单元中同时存在的一些方法，但是它们是独立的实体。想象一下你在公寓大楼里看到的那些大型邮件柜。一个邮件柜包含许多小的邮箱，每个邮箱都可以存放邮件。Python 还支持其他类型的序列（第 14 章详细讲解这些序列）：

- 元组；
- 字典；
- 栈；
- 队列；
- 双端队列。

在所有序列中，列表是最容易理解的，并且是与真实对象最直接相关的。使用列表可以帮助你更好地使用其他类型的序列，这些序列为我们提供了更强大的功能和更好的灵活性。需要注意的是，数据被存储在一个列表中，就像你将它们写在一张纸上一样，一个项目接着一个项目，如图 13-1 所示。这个列表有开头、中间和结尾，并且各个项目都有相应的编号。（虽然你在现实生活中通常不会为它们编号，但 Python 总是这样做。）

13.1.2 计算机看待列表的方式

计算机看待列表的方式和我们不一样。它内部没有记事本，更不使用钢笔在上面书写记录。计算机有内存，它把列表中的每个项目存储在一个独立的内存位置，如图 13-2 所示。内存是连续的，所以当你向列表添加新项目时，这些新项目会被添加至内存的下一个位置。

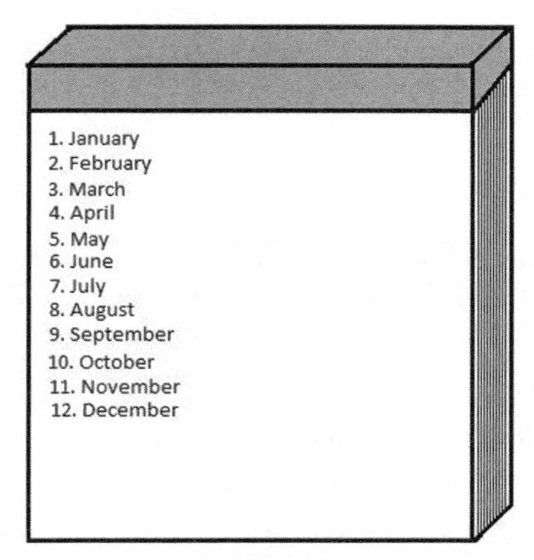

图13–1 列表就是一个由若干项目组成的序列，就像你写在记事本上一样

在许多方面，计算机使用类似邮箱的东西来保存列表。列表在整体上相当于一个邮件柜。当你向邮件柜添加新项目时，计算机将它放在邮件柜的下一个邮箱中。

图13–2 向列表添加新项目时，它们会依次被放入下一个内存位置

REMEMBER

就像邮件柜中的邮箱都有编号一样，用来保存列表的内存也有编号，并且编号从 0 而非 1 开始，这点和我们想的不一样。每个邮箱的编号都是接续上一个邮箱号码。一个装有 12 个月份的邮件柜会有 12 个邮箱，邮箱的编号从 0 ～ 11（而不是你认为的从 1 ～ 12）。我们要尽快记住并熟悉这一点，即使是经验丰富的开发人员也时常会因为使用 1 而非 0 作为起点而陷入麻烦之中。

根据你放置在每个邮箱中的信息类型，邮箱的大小不一定相同。Python 允许你在一个邮箱中存储字符串，在另一个邮箱中存储整数，在第三个邮箱中存储浮点数。计算机不知道每个邮箱中都存储着什么样的信息，其实它也不在乎这个。计算机看到的只是一长串数字，它们可以是任何东西。Python 会根据指定的类型对数据元素进行各种处理，并确保你请求第 5 项时实际得到的也是第 5 项。

TIP

实践证明，创建包含同种类型数据的列表是一个好选择，这可以让数据更容易地进行管理。例如，创建一个列表时，如果其中包含的数据全是整型，不包含其他类型的数据，那么你就可以对信息做一些假设，不必再花费大量时间去进行检查。然而，在某些情况下，你可能需要在列表中存放不同类型的数据。其他许多编程语言都要求列表只包含一种类型的数据，但是 Python 为我们提供了更多的灵活性，它允许我们把不同类型的数据存入同一个列表中。但是，你要记住：当从一个包含多种类型数据的列表中获取数据信息时，你必须自行判断获取到的数据类型，以便正确地使用数据。在应用程序中，把字符串当作整数

看待会带来很多问题。

13.2 创建列表

在现实生活中，你在使用列表做任何事情之前，都必须先创建它。如前所述，Python 列表允许存储不同类型的数据。但是，最好的做法还是把列表中的所有数据限制为单一类型。下面的例子演示了如何在 Python 中创建列表。

1. 新打开一个 Notebook。

你还可以使用本书示例源文件中的 BPPD_13_Managing_Lists.ipynb 这个文件。

2. 输入 List1 = [“One”，1，“Two”，True]，按回车键。

Python 会为你创建一个名为 List1 的列表。这个列表包含两个字符串（One 和 Two）、一个整数（1）、一个布尔值（True）。当然，这条语句执行完之后，你不会看到有任何输出，Python“静静地”执行这条命令。

REMEMBER

请注意，你键入的每种数据类型都呈现为不同颜色。在使用默认颜色方案时，Python 把字符串显示成绿色、把数字显示为黑色、把布尔值显示为橙色。颜色是一种很好的提示，它可以指出你输入的内容是否正确，这有助于减少创建列表时的错误。

3. 输入 print(List1)，单击“Run”按钮，运行代码。

你可以看到列表的全部内容，如图 13-3 所示。请注意，虽然我们向列表添加字符串时使用的是双引号，但打印结果呈现出来的是单引号。在 Python 中，字符串既可以放在单引号中，也可以放在双引号中。

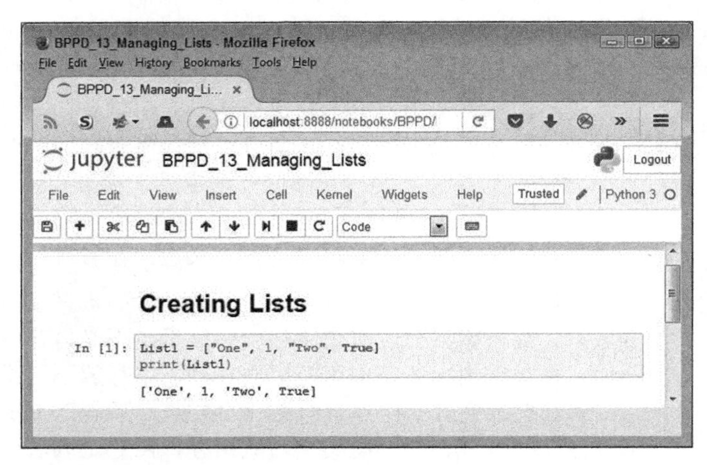

图13–3 Python显示List1中的内容

4. 输入 dir(List1)，单击“Run”按钮。

Python 显示出一系列针对列表的操作，如图 13-4 所示（仅显示了一部分）。

请注意，dir() 函数返回的是一个列表，也就是说，你正根据一个列表来判断能对另一个列表做什么。

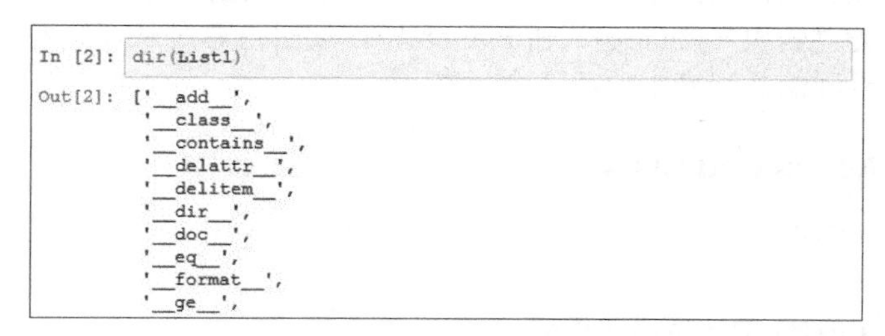
```
In [2]: dir(List1)
Out[2]: ['__add__',
 '__class__',
 '__contains__',
 '__delattr__',
 '__delitem__',
 '__dir__',
 '__doc__',
 '__eq__',
 '__format__',
 '__ge__',
```

图13-4 Python为我们提供了一系列可以针对列表执行的操作

REMEMBER

当你着手处理更为复杂的对象时，要记住，你总是可以使用 dir() 命令显示能够针对那个对象执行的操作。不带下划线的操作是你可以针对列表执行的主要操作，这些操作如下：

- append；
- clear；
- copy；
- count；
- extend；
- index；
- insert；
- pop；
- remove；
- reverse；
- sort。

13.3 访问列表

创建好列表之后，接下来我们就该访问其中的信息了。如果一个对象中的信息无法访问，那这个对象就没什么太大用处。上一节我们学习了如何使用 print() 和 dir() 函数使用列表，此外还有其他方法可以用来访问列表，参考步骤如下。

1. 输入 List1 = [“One”, 1,“Two”, True]，单击“Run”按钮。

Python 为我们创建一个名为 List1 的列表。

2. 输入 List1[1]，单击“Run”按钮。

你可以看到输出结果为 1，如图 13-5 所示。上面的代码中，方括号中的数字被称为“索引”（index）。在 Python 中，索引值总是从 0 开始，所以 Lsit1[1] 实际返回的是列表中的第二个元素。

图13-5 一定要使用正确的索引值

Accessing Lists

```
In [3]: List1[1]
Out[3]: 1
```

3. 输入 List1[1:3]，单击“Run”按钮。

上面代码中，你可以看到方括号中给出的是一个索引范围，包含了列表中的两个元素，如图 13-6 所示。如果方括号中给出的是一个索引范围，那它实际涵盖的是从起始值到结束值减 1 的元素。就本示例来说，你可以从列表中获取索引值为 1 和 2 的两个元素，而非你所想的索引值为 1、2、3 的 3 个元素。

4. 输入 List1[1:]，单击“Run”按钮。

你可以看到 Python 输出了列表中从索引值为 0 开始的所有元素，如图 13-7 所示。索引范围的结束值是可以省略的，省略代表取出列表中从索引起始值开始到末尾的所有元素。

图13-6 使用索引范围获取多个列表元素

```
In [4]: List1[1:3]
Out[4]: [1, 'Two']
```

图13-7 省略索引结束值代表取出列表中从索引起始值开始到末尾的所有元素

```
In [5]: List1[1:]
Out[5]: [1, 'Two', True]
```

5. 输入 List1[:3]，单击“Run”按钮。

Python 显示出列表中索引值从 0 ～ 2 的 3 个元素，如图 13-8 所示。省略索引范围的起始值表示从索引值为 0 的元素开始。

图13-8 省略索引范围的起始值表示从索引值为0的元素开始

```
In [6]: List1[:3]
Out[6]: ['One', 1, 'Two']
```

TECHNICAL STUFF

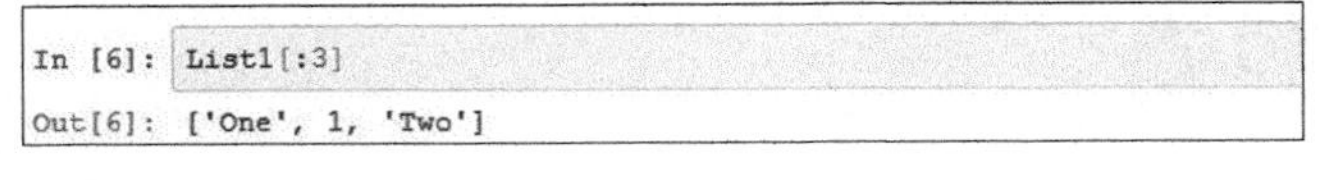

尽管这样做很让人困惑，但是在 Python 中你的确可以使用负索引。这时 Python 不是从左边查找，而是从右向左查找。例如，创建 List1 = ["One", 1, "Two", True]，并输入 List1[-2]，你会得到 Two。同样，键入 List1[-3]，你将得到 1。列表最右侧元素的索引是 –1。

13.4 遍历列表

要自动处理列表中的元素，你需要某种方法来遍历列表。最简单的方法就是使用 for 语句。

1. 在 notebook 中输入如下代码，每输完一行按一次回车键。

```
List1 = [0, 1, 2, 3, 4, 5]
for Item in List1:
    print(Item)
```

上面代码中，先创建了一个由若干数字组成的列表，而后使用 for 循环依次获取列表中的每个元素，并将它们打印出来。

2. 单击“Run”按钮，运行代码。

Python 把列表中的各个元素显示出来，每个元素占一行，如图 13-9 所示。

```
Looping through Lists

In [7]: List1 = [0, 1, 2, 3, 4, 5]
        for Item in List1:
            print(Item)

        0
        1
        2
        3
        4
        5
```

图13-9 使用循环可以轻松获取列表中每个元素的副本并根据需要进行处理

13.5 修改列表

你可以根据需要修改列表内容。修改列表指的是更改列表中的特定元素、向列表中添加新元素或删除现有元素。为了做这些任务，有时你必须读取一个元素。修改操作可以归结为 CRUD，分别代表创建、读取、更新和删除元素。下面是与 CRUD 相关的列表函数。

- **append()**：向列表末尾添加新元素。
- **clear()**：删除列表中的所有元素。
- **copy()**：复制当前列表，并将其放入一个新列表中。
- **extend()**：把其他列表中的元素添加到当前列表中。
- **insert()**：向列表指定的位置添加新元素。
- **pop()**：从列表末尾删除一个元素。
- **remove()**：从列表指定位置删除一个元素。

下面例子演示了如何对列表进行修改，这只是一个简单的动手演示。随着本书学习的深入，你会在很多程序代码中看见这些函数的影子。这个例子的目的是帮助你了解列表是如何工作的。

1. 输入 List2 = [ ]，按回车键。

   Python 为我们创建一个名为 List2 的列表。

REMEMBER

   请注意，上面代码中，方括号为空。也就是说，List2 是个空列表，它不包含任何元素。在 Python 中，你可以先创建空列表，然后再使用数据填充这个列表。事实上，许多列表开始时都是空的，因为在用户使用它们之前，我们一般不知道这些列表中将会包含什么信息。

2. 输入 len(List2)，单击“Run”按钮。

   如图 13-10 所示，len() 函数的输出结果为 0。创建应用程序时，我们可以使用 len() 函数来检查列表是否为空。如果列表为空，我们就不能针对列表执行删除元素之类的操作，因为列表中根本没有元素可以删除。

图13–10 在应用程序中根据需要检查列表是否为空

Modifying Lists

```
In [8]: List2 = []
        len(List2)
Out[8]: 0
```

3. 输入 List2.append(1)，按回车键。

4. 输入 len(List2)，单击“Run”按钮。

   len() 函数返回列表的长度为 1。

5. 输入 List2[0]，单击“Run”按钮。

   你会看到 List2 的 0 号元素为 1，如图 13-11 所示。

图13–11 向列表中添加元素改变列表长度，并且添加的元素位于列表末尾

```
 In [9]: List2.append(1)
         len(List2)
 Out[9]: 1

In [10]: List2[0]
Out[10]: 1
```

6. 输入 List2.insert(0, 2)，按回车键。

   insert() 函数需要两个参数，第一个参数是个索引值，指定要把新元素插入到哪个位置，这里是 0 号位置；第二个参数是你想插入的对象，这里是数字 2。

7. 输入 List2，单击“Run”按钮。

   Python 把新元素添加到 List2 中。我们可以使用 insert() 函数把新元素添加到第一个元素之前，如图 13-12 所示。

```
In [11]: List2.insert(0, 2)
         List2
Out[11]: [2, 1]
```

图13-12 使用insert()函数可以把元素添加到任意指定位置

8. 输入 List3 = List2.copy()，按回车键。

新列表 List3 是和 List2 一模一样的副本。copy() 函数经常被用来创建现有列表的临时版本，以便用户对其进行临时修改，这样不会对原始列表造成破坏。临时列表用完之后，应用程序可以将其删除，也可以将其复制到原始列表中。

9. 输入 List2.extend(List3)，按回车键。

Python 会把 List3 中所有元素复制到 List2 的末尾。extend() 函数常用来合并两个列表。

10. 输入 List2，单击“Run”按钮。

你可以看到上一步中的合并操作已经成功完成了。现在，List2 中包含了 2、1、2、1 这 4 个值，如图 13-13 所示。

```
In [12]: List3 = List2.copy()
         List2.extend(List3)
         List2
Out[12]: [2, 1, 2, 1]
```

图13-13 copy()和extend()为我们提供了快速移动大量数据的方法

11. 输入 List2.pop()，单击“Run”按钮。

Python 显示数字 1，如图 13-14 所示。数字 1 存储在列表末尾，pop() 函数总是删除列表末尾的元素。

```
In [13]: List2.pop()
Out[13]: 1
```

图13-14 使用pop()函数删除列表末尾元素

12. 输入 List2.remove(1)，单击“Run”按钮。

这次，Python 删除了列表中索引值为 1 的元素。和 pop() 函数不同，remove() 函数不会显示被删除的值。

13. 输入 List2.clear()，按回车键。

使用 clear() 函数表示删除列表中的所有元素。

14. 输入 len(List2)，单击“Run”按钮。

你可以看到输出结果为 0，也就是说，此时 List2 是空的。到这里，我们已经尝试了 Python 所提供的所有用来修改列表的方法。你可以不断使用这些函数修改 List2，直到你对修改感到满意为止。

向列表应用操作符

我们也可以向列表应用操作符来执行特定的任务。例如，如果你想创建一个包含 4 个 Hello 副本的列表，你可以这样做：MyList =["Hello"] * 4。列表允许包含的元素有重复。乘号运算符（*）用来告诉 Python 给定元素重复的次数。你要注意，每个重复元素都是独立的，也就是说，此时 MyList 中包含的元素是 ['Hello', 'Hello','Hello', 'Hello']。

你还可以使用“+”把若干列表串接起来形成新列表。比如，执行 MyList = ["Hello"] +["World"] + ["!"] * 4，你会得到一个包含 6 个元素的列表——MyList，第一个元素是 Hello，然后是 World，再接着是 4 个 !。

此外，成员运算符（in）也可以应用到列表上。本章使用一个简单、易懂的方法来搜索列表（推荐）。但是，其实你也可以使用成员运算符来做，而且用起来也很简单、简洁，比如 "Hello" in MyList，若 MyList 为 ['Hello','World', '!', '!', '!', '!']，则这条语句输出为 True。

13.6 列表搜索

当你不知道列表中包含什么时，修改列表就会比较费劲。如果想让维护工作变得更容易些，那列表搜索功能就必不可少了。下面我们会创建一个应用程序，用来演示如何在一个列表中查找特定值。

1. 在 Notebook 中输入如下代码，每输完一行按一次回车键。

```
Colors = ["Red", "Orange", "Yellow", "Green", "Blue"]
ColorSelect = ""
while str.upper(ColorSelect) != "QUIT":
   ColorSelect = input("Please type a color name: ")
   if (Colors.count(ColorSelect) >= 1):
      print("The color exists in the list!")
   elif (str.upper(ColorSelect) != "QUIT"):
      print("The list doesn't contain the color.")
```

在上面的代码中，先创建了一个包含 5 种颜色名称的列表——Colors，而后又创建了一个名为 ColorSelect 的变量，用来保存用户想查找的颜色名称。然后进入一个循环，要求用户输入要查找的颜色名，并将其存放到 ColorSelect 变量中。只要 ColorSelect 变量的值不是 QUIT，程序会一直运行循环，不断要求用户输入要查找的颜色名。

当用户输入一个颜色名之后，程序会统计这种颜色在列表中出现的次数。若出现次数大于或等于 1，则表示列表中包含这种颜色，就在屏幕上打印出一条信息。如果列表中不包含用户输入的颜色，则在屏幕上打印“The list doesn’t contain the color.”（列表中不包含这种颜色）。

TIP

请注意，这个示例中，我们使用 elif 子句检查 ColorSelect 的值是否为 QUIT。使用这种包含 elif 子句的方法可以确保用户在退出应用程序时，程序不会输出任何信息。创建应用程序时，你要应用这种方法来避免用户混淆或数据丢失（当应用程序执行非用户请求的任务时）。

2. 单击“Run”按钮。

Python 要求输入一种颜色名称。

3. 输入 Blue，按回车键。

你会看到一条信息说：列表中有这种颜色，如图 13-15 所示。

Searching Lists

```
In [*]: Colors = ["Red", "Orange", "Yellow", "Green", "Blue"]
        ColorSelect = ""
        while str.upper(ColorSelect) != "QUIT":
           ColorSelect = input("Please type a color name: ")
           if (Colors.count(ColorSelect) >= 1):
              print("The color exists in the list!")
           elif (str.upper(ColorSelect) != "QUIT"):
              print("The list doesn't contain the color.")

        Please type a color name: Blue
        The color exists in the list!
```

图13–15 若列表中包含用户输入的颜色，则打印列表中存在这种颜色

4. 输入 Purple，按回车键。

你会看到一条信息指出，列表中不存在这种颜色，如图 13-16 所示。

Searching Lists

```
In [*]: Colors = ["Red", "Orange", "Yellow", "Green", "Blue"]
        ColorSelect = ""
        while str.upper(ColorSelect) != "QUIT":
           ColorSelect = input("Please type a color name: ")
           if (Colors.count(ColorSelect) >= 1):
              print("The color exists in the list!")
           elif (str.upper(ColorSelect) != "QUIT"):
              print("The list doesn't contain the color.")

        Please type a color name: Blue
        The color exists in the list!
        Please type a color name: Purple
        The list doesn't contain the color.
```

图13–16 若输入的颜色在列表中不存在，则打印列表中不存在这种颜色

5. 输入 Quit，按回车键。

程序会结束。注意，这时程序不会显示任何信息。

13.7 列表排序

计算机可以搜索列表，找到指定的信息，不论它是按什么顺序出现的。而且，

当你对列表进行排序后，即便列表很长，搜索起来也会比较容易。不过，对列表排序的主要原因还是为了方便我们人类用户查看列表中包含的信息。我们更喜欢使用那些经过排序的信息。下面例子中，先创建了一个未排序的列表，而后对列表进行排序，并将排序结果显示出来，具体步骤如下。

1. 在 Notebook 中输入如下代码，每输完一行按一次回车键。

```
Colors = ["Red", "Orange", "Yellow", "Green", "Blue"]
for Item in Colors:
   print(Item, end=" ")
print()
Colors.sort()
for Item in Colors:
   print(Item, end=" ")
print()
```

上面代码中，先创建一个由 5 种颜色组成的列表，并且当前这些颜色是未经过排序的。然后按照在列表中出现的顺序，把 5 种颜色打印出来。请注意，使用 print() 函数时用到了 end=" " 这个参数，让所有颜色显示在一行中，这样更方便进行比较。

对列表排序很简单，只要调用 sort() 函数即可。上面示例代码中，在调用了 sort() 函数之后，再次把列表内容打印出来，以便查看排序结果。

2. 单击“Run”按钮。

Python 把未排过序和排过序的列表打印出来，如图 13-17 所示。

Sorting Lists

```
In [20]: Colors = ["Red", "Orange", "Yellow", "Green", "Blue"]
         for Item in Colors:
            print(Item, end=" ")
         print()
         Colors.sort()
         for Item in Colors:
            print(Item, end=" ")
         print()

         Red Orange Yellow Green Blue
         Blue Green Orange Red Yellow
```

图13–17 只要调用 sort()函数即可对列表进行排序

有时，你可能需要对列表进行反向排序。为此，你可以使用 reverse() 函数。这个函数必须出现在单独一行中。就上面的例子来说，如果我们想对列表中的颜色进行反向排序，就要对代码做如下修改：

```
Colors = ["Red", "Orange", "Yellow", "Green", "Blue"]
for Item in Colors:
   print(Item, end=" ")
print()
Colors.sort()
Colors.reverse()
for Item in Colors:
```

```
    print(Item, end=" ")
print()
```

13.8 打印列表

Python 为我们提供了很多种输出信息的方法，事实上，这些方法的数量多到让人吃惊。到目前为止，本章只展示了几个用于输出列表的最基本方法。在现实世界中，打印列表可能会更加复杂，因此，你需要了解更多的打印方法。只要多动手、多尝试使用它们，你就会逐渐对这些方法得心应手。

1. 在 Notebook 中输入如下代码，每输完一行按一次回车键。

```
Colors = ["Red", "Orange", "Yellow", "Green", "Blue"]
print(*Colors, sep='\n')
```

上面代码中，首先创建一个和前一节一样的颜色列表。上一节中，我们使用了 for 循环来打印列表中的各个元素。而这里我们采用另外一种方法，即使用 * 运算符（也叫位置展开运算符，还有其他各种叫法）来解压列表，并且每次发送一个元素到 print() 方法。sep 参数指定如何分隔每个打印输出，示例用的是换行符号。

2. 单击“Run”按钮。

Python 依次输出列表中的各个元素，如图 13-18 所示。

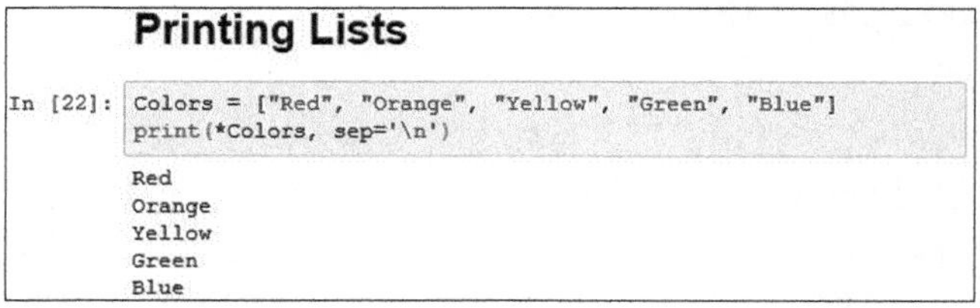

```
Printing Lists

In [22]: Colors = ["Red", "Orange", "Yellow", "Green", "Blue"]
         print(*Colors, sep='\n')

Red
Orange
Yellow
Green
Blue
```

图13–18 使用*运算符能够大大减少代码量

3. 在 Notebook 中输入如下代码，单击“Run”按钮。

```
for Item in Colors: print(Item.rjust(8), sep='/n')
```

上面的代码不必写在多行里。这个示例其实有两行代码，但全部写在一行里，并且演示了 rjust() 方法的使用方法，这个方法用来对字符串进行右对齐，如图 13-19 所示。虽然目前这些方法仍能正常工作，但是 Python 可能会随时停用它们。

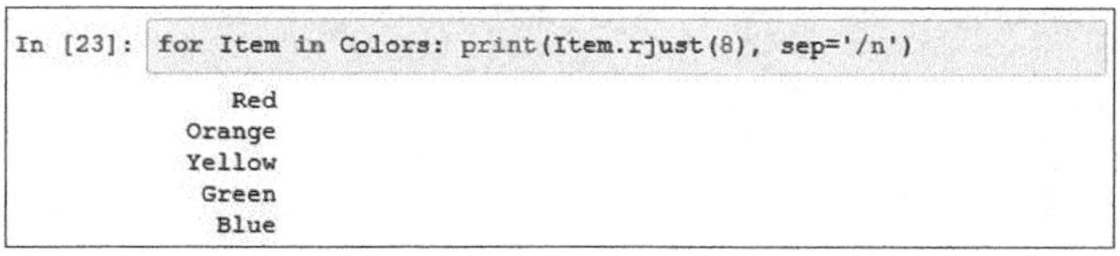

```
In [23]: for Item in Colors: print(Item.rjust(8), sep='/n')

     Red
  Orange
  Yellow
   Green
    Blue
```

图13–19 字符串函数可以让我们轻松地使用某种方式格式化输出

4. 在 Notebook 中输入如下代码，单击“Run”按钮。

```
print('\n'.join(Colors))
```

Python 提供了很多方法来执行不同的任务。在本示例中，使用 join() 方法将换行字符与颜色列表的每个元素连接起来。最终输出结果与图 13-18 完全一样，但这里使用了完全不同的方法。完成同一个任务的方法有很多，关键是找到最适合实际需要的那个。

5. 在 Notebook 中输入如下代码，单击“Run”按钮。

```
print('First: {0}\nSecond: {1}'.format(*Colors))
```

上面示例中，输出采用了一种特殊的格式化方式，即格式化字符串，输出结果中并不包括颜色列表中的所有元素。{0} 和 {1} 是占位符，表示来自于 *Colors 的值。输出结果如图 13-20 所示。

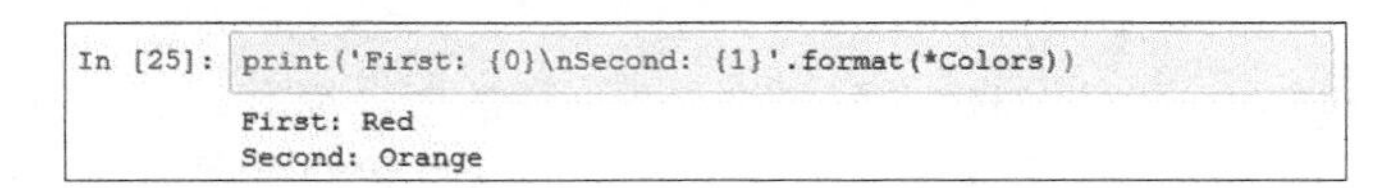
```
In [25]: print('First: {0}\nSecond: {1}'.format(*Colors))
         First: Red
         Second: Orange
```

图13-20 使用format()函数让应用程序产生带有不同格式的输出

REMEMBER

本节只涉及了在 Python 中进行格式化输出的一些常见技术。相关方法还有很多，在后续章节中，你还会看到许多这样的方法。这些方法的根本目标是让你可以根据实际需要选用一种合适的方法，不仅让输出结果易于阅读，还能很好地处理所有预期的输入，并且在以后创建更多输出时不会让你陷入麻烦。

13.9 使用Counter对象

有时你会有一个数据源，你需要知道其中某个信息出现的频率（例如列表中某个元素的出现次数）。当列表很短时，你可以直接数一数。然而，当列表很长时，想获得一个精确的计数几乎是不可能的。例如，你有一本很长的小说，比如《战争与和平》，你想知道其中某个单词出现的频率。如果没有计算机，这个任务就不可能完成。

REMEMBER

Counter 对象允许你快速统计某个项目。而且，它也非常容易使用。本书多次演示了 Counter 对象如何使用，这一章演示如何在列表中使用 Counter 对象。本节示例中，我们会创建一个包含重复元素的列表，然后统计这些元素在列表中出现的次数。

1. 在 Notebook 中输入如下代码，每输完一行按一次回车键。

```
from collections import Counter
MyList = [1, 2, 3, 4, 1, 2, 3, 1, 2, 1, 5]
ListCount = Counter(MyList)
print(ListCount)
for ThisItem in ListCount.items():
```

```
    print("Item: ", ThisItem[0],
          " Appears: ", ThisItem[1])
print("The value 1 appears {0} times."
      .format(ListCount.get(1)))
```

使用 Counter 对象之前，必须先从 collections 导入它。当然，如果你的程序中还用到其他集合类型，那你可以导入整个 collections 包，只要在程序中添加上 import collections 即可。

上面代码中，先创建一个列表——MyList，这个列表由数字元素组成，并且元素有重复。你可以看到在列表中有些元素出现了不止一次。在示例中，MyList 列表被放入一个新的 Counter 对象（ListCount）中。创建 Counter 对象的方法有很多种，但就列表来说，示例中的方法是最方便的。

REMEMBER

Counter 对象其实并没有和列表以任何方式连接起来。当列表内容发生改变时，我们必须重新创建 Counter 对象，因为它不会自动监视对列表的改动。另一种重新创建 Counter 对象的方法是先调用 clear() 方法，然后再调用 update() 方法，用新数据填充 Counter 对象。

应用程序使用了多种方法把 ListCount 打印出来。首先，输出的是 Counter，没有进行任何处理；其次，把 MyList 中的各元素及其出现的次数打印出来。要获取元素及其出现的次数，我们必须使用 items() 函数。最后一句演示了如何使用 get() 函数从列表中获取次数。

2. 单击“Run”按钮。

Python 输出 Counter 对象的结果，如图 13-21 所示。

Working with the Counter Object

```
In [26]: from collections import Counter
         MyList = [1, 2, 3, 4, 1, 2, 3, 1, 2, 1, 5]
         ListCount = Counter(MyList)
         print(ListCount)
         for ThisItem in ListCount.items():
             print("Item: ", ThisItem[0],
                   " Appears: ", ThisItem[1])
         print("The value 1 appears {0} times."
               .format(ListCount.get(1)))

         Counter({1: 4, 2: 3, 3: 2, 4: 1, 5: 1})
         Item:  1  Appears:  4
         Item:  2  Appears:  3
         Item:  3  Appears:  2
         Item:  4  Appears:  1
         Item:  5  Appears:  1
         The value 1 appears 4 times.
```

图13-21 使用Counter对象有利于我们获取长列表的统计信息

请注意，这些信息实际上是以键值对的形式存储在 Counter 中。第 14 章我们会更详细地讲解这个内容。现在你只需要知道，在 MyList 中找到的元素变成了 ListCount 中的一个键，它标识了唯一一个元素，其值包含该元素在 MyList 中出现的次数。

本章概要

定义一个集合

使用元组和字典

使用列表编写栈

使用 queue 和 deque 包

第14章 收集各种数据

生活中，人们热衷于收集各种各样的东西，比如堆放在你的娱乐设备附近的 CD、一套精美的盘子、棒球卡，甚至还有你去餐馆吃饭时随手“顺走”的笔。编写应用程序时，你也会用到集合，它们和现实世界中的集合一样。简单地说，集合用来把相似的项目组织在一起，通常要组织成某种容易理解的形式。

本章我们讲解各种集合。每个集合背后的核心思想是创建一个环境，在其中对集合进行适当的管理，并允许你在任何时间都能准确地找到想要的东西。一套书架非常适合摆放书籍、DVD 和其他扁平的东西。而你可能会把收藏的笔放在一个支架上，或是一个展示盒中。存放位置的不同并不能改变两个都是物品存放处这个事实。计算机集合也是如此。堆栈和队列之间的确存在差异，但它们的主要思想都是提供正确管理数据的方法，并让用户在需要时方便地访问其中的数据。你可以在 BPPD_14_Collecting_All_Sorts_of_Data.ipynb 文件中找到本章的示例代码。

14.1 理解集合

第 13 章中，我们介绍了序列，序列就是在一个容器中绑定在一起的一系列值。字符串是最简单的序列，它由一系列字符组成。第 13 章我们还讲到了列表，它包含了一系列对象。虽然字符串和列表都是序列，但它们之间有着显著的差异。例如，在处理字符串时，你可以把所有字符都设置为小写，而在列表中你不能这样做。另一方面，列表允许我们添加新元素，但字符串对此并未提供直接的支持（字符串串接其实是创建了一个新字符串）。简单地说，集合也是一种序列，但是它要比字符串和列表复杂得多。

REMEMBER

不论哪种序列，它们都支持 index() 和 count() 两个函数。index() 函数用来返回序列中指定元素的位置。比如，你可以使用这个函数返回字符串中某个字符的位置或列表中某个元素的位置。而 count() 函数的作用是返回列表中某个元素出现的次数。此外，指定元素的类型取决于序列的类型。

在 Python 中，你可以使用集合创建类似数据库的结构。每个集合类型都有不同的用途，你可以以特定的方式使用不同类型的集合。需要记住的是，集合是另一种形式的序列。和其他类型的序列一样，集合也支持 index() 和 count() 函数，这两个函数是集合的基本功能的一部分。

Python 本身具备良好的扩展性，拥有一些基本集合，你可以使用这些集合创建出大部分应用程序。本章要讲解的几种常用集合如下。

» **元组**：元组是一个集合，用来创建类似列表的复杂序列。元组的优点之一是允许你对其内容进行嵌套，这使得我们可以轻松地创建一些结构来保存员工记录或 *x-y* 坐标对。

» **字典**：和真实的字典一样，你可以使用字典集合来创建键值对（就像一个单词和它对应的释义）。字典的搜索速度相当快，数据排序也非常容易。

» **栈**：大多数编程语言都直接支持栈这种数据结构。不过，Python 并没有对它提供直接的支持，但提供了一种变通的方法。栈是一种“后进先出”（LIFO）的序列。想象有一摞薄饼，每次添加或取走薄饼都得从顶部进行。栈是一种非常重要的集合，在 Python 中你可以使用列表来模拟它，相关内容我们后面讲解。

» **队列**：队列是一种“先进先出”（FIFO）集合。你可以使用它来跟踪需要以某种方式进行处理的项目。队列有点类似于去银行排队办理业务，你到了银行，加入队尾，然后等待，直到前面人的业务都办完了，才轮到你。

» **双端队列**：双端队列（deque）是一种类似于队列的结构，你可以从它的两端添加或删除项，但不能从中间添加。你可以把双端队列作为队列、栈或其他任何一种集合使用，你可以用一种有序的方式向其添加和删除，这和允许随机访问和管理的列表、元组和字典不同。

14.2 使用元组

如前所述，元组是一种可用来创建复杂列表的集合，你可以把一个元组嵌入到另一个元组之中。这种嵌入方式允许你使用元组来创建层次结构。层次结构可以很简单，如硬盘目录列表或你公司的组织结构图。其实，我们可以使用元组创建出复杂的数据结构。

元组是不可变的，也就是说，一旦创建出来，你就不能再更改它了。你可以创建一个具有相同名称的新元组，然后以某种方式修改它，但是你不能对现有元组进行修改。列表是可变的，我们可以随时更改它们。元组的不可变特性看起来像是一个缺点，但其实这种不变性有着很多优点，比如更安全、更快速。此外，不可变对象更容易与多个处理器一起使用。

元组和列表两个最大的不同是：首先元组是不可变的；其次元组允许你在一个元组中嵌入另一个元组。下面的例子演示了在 Python 中如何使用元组。

1. 新打开一个 Notebook。

你还可以直接打开 BPPD_14_Collecting_All_Sorts_of_Data.ipynb 这个文件。

2. 输入 MyTuple = ("Red", "Blue", "Green")，按回车键。

Python 创建一个包含 3 个字符串的元组。

3. 输入 MyTuple，单击“Run”按钮。

你可以看到 MyTuple 的内容，它包含 3 个字符串，如图 14-1 所示。请注意，

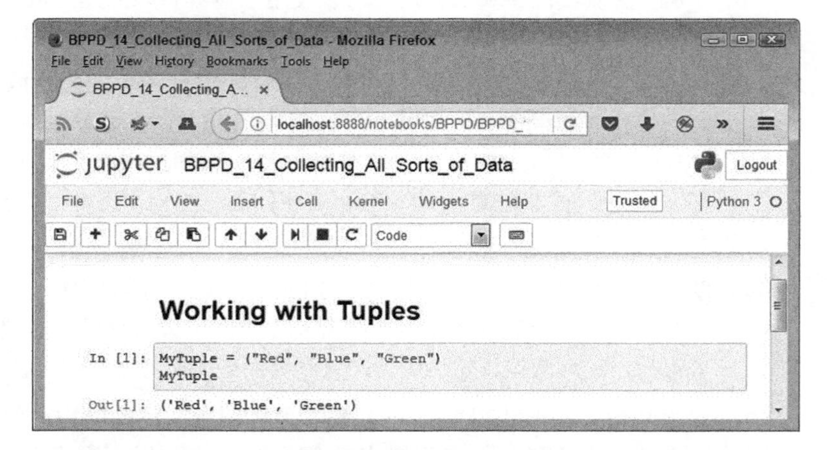

图14-1 创建元组时要使用圆括号而非方括号

虽然我们创建元组时字符串用的是双引号，但是 Python 显示出来的是单引号。另外，还要注意，创建元组时使用的是圆括号，而不是方括号，这点和列表不一样。

4. 输入 print(dir(MyTuple))，单击“Run”按钮。

Python 为我们提供了一系列函数来处理元组，图 14-2 列出了其中一部分。你可以看到元组函数要比列表函数明显少很多。其中包含有 count() 和 index() 两个函数。

```
In [2]: print(dir(MyTuple))

        ['__add__', '__class__', '__contains__', '__delattr__', '__dir__',
        '__doc__', '__eq__', '__format__', '__ge__', '__getattribute__', '_
        _getitem__', '__getnewargs__', '__gt__', '__hash__', '__init__', '_
        _init_subclass__', '__iter__', '__le__', '__len__', '__lt__', '__mu
        l__', '__ne__', '__new__', '__reduce__', '__reduce_ex__', '__repr__
        ', '__rmul__', '__setattr__', '__sizeof__', '__str__', '__subclassh
        ook__', 'count', 'index']
```

图14-2
元组函数看上去更少一些

REMEMBER

不过，表象可能具有欺骗性。比如，你会在元组函数中看到一个 __add__() 函数，好像你可以使用它向某个元组添加新元素从而改变元组，其实不然，调用 __add__() 函数只会在原来元组基础上创建一个新元组，而原元组保持不变。所以，在使用 Python 对象的某个功能时，一定要认真地了解一番。

TIP

另外，还要注意，print(dir(MyTuple)) 函数和 dir(MyTuple) 函数在结果呈现上的不同。比较图 14-4 中仅包含 dir() 的输出和图 14-2 中显示的组合输出。图 14-2 中的输出看起来更像你在其他 IDE 中看到的输出，比如 IDLE。你最终得到的输出会受所用方法的影响，但是 IDE 也会产生一定影响，在某些情况下，你必须根据自己喜欢的 IDE 使用一种不同的方法。许多人会觉得 Notebook 每一行列出一个方法的做法更容易阅读和使用，但是组合输出会显得更为紧凑。

5. 输入 MyTuple = MyTuple.__add__(("Purple",))，按回车键。

   这行代码先把一个新元组添加到 MyTuple 中，创建一个新元组，然后再把新元组指派给 MyTuple。MyTuple 原来所指的旧元组会被销毁。

REMEMBER

__add__() 函数只接受元组作为输入，也就是说，你必须把要添加的元素放入到括号中。此外，如果要添加的元组只含有一个元素，那必须还要在这个元素之后添加一个逗号，如上面语句所示。这是 Python 中一个奇怪的规则，你需要记住它，否则你会看到如下错误信息：

```
TypeError: can only concatenate tuple (not "str") to
   tuple
```

6. 输入 MyTuple，单击“Run”按钮。

   如图 14-3 所示，新添加的元素出现在了元组的末尾。请注意，新添加的元素和元组中原有元素在同一级别上。

图14-3
新的MyTuple中包含新添加的元素

```
In [3]: MyTuple = MyTuple.__add__(("Purple",))
        MyTuple

Out[3]: ('Red', 'Blue', 'Green', 'Purple')
```

7. 输入 MyTuple = MyTuple.__add__(("Yellow", ("Orange", "Black")))，按回车键。

   这一步添加了 3 个元素：Yellow、Orange、Black。但是 Orange、Black 是作为一个元组整体加进去的，这就形成了一种嵌套关系，但它们在新元组中其实是被作为一个元素看待的。

TIP

其实，你也可以使用 + 运算符替换 __add__() 函数。比如，如果你想把 Magenta 添加到元组前部，你可以这样做：MyTuple = ("Magenta",) + MyTuple。

8. 输入 MyTuple[4]，单击“Run”按钮。

Python 把元组中的 4 号元素（Yellow）显示出来了。我们可以使用索引来访问元组中的元素，这点和列表是一样的。必要时，你还可以指定一个索引范围，从元组一次获取多个元素。你在列表中使用索引做的事情同样可以对元组做。

9. 输入 MyTuple[5]，按回车键。

你会得到一个包含 Orange 和 Black 两个元素的元组。当然，你可能不想使用这两个以元组形式存在的两个元素。

TIP

元组经常会内嵌另外一个元组。通过类型测试，你可以检测某个索引返回的是一个元组还是一个值。例如，在本例中，你可以通过输入 type(MyTuple[5]) == tuple 来检测第六个元素（索引值为 5）是否是一个元组。就这个示例来说，这个关系式的值应该是 True。

10. 输入 MyTuple[5][0]，按回车键。

这时，你会看到输出为 Orange。在图 14-4 中，你还能看到前面命令的执行结果，了解索引的用法。索引总是按照它们在层次结构中的级别次序出现。

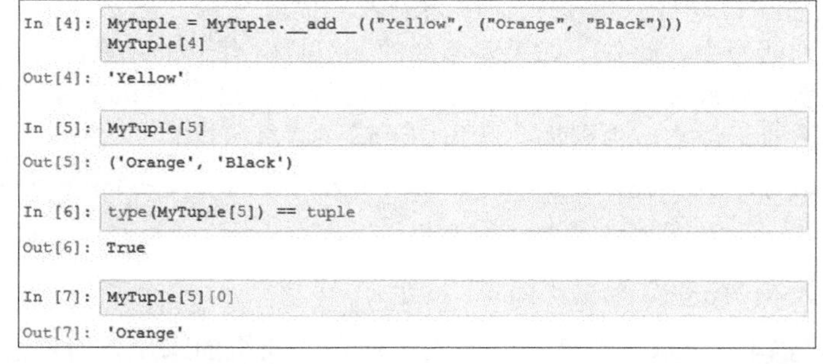
```
In [4]: MyTuple = MyTuple.__add__(("Yellow", ("Orange", "Black")))
        MyTuple[4]
Out[4]: 'Yellow'

In [5]: MyTuple[5]
Out[5]: ('Orange', 'Black')

In [6]: type(MyTuple[5]) == tuple
Out[6]: True

In [7]: MyTuple[5][0]
Out[7]: 'Orange'
```

图14-4 使用索引访问元组各个元素

TIP

通过组合使用索引和 __add__() 函数（或者 + 运算符），你可以使用元组创建出很灵活的应用程序。比如，你可以通过指定索引值范围来从元组中删除某些元素。如果你想删除包含 Orange 和 Black 的元组，可以这样做：MyTuple = MyTuple[0:5]。

14.3 使用字典

Python 字典的工作原理和真正的字典没什么两样，它们都是由键值对组成的，就像字典里的单词和释义一样。与列表一样，字典也是可变的，也就是说，你可以根据需要随时更改它们。使用字典的主要原因是为了实现更快地查找信息。字典的键都很短，也是唯一的，这样计算机在查找你所需要的信息时就不会花太长时间。

下面几节讲解如何创建和使用字典。当你知道如何使用字典时，就可以使用它来弥补 Python 中的不足。大多数语言都支持 switch 语句，它本质上是一个选择菜单，你可以从中选择一项。但是 Python 并不支持 switch 语句，我们必须使用 if…elif 语句来完成同样的任务。（虽然使用 if…elif 语句也可以完成同样的任务，但相关代码读起来就不那么清晰了。）

14.3.1 创建和使用字典

创建和使用字典的过程与列表很相像，但是我们必须要为字典定义键值对。在为字典创建键时必须遵守如下规则。

- **字典中的键必须是唯一的：**当你输入的键有重复时，后一个键值对会取代前一个键值对。
- **键必须是不可变的：**这就是说字典的键可以是字符串、数字、元组，但不能是列表。

而对于字典的值，则没有任何限制，它们可以是任何 Python 对象，你可以使用字典访问一条雇佣记录或其他复杂的数据。下面例子帮你理解如何更好地使用字典。

1. 输入 Colors = {" Sam": " Blue", " Amy": "Red", " Sarah": " Yellow"}，按回车键。

   Python 创建一个包含 3 个键值对的字典，分别指出每个人喜欢的颜色。请注意，这里创建键值对的方法，先是键，后面是一个冒号，然后是值。各个键值对之间使用逗号分隔。

2. 输入 Colors，单击“Run”按钮。

   如图 14-5 所示，你可以看到显示出的键值对。不过，要注意它们的顺序，它们按照键的顺序进行了排序。字典会自动对键进行排序，以便加快访问速度，这样即使访问很大的数据集，也能获得较快的访问速度。缺点是，创建字典要比列表耗费的时间长一点，因为计算机需要对字典中的键值对进行排序。

```
Working with Dictionaries

Creating and using a dictionary

In [8]: Colors = {"Sam": "Blue", "Amy": "Red", "Sarah": "Yellow"}
        Colors

Out[8]: {'Amy': 'Red', 'Sam': 'Blue', 'Sarah': 'Yellow'}
```

图14-5 字典按照排列顺序存放实体

3. 输入 Colors[" Sarah"]，单击“Run”按钮。

如图 14-6 所示，你可以看到 Sarah 所喜欢的颜色是黄色。使用字符串而非数字索引作为键可以使代码更容易阅读，并在某种程度上实现自文档化。由于代码更具可读性，所以从长远来看，字典可以为你节省大量时间（这就是字典如此受欢迎的原因所在）。然而，字典的这种方便性是以更多的创建时间和更高的资源使用为代价的，你需要自己进行权衡考量。

```
In [9]:  Colors["Sarah"]
Out[9]:  'Yellow'
```

图14-6 字典让值访问起来更容易，并有利于实现自文档化

4. 输入 Colors.keys()，单击“Run”按钮。

如图 14-7 所示，这条语句把字典包含的键都显示出来了。你可以使用这些键实现字典访问的自动化。

```
In [10]:  Colors.keys()
Out[10]:  dict_keys(['Sam', 'Amy', 'Sarah'])
```

图14-7 你可以把字典的键全部显示出来

5. 输入如下代码，每输完一行按一次回车键，然后单击“Run”按钮，运行代码。

```
for Item in Colors.keys():
    print("{0} likes the color {1}."
      .format(Item, Colors[Item]))
```

上面代码把每个人的名字及其喜欢的颜色显示出来了，如图 14-8 所示。使用字典可以更方便地创建出有用的输出。如果使用的键是有意义的，那么我们可以直接把键当作输出的一部分使用。

```
In [11]:  for Item in Colors.keys():
             print("{0} likes the color {1}."
               .format(Item, Colors[Item]))

          Sam likes the color Blue.
          Amy likes the color Red.
          Sarah likes the color Yellow.
```

图14-8 有意义的键让信息输出变得更容易

6. 输入 Colors[" Sarah"] ="Purple"，按回车键。

字典内容得到更新，所以现在 Sarah 喜欢的是紫色，而不是原来的黄色。

7. 输入 Colors.update({" Harry": " Orange"})，按回车键。

向字典中添加新的键值对。

8. 输入如下代码，每输完一行按一次回车键。

```
for name, color in Colors.items():
    print("{0} likes the color {1}."
        .format(name, color))
```

把上面代码和步骤 5 中的代码进行比较。这段代码每次从字典获取一个键值对，并把键放入 name 中，把值放入 color 中。从 items() 方法输出的结果总是相同的。你需要两个变量，一个是用来存放键，另一个存放值。这种打印

键值的方法在某些情况下可读性更强，但从运行速度来看，前后两种方法似乎没有多大的差别。

9. 单击“Run”按钮，运行代码。

如图 14-9 所示，你会看到字典经过修改后的结果。请注意，字典中新添加了 Harry:Orange 这个键值对。另外，Sarah 喜欢的颜色也由黄色变成了紫色。

```
In [12]: Colors["Sarah"] = "Purple"
         Colors.update({"Harry": "Orange"})
         for name, color in Colors.items():
             print("{0} likes the color {1}."
                   .format(name, color))

         Sam likes the color Blue.
         Amy likes the color Red.
         Sarah likes the color Purple.
         Harry likes the color Orange.
```

图14-9 字典很容易修改

10. 输入 del Colors[" Sam"]，按回车键。

Python 把 Sam 键值对从字典中删除了。

11. 重复步骤 8 和 9。

你可以看到 Sam 键值对的确被删除了。

12. 输入 len(Colors)，单击“Run”按钮。

输出结果为 3，表示目前字典中只包含 3 个键值对，而不是之前的 4 个。

13. 输入 Colors.clear()，按回车键。

14. 输入 len(Colors)，单击“Run”按钮。

输出结果为 0，表示目前字典是空的。

14.3.2 使用字典代替switch语句

大多数编程语言都提供某种 switch 语句。switch 语句为我们提供了一系列类似菜单的选择。swith 语句给予用户多个选择，但只允许用户从中选择一个。用户做出选择后，程序根据用户的选择执行特定的动作。下面的代码是你在其他编程语言中常见到的 switch 语句的样子（这段代码只进行演示用，无法真正执行）：

```
switch(n)
{
   case 0:
      print("You selected blue.");
      break;
   case 1:
      print("You selected yellow.");
      break;
   case 2:
      print("You selected green.");
      break;
}
```

程序运行时，通常会呈现给用户一个菜单选择界面，然后从用户那里获取选择编号，再从 switch 语句中选择正确的分支执行。虽然我们可以使用一系列 if 语句来完成相同的任务，但使用 switch 语句要简单得多。

不过，遗憾的是，Python 并没有为我们提供 switch 语句。我们只能寄希望于使用 if...elif 语句来完成同样的任务。但是，其实，我们可以通过使用字典来模拟 switch 语句。下面的例子给出了使用字典模拟 switch 语句的过程。

1. 在 Notebook 中输入如下代码，每输完一行按一次回车键。

```
def PrintBlue():
   print("You chose blue!\r\n")
def PrintRed():
   print("You chose red!\r\n")
def PrintOrange():
   print("You chose orange!\r\n")
def PrintYellow():
   print("You chose yellow!\r\n")
```

首先，我们要定义好要执行的任务，这些任务分别对应于提供给用户的各个选项。当用户做出选择后，只有一个任务得到调用执行。

2. 在 Notebook 中输入如下代码，每输完一行按一次回车键。

```
ColorSelect = {
   0: PrintBlue,
   1: PrintRed,
   2: PrintOrange,
   3: PrintYellow
}
```

上面代码创建了一个字典，其中每个键都类似于 switch 语句中的 case 部分，而字典的值指定要做什么。换言之，这是一个 switch 结构。前面创建的函数就是 switch 语句中分支要执行的代码，即位于 case 子句和 break 子句之间的代码。

3. 在 Notebook 中输入如下代码，每输完一行按一次回车键。

```
Selection = 0
while (Selection != 4):
   print("0. Blue")
   print("1. Red")
   print("2. Orange")
   print("3. Yellow")
   print("4. Quit")
   Selection = int(input("Select a color option: "))
   if (Selection >= 0) and (Selection < 4):
      ColorSelect[Selection]()
```

上面代码是显示给用户的选择界面。代码中，先创建了一个用来接收用户输入的变量——Selection，然后进入一个循环中，读取用户输入，选择一个任务执行，如此往复，直到用户输入数字 4 退出循环。

每次循环，程序都会向用户显示一个选择列表，并提供一个输入文本框，等待用户输入。在用户输入之后，程序会进行一个范围检查。若用户输入的数字在 0 ～ 3 之间，则从字典中读取相应的值，得到要调用的函数名，从而执行它。

4. 单击“Run”按钮，执行代码。

Python 显示一个选择菜单和一个输入文本框，如图 14-10 所示。

Replacing the switch statement with a dictionary

```
In [*]: def PrintBlue():
           print("You chose blue!\r\n")
        def PrintRed():
           print("You chose red!\r\n")
        def PrintOrange():
           print("You chose orange!\r\n")
        def PrintYellow():
           print("You chose yellow!\r\n")

        ColorSelect = {
           0: PrintBlue,
           1: PrintRed,
           2: PrintOrange,
           3: PrintYellow
        }

        Selection = 0
        while (Selection != 4):
           print("0. Blue")
           print("1. Red")
           print("2. Orange")
           print("3. Yellow")
           print("4. Quit")
           Selection = int(input("Select a color option: "))
           if (Selection >= 0) and (Selection < 4):
              ColorSelect[Selection]()

        0. Blue
        1. Red
        2. Orange
        3. Yellow
        4. Quit

        Select a color option:
```

图14-10 程序运行时向用户显示选择菜单

5. 输入 0，按回车键。

程序指出你选择了蓝色，然后再次显示选择菜单，等待用户再次选择，如图 14-11 所示。

```
0. Blue
1. Red
2. Orange
3. Yellow
4. Quit
Select a color option: 0
You chose blue!

0. Blue
1. Red
2. Orange
3. Yellow
4. Quit

Select a color option:
```

图14-11 指出用户所做的选择之后，程序再次显示选择菜单

6. 输入 4，按回车键。

程序退出运行。

14.4 使用列表创建栈

栈是一种易于使用的数据结构，你可以使用它来保存应用程序的运行环境（任意给定时刻下变量的状态和应用程序环境的其他属性）或者将其作为一种确定执行顺序的手段使用。不过，令人遗憾的是 Python 并没有为我们提供栈这种数据结构。但它为我们提供了列表，你可以使用列表创建栈。下面几个步骤帮助你使用列表来创建一个栈。

1. 在 Notebook 中输入如下代码，每输完一行，按一次回车键。

```
MyStack = []
StackSize = 3
def DisplayStack():
   print("Stack currently contains:")
   for Item in MyStack:
      print(Item)
def Push(Value):
   if len(MyStack) < StackSize:
      MyStack.append(Value)
   else:
      print("Stack is full!")
def Pop():
   if len(MyStack) > 0:
      MyStack.pop()
   else:
      print("Stack is empty.")
Push(1)
Push(2)
Push(3)
DisplayStack()
input("Press any key when ready...")
Push(4)
DisplayStack()
input("Press any key when ready...")
Pop()
DisplayStack()
input("Press any key when ready...")
Pop()
Pop()
Pop()
DisplayStack()
```

上面代码中，我们先创建了一个空列表和一个表示栈大小的变量。栈的大小通常有一个特定的范围。本示例中我们把栈大小设置为 3，这的确是一个很小的栈，但是对于演示示例来说足够了。

REMEMBER

对于栈来说，压栈和出栈操作都是在栈顶进行的，具体由 Push() 和 Pop() 这两个函数负责。DisplayStack() 函数用来显示栈里面的内容，如果你想查看栈中的内容，可以随时调用这个函数进行查看。

除此之外，其他代码是一些压栈和出栈操作，主要用来演示栈的常见操作，以及测试栈的功能。

2. 单击“Run”按钮，运行代码。

代码执行时，先执行 3 次压栈操作，把栈压满，而后把栈的内容显示出来，如图 14-12 所示（图中只显示了一部分代码）。本示例中，栈顶的数字是 3，因为它是最后一个入栈的。

TECHNICAL STUFF

根据你使用 IDE 的不同，“Press any key when ready...”这行信息可能出现在输出区域的顶部或底部。就 Notebook 来说，这行信息和相关输入字段在第一个查询（参见图 14-12）之后将出现在顶部。在第二个查询和后续查询中，这个信息将出现在底部。

```
DisplayStack()
input("Press any key when ready...")
Push(4)
DisplayStack()
input("Press any key when ready...")
Pop()
DisplayStack()
input("Press any key when ready...")
Pop()
Pop()
Pop()
DisplayStack()

Press any key when ready...

Stack currently contains:
1
2
3
```

图14-12 把各个值依次压入栈中

3. 按回车键。

应用程序试图把另一个值压入栈中，但是这时栈已经满了，所以压栈失败，显示“Stack is full!”这条信息，如图 14-13 所示。

```
Stack currently contains:
1
2
3
Press any key when ready...
Stack is full!
Stack currently contains:
1
2
3

Press any key when ready...
```

图14-13 当栈满了时，就无法继续接收新值

4. 按回车键。

程序执行出栈操作，把一个值从栈顶弹出。此时栈顶的元素是 3，出栈操作后，这个值就被从栈中删除了，如图 14-14 所示。

图14–14 出栈指的是从栈顶删除一个元素

```
Stack currently contains:
1
2

Press any key when ready...
```

5. 按回车键。

程序继续执行出栈操作，在栈空之后，还试图执行出栈操作，这导致出现了一个错误，如图 14-15 所示。编写栈代码时，你的代码中一定要包含检测这两种情况的逻辑，即判断栈是否已经压满了，以及栈是否已经清空了。

图14–15 确保你的代码中包含检测栈满和栈空的代码

```
Stack is empty.
Stack currently contains:
```

14.5 使用队列

队列的工作方式与栈不同。想想你曾经站过的任何一个队伍：你走到那个队伍的后面，当你到达队首时，你就可以去做要做的事情。在程序中，队列通常用于任务调度和维护程序流，就像在现实世界中一样。下面几个步骤帮助你创建一个基于队列的应用程序。在本书源代码中，你可以找到这个示例的源文件——QueueData.py。

1. 在 Notebook 中输入如下代码，每输完一行按一次回车键。

```
import queue
MyQueue = queue.Queue(3)
print(MyQueue.empty())
input("Press any key when ready...")
MyQueue.put(1)
MyQueue.put(2)
print(MyQueue.full())
input("Press any key when ready...")
MyQueue.put(3)
print(MyQueue.full())
input("Press any key when ready...")
print(MyQueue.get())
print(MyQueue.empty())
print(MyQueue.full())
input("Press any key when ready...")
print(MyQueue.get())
print(MyQueue.get())
```

创建队列之前，首先要引入 queue 包。其实，这个包里包含多种 queue 类型，但本例只使用标准的 FIFO 队列。

当队列为空时，empty() 会返回 True。同样地，当队列满员时，full() 函数返回 True。通过检测 empty() 和 full() 的状态，你可以判断是否需要对队列进行进一步处理，或者是否能向队列添加其他信息。这两个函数可以帮助我们管理队列。我们不能使用 for 循环像遍历其他类型的集合对象那样遍历队列，只能使用 empty() 和 full() 两个函数来监视队列的状态。

此外，还有两个函数用来处理队列中的数据——put() 和 get()，其中 put() 函数用来向队列添加新数据，get() 函数用来从队列中删除数据。队列的一个问题是：如果你试图向一个满员队列中添加更多元素，程序会一直等待，直到有空间腾出来。在这种情况下，除非你使用的是多线程应用程序（使用独立的多个线程同时执行多个任务），否则这种状态最终会导致应用程序失去响应。

2. 单击“Run”按钮，运行代码。

Python 检查队列的状态。本例中，你会看到程序的输出为 True，这表示队列为空。

3. 按回车键。

程序向队列中新添加两个值。此时，队列不再为空，如图 14-16 所示。

Working with queues

```
In [*]: import queue
        MyQueue = queue.Queue(3)
        print(MyQueue.empty())
        input("Press any key when ready...")
        MyQueue.put(1)
        MyQueue.put(2)
        print(MyQueue.full())
        input("Press any key when ready...")
        MyQueue.put(3)
        print(MyQueue.full())
        input("Press any key when ready...")
        print(MyQueue.get())
        print(MyQueue.empty())
        print(MyQueue.full())
        input("Press any key when ready...")
        print(MyQueue.get())
        print(MyQueue.get())

        True
        Press any key when ready...
        False

        Press any key when ready...
```

图14-16 向队列添加元素后，队列不再为空

4. 按回车键。

程序继续向队列中添加一个元素，此时队列满了，因为现在它包含 3 个元素，已经达到队列的最大尺寸设置。这时 full() 会返回 True。

5. 按回车键。

为了释放队列空间，程序从队列中取出一个元素。我们可以使用 get() 函数返回队列的一个元素。假设首先添加到队列中的元素是 1，那么 print() 函数应该把 1 显示出来，如图 14-17 所示。此时，empty() 和 full() 返回的值都为 False。

6. 按回车键。

程序从队列中获取剩余的两个元素，你可以看到程序依次输出了 2 和 3。

```
True
Press any key when ready...
1
False
False

Press any key when ready...
```

图14-17 监视队列状态是使用队列的关键

14.6 使用双端队列

简单地说，双端队列也是一个队列，但你可以从其任意一端删除和添加元素。在许多编程语言中，队列或栈都是使用双端队列编写而成的。我们使用特定的代码对双端队列的功能进行限制，使之适合于执行我们所指定的特定任务。

使用双端队列时，你可以把它想象成某种横向队伍。有若干独立的函数作用于双端队列的左端和右端，你可以从任意一端添加和删除元素。下面这个示例用于演示双端队列的用法。你可以在本书的源代码中找到这个示例的源代码文件DequeData.py。

1. 在 Notebook 中输入如下代码，每输完一行按一次回车键。

```
import collections
MyDeque = collections.deque("abcdef", 10)
print("Starting state:")
for Item in MyDeque:
   print(Item, end=" ")
print("\r\n\r\nAppending and extending right")
MyDeque.append("h")
MyDeque.extend("ij")
for Item in MyDeque:
   print(Item, end=" ")
print("\r\nMyDeque contains {0} items."
      .format(len(MyDeque)))
print("\r\nPopping right")
print("Popping {0}".format(MyDeque.pop()))
for Item in MyDeque:
   print(Item, end=" ")
print("\r\n\r\nAppending and extending left")
MyDeque.appendleft("a")
MyDeque.extendleft("bc")
for Item in MyDeque:
   print(Item, end=" ")
print("\r\nMyDeque contains {0} items."
      .format(len(MyDeque)))
print("\r\nPopping left")
print("Popping {0}".format(MyDeque.popleft()))
for Item in MyDeque:
   print(Item, end=" ")
print("\r\n\r\nRemoving")
```

```
MyDeque.remove("a")
for Item in MyDeque:
    print(Item, end=" ")
```

双端队列是在 collections 包中实现的，使用之前，我们需要先将其导入到你的代码中。创建双端队列时，你可以有选择地指定一系列初始迭代项（这些项可以访问，并且可作为循环结构的一部分使用）和最大尺寸，就像上面代码所做的那样。

在双向队列中，添加一个元素和添加一组元素是不一样的。添加单个元素时，你可以使用 append() 或 appendleft()。而 extend() 和 extendleft() 函数则允许我们向双向队列中添加多个元素。你可以使用 pop() 或 popleft() 函数一次删除一个元素。这两个函数会将弹出的值返回，上面例子会把弹出的值显示在屏幕上。remove() 函数只有唯一一个，它总是从队列的左侧开始工作，并且总会删除所请求数据的第一个实例。

不同于其他集合，双端队列是完全可迭代的，你可以随时使用 for 循环从双端队列获取一系列元素。

2. 单击“Run”按钮，运行代码。

Python 显示的信息如图 14-18 所示（注意，该截图只显示了输出结果，没有显示代码）。

```
Starting state:
a b c d e f

Appending and extending right
a b c d e f h i j
MyDeque contains 9 items.

Popping right
Popping j
a b c d e f h i

Appending and extending left
c b a a b c d e f h
MyDeque contains 10 items.

Popping left
Popping c
b a a b c d e f h

Removing
b a b c d e f h
```

图14-18 双端队列支持左右两端操作，还具备其他一些你希望的特征

请密切关注代码的输出。注意双端队列的大小是随时间变化的。当应用程序弹出元素 j 后，双端队列中仍然包含 8 个元素。在应用程序从左边添加和扩展元素时，双端队列中新增了 3 个元素。然而，双端队列实际上只包含 10 个元素。当添加的元素超过了双端队列的最大尺寸时，超出数量的元素就会从另一端被挤掉。

本章概要

定义类的特征

指定类组件

使用子类

第15章

创建和使用类

前面几章中，我们已经使用过许多类。那些示例之所以很容易创建和实现，是因为它们用到了许多 Python 现成的类。前几章中我们只是简单地提到了类，但并没有详细地讨论它们，大都是一掠而过，因为那时讲解的重点并不是类。

类可以使你的应用程序易于阅读、理解和使用，让 Python 代码使用起来更加方便。你使用类来为代码和数据创建容器，让代码和数据在一起。其他人可以把你的类看作一个黑匣子——它接收数据，输出结果。

REMEMBER

如果你不想将来在自己编写的应用程序中看到意大利面条式的代码（spaghetti code），那从编写这个应用程序开始，你就要多创建和使用类。顾名思义，意大利面条式的代码指的就是各种各样的代码交织在一起，相互纠缠不清，你很难弄清楚代码是从哪里开始和结束的。维护意大利面条式的代码几乎是不可能的，有些公司干脆把这样的程序放弃掉，因为没有人能理解它们。

在本章学习中，你不仅会认识到类是一种避免出现意大利面条式代码的方法，还会学习创建和使用自定义类的方法，深入了解 Python 类的工作原理，从而使你的应用程序更易于使用。本章关于类的讲解都是介绍性的，内容大都浅显易懂，你不必担心自己被这些内容搞得晕头转向。本章主要讲的是如何让类的开发变得简单、容易和易于管理。你可以在 BPPD_15_ Creating_and_Using_Classes.ipynb 文件中找到本章的示例代码。

15.1 把类理解成一种代码封装方法

本质上，类是一种代码封装方法，借助类，我们可以简化代码的重用，让应用程序更可靠，并减小出现安全漏洞的可能性。设计良好的类是接受特定输入并根据这些输入提供特定输出的黑匣子。简言之，一个类不应该让任何人感到意外，它的行为应该是已知的（可量化的）。至于类如何完成其工作并不重要，隐藏其内部工作细节是良好的编码实践中必不可少的一环。

在正式学习类之前，你还需要了解一些和类相关的术语。下面列出了一些你必须知道的术语，这些术语在本章后面的学习过程中会用到。这些术语是特定于 Python 的，相同的技术在其他语言中可能会用不同的术语称呼，Python 对某个术语的定义方式可能和其他语言有所不同。

- **类**：类是指用来定义创建对象的设计图纸（蓝图）。想象有一个想要建造某种类型建筑的建造者，他会使用设计图纸标出建筑要符合的各种规格。同样地，Python 使用类作为创建新对象的图纸（模板）。

- **类变量**：提供一个类实例中所有方法都可以使用的存储位置。类变量在类本身内部定义，它并不存在于类方法之中。类变量不该经常使用，因为它们有可能存在潜在安全风险，例如类的每个实例都可以访问它们，获得相同信息。除此之外，类变量还可以作为类的一部分而非类的特定方法出现，而这有可能会造成类污染等问题。

  在编程中，使用全局变量一直被认为是个坏主意，在 Python 中更是如此，因为每个实例都可以看到相同的信息。此外，数据隐藏在 Python 中确实不起作用，每个变量都是可见的。最重要的一点是要记住 Python 不支持其他语言中常见的数据隐藏技术，无法实现真正的面向对象。

- **数据成员**：是指类变量或实例变量，用来保存与类及其对象相关的数据。
- **函数重载**：一个函数有多个版本，每个版本拥有不同的行为。该函数的基本任务可能是一样的，但是输入是不同的，并且输出也可能不同。函数重载为我们提供了很大的灵活性，这些重载函数可以以各种方式和应用程序协同工作，或者执行具有不同变量类型的任务。
- 继承：使用父类创建具有相同特征的子类。与父类相比，子类一般扩展出更多功能或者提供了更多特定的行为。

- **实例**：是指由类创建出来的对象。在 Python 中，你可以根据需要使用一个类创建出多个对象来执行相应的任务。每个实例都是独一无二的。
- **实例变量**：提供一个供类实例的某个方法所用的存储位置。这种变量是在方法内部定义的。一般认为，实例变量要比类变量更安全，因为只有

一个方法可以访问它们。方法之间是通过参数来传递数据的，这使得我们可以对传入的数据进行检查，并对数据管理进行更好的控制。

- **实例化**：指的是创建一个类的实例的行为。这样创建出来的类实例是唯一的。
- **方法**：方法也叫函数，它们都是类的一部分。尽管函数和方法在本质上是一样的，但是方法往往被认为是更具体的，只有类才能拥有方法。
- **对象**：指的是某个类独一无二的实例。对象包含了原始类的所有方法和属性。不过，每个对象的数据都不一样。即便数据一样，存储位置也是不一样的。
- **运算符重载**：为一个与运算符（比如 +、–、*、/）有关的函数创建多个版本，每个版本拥有不同的行为。运算符的基本任务可能是一样的，但是运算符和数据的交互方式是不同的。运算符重载为我们提供了很大的灵活性，它使得一个运算符可以以各种方式和应用程序协同工作。

15.2 类的结构

类拥有特定的结构。类的每个部分执行某个特定任务，该任务为类提供有用的特征。当然，首先，类是一个容器，这个容器用来把类的各个部分装在一起，接下来第一节我们会详细讨论相关的内容。其余章节将用来介绍类的其他部分，这些内容有助于你理解它们对整个类的作用。

15.2.1 定义类

一个类不必特别复杂。实际上，你可以只创建容器和一个类元素，并将其称为类。当然，这样的类做不了多少事，但是你可以将它实例化（告诉 Python 以你的类为模板创建一个对象），并像使用其他类一样使用它。下面我们将创建一个最简单的类，并通过它帮助大家理解类背后的基础知识。

1. 新打开一个 Notebook。

   你也可以使用 BPPD_15_Creating_and_Using_Classes.ipynb 这个文件。

2. 输入如下代码，每输完一行按一次回车键，最后一行按两次回车键。

```
class MyClass:
   MyVar = 0
```

   上面代码中，第一行定义了类容器，由关键字 class 和类名（MyClass）组成。你创建的每个类都要采用这种方式，即先是 class 关键字，然后跟着类名。

第二行是类的套件（class suite）。类的所有组成元素都可以称为类套件。上面示例中，你可以看到一个名为 MyVar 的类变量，其值被设置为 0。这个类的每个实例都会拥有这个变量，并且初始值相同。

3. 输入 MyInstance = MyClass()，按回车键。

这条语句用来创建一个 MyClass 类的实例，实例名为 MyInstance。当然，接下来你会想验证一下自己是否真的创建出了这样一个实例，这正是步骤 4 需要做的。

4. 输入 MyInstance.MyVar，单击“Run”按钮。

你会看到输出结果为 0，如图 15-1 所示。这表明 MyInstance 的确有一个名为 MyVar 的类变量。

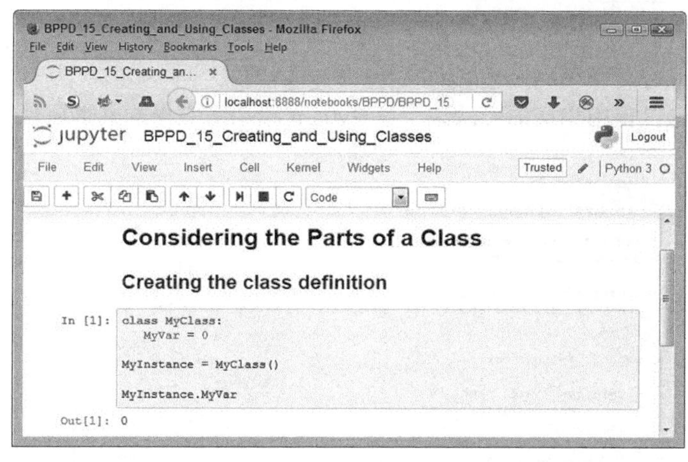

图15-1 实例中包含指定的变量

5. 输入 MyInstance.__class__，单击“Run”按钮。

Python 会把用来创建 MyInstance 这个实例的类显示出来，如图 15-2 所示。从输出结果可以知道，MyClass 类属于 __main__ 包，这表示你直接把它输入到程序代码中，而非作为另一个包的一部分。

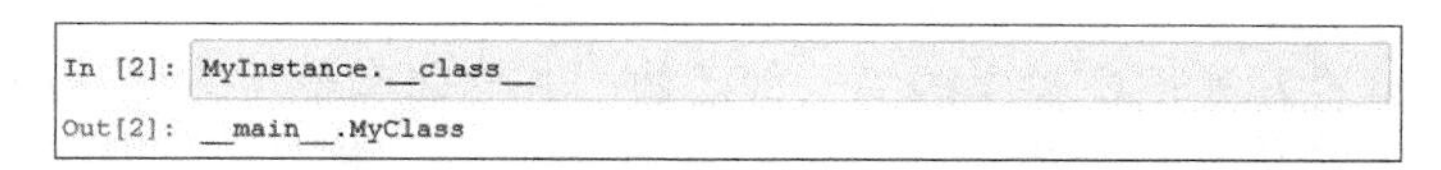

图15-2 看类名对，由此你可以知道这个实例就是由MyClass创建出来的

15.2.2 类的内置属性

创建某个类时，你会想当然地认为只得到了一个类。但其实，Python 还向你的类中添加一些内置功能。例如，在上一节中，你输入 __class__ 并按回车键。__class__ 属性是内置的，你并没有创建它。所谓内置功能是指 Python 为我们提供了这个功能，你不必再手动添加它。__class__ 属性是每个类都需要的，所以 Python 为我们提供了它。下面几个步骤帮助我们了解类都有哪些内置属性，

这里我们还是拿上一节的例子进行讲解。

1. 输入 print(dir(MyInstance))，单击“Run”按钮。

如图 15-3 所示，你会看到一系列类属性。这些属性为你的类提供了特定功能。我们创建的每个类都会有这些属性。因此，你总是可以在自己创建的类中使用这些功能。

Considering the built-in class attributes

```
In [3]: print(dir(MyInstance))

['MyVar', '__class__', '__delattr__', '__dict__', '__dir__', '__doc_
_', '__eq__', '__format__', '__ge__', '__getattribute__', '__gt__',
'__hash__', '__init__', '__init_subclass__', '__le__', '__lt__', '__
module__', '__ne__', '__new__', '__reduce__', '__reduce_ex__', '__re
pr__', '__setattr__', '__sizeof__', '__str__', '__subclasshook__', '
__weakref__']
```

图15-3 使用dir()函数查看有哪些内置属性

2. 输入 help('__class__')，按回车键。

Python 打印出与 __class__ 属性有关的信息，图 15-4 只显示了其中的一部分。你可以使用相同的方法来了解 Python 添加到类中的其他属性。

```
In [4]: help('__class__')

Help on class module in module builtins:

__class__ = class module(object)
 |  module(name[, doc])
 |
 |  Create a module object.
 |  The name must be a string; the optional doc argument can have an
y type.
 |
 |  Methods defined here:
 |
 |  __delattr__(self, name, /)
 |      Implement delattr(self, name).
 |
 |  __dir__(...)
 |      __dir__() -> list
 |      specialized dir() implementation
 |
 |  __getattribute__(self, name, /)
 |      Return getattr(self, name).
```

图15-4 使用help()可以了解Python添加到类中的各个属性

15.2.3 使用方法

简单地说，方法是类中的另一种函数，其创建和使用方式与函数完全相同，只是方法总是与类相关联（你不会看到有独立的方法，但有独立的函数）。在 Python 中，你可以创建两种方法：一种是与类自身相关联的方法，另一种是与类实例相关联的方法，区分这两者很重要。下面几节我们将详细讲解它们。

15.2.3.1 创建类方法

类方法是可以直接通过类执行的方法，使用它们时并不需要创建类的实例。有时你需要创建从类执行的方法，像 str 类中那些用于修改字符串的方法，比如第 10 章“嵌套异常处理”一节中多异常示例中使用的 str.upper() 函数。下面的步骤演示如何创建和使用类方法。

1. 输入如下代码，每输完一行按一次回车键，最后一行按两次回车键。

```
class MyClass:
    def SayHello():
        print("Hello there!")
```

上面的代码中，MyClass 类中包含了一个 SayHello() 方法，它不接收任何参数，也不返回任何值，只是打印一条信息，但对于演示来说，完全够了。

2. 输入 MyClass.SayHello()，单击“Run”按钮。

运行代码，输出如图 15-5 所示的结果，这和我们预料的一样。请注意，这里我们并没有创建类的实例，而是直接通过类来使用方法。

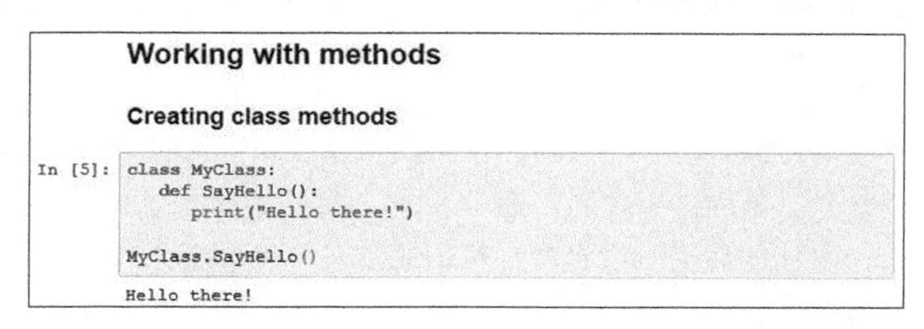

图15–5 类方法输出一条简单信息

类方法只能处理类数据，它不知道与类实例相关的任何数据。你可以以参数的形式把数据传递给类方法，并且类方法也可以根据需要返回信息，但是它不能访问实例数据。因此，在创建类方法时，你应该小心谨慎，确保它们是独立的。

15.2.3.2 创建实例方法

实例方法是单个实例的一部分。你可以使用实例方法来操作类管理的数据。所以，我们只有使用类创建出某个对象之后，才能使用实例方法。

所有实例方法都必须有 self 这个参数。self 参数指向某个特定实例，应用程序使用该实例来操作数据。如果没有 self 参数，实例方法将不知道使用哪个实例数据。然而，self 并不是一个可访问的参数，其值由 Python 提供，你不能将它作为方法调用的一部分进行更改。下面几个步骤演示了如何在 Python 中创建和使用实例方法。

1. 输入如下代码，每输完一行按一次回车键，最后一行按两次回车键。

```
class MyClass:
    def SayHello(self):
        print("Hello there!")
```

上面代码中，MyClass 类中包含了一个 SayHello() 方法，它不接收任何具体的参数，也不返回任何值，只是打印一条信息，但对于演示来说，完全够了。

2. 输入 MyInstance = MyClass()，按回车键。

Python 创建了 MyClass 类的一个实例——MyInstance。

3. 输入 MyInstance.SayHello()，单击“Run”按钮。

输出信息如图 15-6 所示。

图15-6 使用类的实例调用SayHello()方法输出一条简单信息

Creating instance methods

```
In [6]: class MyClass:
           def SayHello(self):
              print("Hello there!")

        MyInstance = MyClass()
        MyInstance.SayHello()

        Hello there!
```

15.2.4 使用构造函数

构造函数是一种特殊的方法，当使用类实例化一个对象时，Python 就会调用这种方法。Python 使用构造函数来做一些准备性工作，比如初始化一些实例变量（即为实例变量赋值），对象启动时会使用它们。构造函数还可以用来验证所创建的对象是否拥有足够的资源，以及执行你可以想到的其他启动任务。

构造函数的名称都是一样的，即 __init__()。在创建对象时，构造函数可以接受参数。如果你创建类时没有编写构造函数，Python 会为你自动创建一个不做任何事情的默认构造函数。每个类都必须有一个构造函数，它可以是 Python 为我们自动添加的默认构造函数，也可以是你主动编写的构造函数。下面几个步骤演示如何创建构造函数。

1. 输入如下代码，每输完一行按一次回车键，最后一行按两次回车键。

```
class MyClass:
   Greeting = ""
   def __init__(self, Name="there"):
      self.Greeting = Name + "!"
   def SayHello(self):
      print("Hello {0}".format(self.Greeting))
```

这个示例是我们的第 1 个函数重载示例。示例中，有两个版本的 __init__() 函数。第 1 个版本的 __init__() 函数使用默认的 Name 值（there），不需要我们提供任何参数。第 2 个版本的 __init__() 函数需要我们提供一个名字。__init__() 构造函数所做的工作很简单，就是把 Name 的值和感叹号连接在一起，然后赋给 Greeting 变量。SayHello() 方法的作用和本章前面例子差不多。

Python 不支持真正的函数重载。许多严格遵循面向对象编程（OOP）原则的人认为默认值和函数重载是不一样的。但是，使用默认值却得到了和函数重载一样的结果，这也 Python 提供的唯一选择。在真正的函数重载中，你可以看到同一个函数的多个副本，每个副本都可以用不同的方式处理输入数据。

2. 输入 MyInstance = MyClass()，按回车键。

Python 创建了一个 MyClass 类的实例——MyInstance。

3. 输入 MyInstance.SayHello()，单击“Run”按钮。

你会看到如图 15-7 所示的信息。请注意，这条信息是默认通用的招呼语。

图15-7 第一个版本的构造函数为Name提供了一个默认值

Working with constructors

```
In [7]: class MyClass:
           Greeting = ""
           def __init__(self, Name="there"):
              self.Greeting = Name + "!"
           def SayHello(self):
              print("Hello {0}".format(self.Greeting))

        MyInstance = MyClass()
        MyInstance.SayHello()

        Hello there!
```

4. 输入 MyInstance2 = MyClass("Amy")，按回车键。

Python 又创建了 MyClass 类的一个实例——MyInstance2，它和 MyInstance 实例完全不一样。

5. 输入 MyInstance2.SayHello()，按回车键。

Python 为 MyInstance2 而非 MyInstance 显示信息。

6. 输入 MyInstance.Greeting ="Harry!"，按回车键。

这条语句用来改变 MyInstance 的招呼对象，它不会影响到 MyInstance2。

7. 输入 MyInstance.SayHello()，单击“Run”按钮。

你会看到如图 15-8 所示的运行结果。请注意，两个实例显示的招呼语不同，每个实例都是独立的，当你改变第一个实例的问候语时，不会影响到第二个实例。

图15-8 使用带名字的构造函数对输出进行定制

```
In [8]: MyInstance2 = MyClass("Amy")
        MyInstance2.SayHello()
        MyInstance.Greeting = "Harry!"
        MyInstance.SayHello()

        Hello Amy!
        Hello Harry!
```

15.2.5 使用变量

前面提到过，变量是存储数据的容器。使用类时，我们需要考虑如何存储和管理数据。类既可以包含类变量，也可以包含实例变量。类变量是类本身的一部分，而实例变量则是方法的一部分。下面几节我们将讲解如何使用这两种变量。

15.2.5.1 创建类变量

类变量为类操纵的数据提供了一种全局访问方式。大多数情况下，我们使用构造函数初始化全局变量，以确保它们包含了指定的值。下面几个步骤演示了类变量是如何工作的。

1. 输入如下代码，每输完一行按一次回车键，最后一行按两次回车键。

```
class MyClass:
    Greeting = ""
    def SayHello(self):
        print("Hello {0}".format(self.Greeting))
```

上面的代码和上一节中的代码大致一样，只是不包含构造函数。

一般来说，我们创建类时要添加构造函数，以确保类变量能够被正确地初始化。不过，下面一系列步骤演示类变量是如何出错的。

2. 输入 MyClass.Greeting ="Zelda"，按回车键。

这条语句用来设置 Greeting 值，使其和创建 MyClass 类时所设置的值不同。当然，任何人都可以改变 Greeting 的值。最大的问题是改变是否会发生。

3. 输入 MyClass.Greeting，单击“Run”按钮。

你会看到 Greeting 的值已经发生了变化，如图 15-9 所示。

Working with variables

Creating class variables

```
In [9]: class MyClass:
            Greeting = ""
            def SayHello(self):
                print("Hello {0}".format(self.Greeting))

        MyClass.Greeting = "Zelda"
        MyClass.Greeting

Out[9]: 'Zelda'
```

图15–9 更改Greeting的值

4. 输入 MyInstance = MyClass()，按回车键。

Python 创建一个 MyClass 类的实例——MyInstance。

5. 输入 MyInstance.SayHello()，单击“Run”按钮。

代码运行结果如图 15-10 所示。前面我们对 Greeting 值的更改影响到了类的实例。在这个例子中，类变量的使用并没有造成什么大问题，但是你可以想象，如果有人想恶意制造麻烦，那会有什么样的后果。

REMEMBER

上面只是类变量出错的一个简单例子。我们应该从上面这个例子中得到如下两条教训：

- 若有可能，尽量避免使用类变量，它们本身是不安全的；
- 一定要在构造函数中把类变量初始化为指定的值。

```
In [10]: MyInstance = MyClass()
         MyInstance.SayHello()

         Hello Zelda
```

图15–10 对Greeting的修改影响到了类实例

15.2.5.2 创建实例变量

实例变量总是被定义成方法的一部分，方法的输入参数就是实例变量，只有当方法存在时，这些变量才存在。通常，使用实例变量要比使用类变量更安全，因为实例变量更容易维护和控制，并且也能较为容易地确保调用者提供了正确的输入。下面例子演示了实例变量的用法。

1. 输入如下代码，每输完一行按一次回车键，最后一行按两次回车键。

```
class MyClass:
   def DoAdd(self, Value1=0, Value2=0):
      Sum = Value1 + Value2
      print("The sum of {0} plus {1} is {2}."
            .format(Value1, Value2, Sum))
```

上面代码中有 3 个实例变量，前两个分别是输入参数 Value1 和 Value2，它们的默认值都是 0，这样即使用户忘记为这两个参数提供值，DoAdd() 函数也能正常执行。当然，用户也有可能提供非数字值，因此你需要在代码中对这种情况进行检查。第 3 个实例变量是 Sum，它等于 Value1 + Value2。DoAdd() 函数的代码很简单，只是将两个数字相加，然后把它们的和显示出来。

2. 输入 MyInstance = MyClass()，按回车键。

Python 创建了一个 MyClass 类的实例——MyInstance。

3. 输入 MyInstance = MyClass()，单击“Run”按钮。

代码运行结果如图 15-11 所示，得到 1+4 的和。

Creating instance variables

```
In [11]: class MyClass:
            def DoAdd(self, Value1=0, Value2=0):
               Sum = Value1 + Value2
               print("The sum of {0} plus {1} is {2}."
                     .format(Value1, Value2, Sum))

         MyInstance = MyClass()
         MyInstance.DoAdd(1, 4)

         The sum of 1 plus 4 is 5.
```

图15-11 输出两个数的和

15.2.6 使用带有可变参数列表的方法

有时，你可能需要创建的方法能够接受可变数量的参数。而处理这种情况正是 Python 所擅长的。下面是两种我们可以创建的可变参数。

- *args：提供一系列未命名参数。
- **kwargs：提供一系列命名参数。

REMEMBER

其实，参数的实际名称并不重要，但是约定成俗，Python 开发人员习惯使用 *args 和 **kwargs，这样，其他 Python 开发人员一看到就知道它们是可变参数。

请注意，第 1 个可变参数只有一个星号（*），这意味着参数是未命名的。第 2 个变量有两个星号，这表示参数是有命名的。下面几个步骤演示如何使用这两种方法来编写应用程序。

1. 在 Notebook 中输入如下代码，每输完一行按一次回车键。

```
class MyClass:
   def PrintList1(*args):
      for Count, Item in enumerate(args):
         print("{0}. {1}".format(Count, Item))
   def PrintList2(**kwargs):
      for Name, Value in kwargs.items():
         print("{0} likes {1}".format(Name, Value))
MyClass.PrintList1("Red", "Blue", "Green")
MyClass.PrintList2(George="Red", Sue="Blue",
                   Zarah="Green")
```

本例中，你看到的参数是作为类方法的一部分实现的。但是，其实你也可以在实例方法中使用它们。

仔细看一下 PrintList1() 函数，你会发现一种使用 for 循环遍历列表的新方法。在本例中，enumerate() 函数输出一个 Count（循环计数）以及传递给函数的字符串。

PrintList2() 函数可接受字典输入。和 PrintList1() 一样，这个列表的长度可以是任意的。但是，你必须通过 items() 来获取各个值。

2. 单击“Run”按钮。

输出结果如图 15-12 所示。各个列表都可以是任意长度的。事实上，你可以试着多改动一下代码，多做些尝试。例如，尝试在第一个列表中混合使用数字和字符串，看看会发生什么。然后再尝试添加一些布尔值。如果你要输入的是一系列值，那么使用这个方法会给你带来非常大的灵活性。

Using methods with variable argument lists

```
In [12]: class MyClass:
            def PrintList1(*args):
               for Count, Item in enumerate(args):
                  print("{0}. {1}".format(Count, Item))
            def PrintList2(**kwargs):
               for Name, Value in kwargs.items():
                  print("{0} likes {1}".format(Name, Value))
         MyClass.PrintList1("Red", "Blue", "Green")
         MyClass.PrintList2(George="Red", Sue="Blue",
                            Zarah="Green")

         0. Red
         1. Blue
         2. Green
         George likes Red
         Sue likes Blue
         Zarah likes Green
```

图15–12 代码能够处理拥有任意数量元素的列表

15.2.7 运算符重载

某些情况下，你想使用加号（+）这样的标准运算符来做一些特殊的事情。事实上，有时候 Python 并没有为运算符提供默认的行为，因为它没有默认实现。不管是什么原因，重载运算符都可以为现有的运算符赋予新功能，这样你就可以使用它们做你想做的事情，而不是 Python 想做的事情。下面几个步骤演示了如何重载运算符以及在应用程序中使用它们。

1. 在 Notebook 中输入如下代码，每输完一行按一次回车键。

```
class MyClass:
   def __init__(self, *args):
      self.Input = args
   def __add__(self, Other):
      Output = MyClass()
      Output.Input = self.Input + Other.Input
      return Output
   def __str__(self):
      Output = ""
      for Item in self.Input:
         Output += Item
         Output += " "
      return Output
Value1 = MyClass("Red", "Green", "Blue")
Value2 = MyClass("Yellow", "Purple", "Cyan")
Value3 = Value1 + Value2
print("{0} + {1} = {2}"
      .format(Value1, Value2, Value3))
```

这个例子演示了几种不同的方法。构造函数 __init__() 演示了创建附加到 self 对象的实例变量的方法。你可以使用这种方法，根据实际情况创建多个变量来满足实例需要。

REMEMBER

当你创建自己的类时，在大多数情况下，如果你不主动对 + 运算符进行定义，它就不会被定义。唯一的例外是，你从一个已有的类进行了继承，并且它已经定义了 + 运算符（有关细节，请参阅本章后面的“扩展类以创建新类”一节）。要把两个 MyClass 加到一起，我们必须定义 __add__() 方法，这个方法等同于 + 运算符。

在上面的代码中，__add__() 方法中的代码看起来可能有点怪，接下来让我们逐行分析一下。首先使用 MyClass 创建一个新对象 Output。此时并没有向 Output 中添加任何内容，即它是一个空对象。我们要相加的两个对象 self.Input 和 Other.Input 实际上都是元组（关于元组的详细内容，请参阅第 14 章的“使用元组”）。在代码中，我们把这两个对象的和放入 Output.Input 中。最后把新的组合对象返回给调用者。

当然，你可能想知道为什么不能把两个输入简单相加，就像把数字相加一样。答案是你最终要把元组作为输出，而不是 MyClass 作为输出。输出类型会发生改变，这也会改变我们对最终对象的使用方法。

要正确打印 MyClass，我们还需要定义 __str__() 方法。这个方法用来把 MyClass 对象转换为字符串。在本例中，输出是一个由空格分隔的字符串（在这个字符串中，字符串中的每个部分都由空格分隔），其中包含 self.Input 中的每个值。当然，你创建的类可以输出任何代表对象的字符串。

我们在主程序中创建了两个测试对象 Value1 和 Value2，把它们相加起来，将结果放入 Value3 中，然后把结果打印在屏幕上。

2. 单击“Run”按钮。

代码中，我们把两个对象相加，转换为字符串，再打印出来，最终结果如图 15-13 所示。就这样一条简单的输出语句来说，其代码有点多，但是结果很好地证明了，我们可以自己创建独立且功能完备的类。

Overloading operators

```
In [13]: class MyClass:
            def __init__(self, *args):
               self.Input = args
            def __add__(self, Other):
               Output = MyClass()
               Output.Input = self.Input + Other.Input
               return Output
            def __str__(self):
               Output = ""
               for Item in self.Input:
                  Output += Item
                  Output += " "
               return Output
         Value1 = MyClass("Red", "Green", "Blue")
         Value2 = MyClass("Yellow", "Purple", "Cyan")
         Value3 = Value1 + Value2
         print("{0} + {1} = {2}"
               .format(Value1, Value2, Value3))

         Red Green Blue  + Yellow Purple Cyan  = Red Green Blue Yellow Purple
          Cyan
```

图15-13 两个MyClass对象相加得到一个同类型的对象

15.3 创建类

本章前面所有内容的铺垫都是为了让你能够创建自己的类。在本例中，我们将创建一个类，将其放到外部包中，最后在应用程序中使用它。下面几节，我们将讲解如何创建和保存这个类。

15.3.1 定义MyClass类

清单 15-1 显示的是创建 MyClass 类的代码。你还可以在 BPPD_15_MyClass.ipynb 文件中找到它。

清单15-1　创建外部类

```
class MyClass:
   def __init__(self, Name="Sam", Age=32):
      self.Name = Name
      self.Age = Age
   def GetName(self):
      return self.Name
   def SetName(self, Name):
      self.Name = Name
   def GetAge(self):
      return self.Age
   def SetAge(self, Age):
      self.Age = Age
   def __str__(self):
      return "{0} is aged {1}.".format(self.Name,
                                        self.Age)
```

在 MyClass 类代码中，先创建了一个有两个实例变量（Name 和 Age）的构造函数。如果用户不为它们提供特定的值，程序就会使用默认值（Sam 和 32）。

这个例子为你展示了一种新的类特性。大多数开发人员都把这个特性称为“访问器”（accessor）。本质上，它提供对底层值的访问。访问器有两种类型：取值器（getter）和赋值器（setter）。GetName() 和 GetAge() 都是取值器（或称获取方法），它们提供对底层值的只读访问。SetName() 和 SetAge() 方法是赋值器（或称设置方法），它们提供对底层值的只写访问。通过组合使用这些方法，我们可以检查输入的类型和范围是否正确，以及验证调用者是否有查看信息的权限。

和你创建的其他类一样，如果你希望用户能够打印这个类的对象，你就需要定义 __str__() 方法。本例中，MyClass 类对两个实例变量提供了格式化输出。

15.3.2　保存类到磁盘

你可以把自己的类保存在与测试代码相同的文件中，但实际我们往往不会这样做。要在本章的其余部分以真实的方式使用这个类，你必须遵循如下步骤。

1. 新建一个 notebook，并将其命名为 BPPD_15_MyClass.ipynb。
2. 单击“Run”按钮。

   如果你的输入没错误，Python 会正常执行上面的代码，不会返回任何错误。
3. 在 File 中选择 Save and Checkpoint。

   Notebook 保存这个文件。
4. 在 File 中，依次选择 Download As➪Python (.py)。

   Notebook 会把代码输出成一个 Python 文件。

5. 把最终文件导入到你的 Notebook 中。

关于如何做，请参考第 4 章的“导入 notebook”一节的内容。

15.4 在应用程序中使用MyClass类

在 Python 中，大多数情况下，我们会经常使用外部类。一般我们很少会把类放到应用程序文件中，因为这会让应用程序变得很庞大且难以管理，并且也会使在另一个应用程序中重用类代码变得非常困难。下面几个步骤帮助你使用上一节中创建的 MyClass 类。

1. 在 Notebook 中输入如下代码，每输完一行按一次回车键。

```
import BPPD_15_MyClass
SamsRecord = BPPD_15_MyClass.MyClass()
AmysRecord = BPPD_15_MyClass.MyClass("Amy", 44)
print(SamsRecord.GetAge())
SamsRecord.SetAge(33)
print(AmysRecord.GetName())
AmysRecord.SetName("Aimee")
print(SamsRecord)
print(AmysRecord)
```

上面的示例代码中，首先导入了 BPPD_15_MyClass 包，包名是用来存储外部代码的文件名，而非类名。一个包可以包含多个类，我们总是可以把包看成是一个实际文件，它可以用来保存应用程序需要使用的一个或多个类。

导入包之后，应用程序创建两个 MyClass 类的对象。请注意，创建 MyClass 类的对象时，要先使用包名，然后跟着类名。第 1 个对象 SamsRecord 使用的是默认设置，而第 2 个对象 AmysRecord 则提供了自定义设置。

Sam 又老了一岁。当程序发现这个年龄确实需要更新之后，程序就会更新 Sam 的年龄。

不知怎么，HR 把 Aimee 的名字拼错了，错拼成了 Amy。同样，在程序检测出人名错误之后，对 AmysRecord 进行了更正。最后一步是把两个记录全部打印出来。

2. 单击“Run”按钮。

如图 15-14 所示，应用程序在测试 MyClass 类时显示出一系列消息。到这里，你已经了解了创建类的所有要点。

Using the Class in an Application

```
In [14]: import BPPD_15_MyClass
         SamsRecord = BPPD_15_MyClass.MyClass()
         AmysRecord = BPPD_15_MyClass.MyClass("Amy", 44)
         print(SamsRecord.GetAge())
         SamsRecord.SetAge(33)
         print(AmysRecord.GetName())
         AmysRecord.SetName("Aimee")
         print(SamsRecord)
         print(AmysRecord)

32
Amy
Sam is aged 33.
Aimee is aged 44.
```

图15-14 输出表明MyClass完全能够正常使用

15.5 通过类扩展创建新类

如你所想，创建一个功能齐全、生产级的类（这些类会被应用到实际应用程序中，且应用程序运行在用户所用的系统上）是非常耗时的，因为真正的类会执行很多任务。幸运的是，Python 支持“继承”特性。通过使用继承，你可以在创建子类时从父类中获得所需要的特性。通过覆盖不需要的特性以及添加新特性，你可以快速地创建出新类，并且工作量也大大减少。另外，由于父类代码已经经过了测试，所以你不必再投入太多的精力来确保你的新类按预期工作。下面几节我们将讲解如何构建和使用继承类。

15.5.1 创建子类

通常，父类是指某事物的超集。例如，你可以创建一个名为 Car 的父类，然后以它为基础创建汽车的各种子类。在本例中，我们创建了一个名为 Animal 的父类，并使用它来定义一个名为 Chicken 的子类。当然，在有了 Animal 这个父类之后，你可以很容易地创建出其他子类，比如 Gorilla 类。但在本例中，我们将只创建一个父类和一个子类，如清单 15-2 所示。要想在本章其余部分使用这两个类，你需要使用“保存类到磁盘”一节中讲解的方法把它们保存到磁盘，并将文件命名为 BPPD_15_Animals.ipynb。

清单15-2 创建父类和子类

```
class Animal:
   def __init__(self, Name="", Age=0, Type=""):
      self.Name = Name
      self.Age = Age
      self.Type = Type
   def GetName(self):
      return self.Name
   def SetName(self, Name):
      self.Name = Name
   def GetAge(self):
```

```
        return self.Age
    def SetAge(self, Age):
        self.Age = Age
    def GetType(self):
        return self.Type
    def SetType(self, Type):
        self.Type = Type
    def __str__(self):
        return "{0} is a {1} aged {2}".format(self.Name,
                                               self.Type,
                                               self.Age)
class Chicken(Animal):
    def __init__(self, Name="", Age=0):
        self.Name = Name
        self.Age = Age
        self.Type = "Chicken"
    def SetType(self, Type):
        print("Sorry, {0} will always be a {1}"
              .format(self.Name, self.Type))
    def MakeSound(self):
        print("{0} says Cluck, Cluck, Cluck!".format(self.Name))
```

Animal 类有 3 个特征：Name（姓名）、Age（年龄）和 Type（类型）。实际的应用程序可能会有更多的特征，但是，就示例演示来说，这 3 个特征已经足够了。代码中还包括每个特征的访问器。__str__() 方法返回用来描述动物特征的信息。

Chicken 类继承自 Animal 类。请注意，我们把 Animal 放在了 Chicken 这个类名后面的括号里，通过这种方式告诉 Python 说 Chicken 是一种 Animal，它会继承 Animal 的特征。

注意，Chicken 的构造函数只接受 Name 和 Age 两个属性。用户不必提供 Type 值，因为你已经知道它是一只鸡。这个新的构造函数重写了 Animal 的构造函数。在新构造函数中，虽然 Name、Age、Type 这 3 个属性仍然存在，但是 Type 属性在 Chicken 的构造函数中直接指定了。

有些人可能会尝试做一些有趣的事，比如他把鸡设置成大猩猩。考虑到这一点，我们要重写 Chicken 类的 SetType() 方法。如果有人试图更改 Chicken 的类型，那么他会得到一条信息，告诉他不允许修改等。通常，你可以使用异常来处理这类问题，但是本例中使用显示信息的方式会更好，这会更清楚地指明编码方法。

最后，Chicken 类添加了一个新方法——MakeSound()。当你想听鸡叫时，就可以调用 MakeSound() 方法，本例会在屏幕上打出相关信息。

15.5.2 在应用程序中测试类

从某种程度上说，对 Chicken 类的测试也是对 Animal 类的测试。它们在有些功能上是不同的，但是我们在程序中并不会真的使用 Animal 类，它仅仅用作某种动物（比如 Chicken）的父类。下面几个步骤演示了如何在程序中使用 Chicken 类，通过这个例子你可以看到继承是如何工作的。

1. 在 Notebook 中输入如下代码，每输完一行按一次回车键。

```
import BPPD_15_Animals
MyChicken = BPPD_15_Animals.Chicken("Sally", 2)
print(MyChicken)
MyChicken.SetAge(MyChicken.GetAge() + 1)
print(MyChicken)
MyChicken.SetType("Gorilla")
print(MyChicken)
MyChicken.MakeSound()
```

在上面的代码中，第一步是导入 Animals 包。请注意，你要导入的是类所在的文件，而非要使用的类。Animals.py 文件中实际包含了两个类：Animal 类和 Chicken 类。

这个例子中，我们创建了一只名叫 Sally 的鸡——MyChicken，它的年龄是 2。然后以各种方式使用 MyChicken。例如，Sally 过了生日，所以要在代码中把 Sally 的年龄增加 1 岁。注意代码中是如何组合使用赋值方法（SetAge()）和取值方法（GetAge()）来完成这个任务的。每次更改后，代码都会把调整结果显示出来。最后一步是让 Sally 叫几声。

2. 单击"Run"按钮。

如图 15-15 所示，你会看到使用 MyChicken 的每个步骤。如你所见，当多个类拥有许多共性时，你可以为它们创建一个父类，然后再使用继承创建各个子类，这可以极大地简化新类的创建工作。

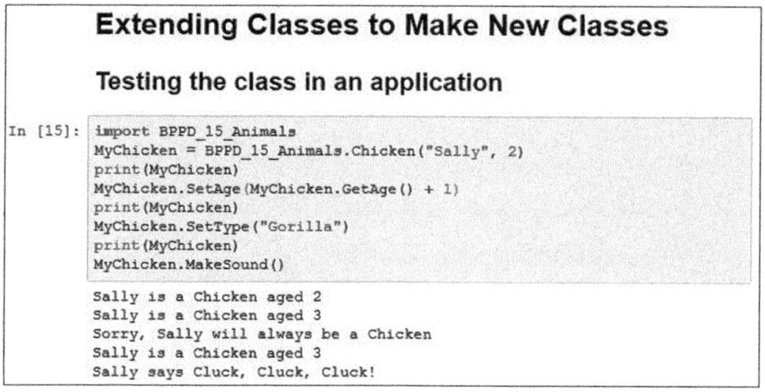

Extending Classes to Make New Classes

Testing the class in an application

```
In [15]: import BPPD_15_Animals
         MyChicken = BPPD_15_Animals.Chicken("Sally", 2)
         print(MyChicken)
         MyChicken.SetAge(MyChicken.GetAge() + 1)
         print(MyChicken)
         MyChicken.SetType("Gorilla")
         print(MyChicken)
         MyChicken.MakeSound()

         Sally is a Chicken aged 2
         Sally is a Chicken aged 3
         Sorry, Sally will always be a Chicken
         Sally is a Chicken aged 3
         Sally says Cluck, Cluck, Cluck!
```

图15-15 Sally长了一岁，然后叫了几声

第 4 部分
执行高级任务

内容概要

把数据永久存储到磁盘

创建、读取、更新、删除文件

创建、发送、查看电子邮件

本章概要

永久性存储如何工作

使用永久存储的内容

创建、读取、更新、删除文件数据

第16章 存储数据到文件

到目前为止，我们编写的程序都是把信息显示在屏幕上。实际上，应用程序会围绕着某个需求采用某种方式来处理数据。数据是所有应用程序的关注点，因为用户感兴趣的就是数据。当你兴冲冲地向用户演示自己开发的宝贝程序时，却发现他们唯一关心的是你开发的程序是否能够帮他们在做好 PPT 之后按时下班回家，这时你一定会大失所望。事实上，最好的应用程序应该是不可见的，并且能以最适合用户需求的方式来呈现数据。

如果数据是应用程序的重点，那么以永久方式存储数据也同样重要。对于大多数开发人员来说，数据存储是围绕着永久性存储媒介进行的，比如硬盘、固态硬盘（SSD）、USB 闪存或其他一些存储介质。（事实上，基于云的解决方案也很好，但是本书不会使用它，因为使用它需要用到不同的编程技术，而这已经超出了本书的讨论范围）内存中的数据是临时的，因为它们只在计算机运行期间存在。对于永久性存储设备，在计算机关闭之后，它们仍然能够保存数据，这样当下一次打开计算机时我们就能再次获取它们。

REMEMBER

除了永久存储之外，本章还会学习文件的 4 种基本操作：创建、读取、更新和删除（CRUD）。在数据库领域中，CRUD 这个缩略词会经常使用，但是它同样适用于所有的应用程序。不论你的应用程序采用什么方法把数据存储到永久介质上，它都必须支持这 4 种基本操作，这样才能为用户提供完整的解决方案。当然，CRUD 操作必须以安全、可靠和可控的方式执行。本章我们还会介绍一些指导原则，用来确保访问数据时数据的完整性（这个指标用来指示执行 CRUD 操作时数据错误发生的频率）。你可以在 BPPD_16_Storing_Data_in_Files.ipynb 文件中找到本章的示例代码。

16.1 了解永久化存储的工作原理

使用永久化存储时，你不需要完全了解其工作的所有细节。例如，驱动器如何旋转（假设它是旋转的）并不重要。不过，在永久存储方面，大多数平台都遵循一套基本的原则。这些原则已经存在相当长时间了，从早期的大型机系统开始就有了。

数据通常存储在文件中（使用纯数据表示应用程序的状态信息），但是你也可以将其作为对象存储（一种对类实例进行序列化存储的方法）。本章讲解如何使用文件进行存储，而非对象存储。你可能对文件已经有所了解了，几乎所有应用程序都会用到它们。例如，当你在文字处理程序中打开一个文档时，你实际上是打开了一个包含你本人或其他人输入文字的数据文件。

文件通常都有一个与文件类型相关的扩展名。对于任何应用程序，其扩展名通常都是标准化的，文件名和扩展名通过一个实心句点隔开（如 MyData.txt）。在本例中，.txt 是文件的扩展名，你的计算机中可能已经安装了某个应用程序，用来打开这类文件。事实上，有很多应用程序可以用来打开这种 .txt 文件，.txt 文件是一种很常见的文本文件。

在文件内部，文件以某种特定方式组织数据，以方便对文件进行读写。你编写的所有应用程序都必须了解文件的结构，以便与文件所包含的数据进行交互。本章示例中使用的文件结构比较简单，编写访问这些文件的代码也相对容易，但其实，文件结构可以变得非常复杂。

如果把文件全都放在硬盘的同一个位置上，你几乎不可能找到它们。因此，我们要把文件组织到目录中。许多较新的计算机系统也使用“文件夹”这个术语来指称永久存储的这种组织特征。不管你怎么称呼它，永久存储都得借助目录来组织数据，并使单个文件查找起来更容易。在打开某个文件并使用其中数据之前，我们必须先找到这个文件，为此我们需要知道文件保存在哪个目录下。

目录是按层次结构组织的，最顶层目录就是磁盘的根目录。例如，使用本书配套的源代码时，你可以在 BPPD 目录中找到全部代码。而 BPPD 目录位于你所用系统的用户文件夹中。在 Windows 系统下，目录层次结构为 C:\Users\John\BPPD。而在 Mac 和 Linux 系统下，BPPD 的目录层次结构又有所不同，并且你所用系统的目录层次结构也有可能不一样。

REMEMBER

请注意，上面我使用了反斜杠（\）来分隔不同级别的目录。有些平台使用斜杠（/），有些使用反斜杠。你可以在作者的博客上读到相关内容。本书在适当的时候使用反斜杠，并假定你会对所用的平台进行必要的更改。

最后，Python 开发人员还要注意一点，那就是目录的层次结构有时也被称为路径（至少在本书中是如此）。本书中，你会在某些地方看到“路径”这个术语，因为 Python 必须能够根据你提供的路径找到你想使用的所有资源。比如，在

Windows 系统下，本章示例源代码的完整路径是 C:\Users\John\BPPD。完整描述资源所在位置的路径称为绝对路径，通常是从盘符开始。而以当前目录为起点找到所需资源的不完整路径称为相对路径。

使用相对路径查找某个位置时，通常以当前目录为起点。例如，BPPD__pycache__ 是到 Python 缓存的相对路径。注意，它没有盘符，前面也没有反斜杠。但是，有时你必须以特定方式添加起点来定义相对路径。大多数平台都定义了如下这些特殊的相对路径字符。

- \：当前驱动器的根目录。驱动器是相对的，但是路径是从驱动器最顶层的根开始的。
- .\：当前目录。当不知道当前目录名时，你可以使用 .\ 来代表当前目录。比如，你可以把 Python 缓存的位置定义成 .__pycache__。
- ..\：父目录。在不知道父目录时，你可以使用 ..\ 来代表它。
- ..\..\：父目录的上一级目录。在沿层次结构向下到达新位置之前，你可以先根据需要沿目录层次结构向上找到特定起点。

16.2 创建永久存储内容

文件可以包含结构化或非结构化数据。结构化数据（structured data）的一个例子是数据库，数据库中每条记录都包含特定的信息。一个雇员数据库可能包含姓名、地址、雇员 ID 等列。每条记录对应一个员工，每个员工的记录包含姓名、地址和雇员 ID 字段。非结构化数据（unstructured data）的一个例子是文字处理文件，其包含的文本可以是任意内容，并且内容顺序也是任意的。段落内容不需要有顺序，句子可以包含任意数量的单词。但是，在这两种情况下，应用程序都必须知道如何对文件执行 CRUD 操作。也就是说，我们在准备文件内容时，必须保证应用程序能够对这个文件进行读写。

即便是文字处理文件，其文本也必须遵循一定的规则。我们暂且假设文件包含的是简单文本。即便如此，每个段落都必须有某种分隔符，以告诉应用程序开始一个新段落。应用程序读取段落时会一直往下读，直到遇到段落分隔符，然后开始一个新段落。文字处理程序提供的特性越多，输出的结构化就越强。例如，当文字处理程序提供格式化文本的方法时，格式必须作为输出文件的一部分出现。

那些让文件内容适于永久存储的格式化元素往往是不可见的。当你使用这种文件时，你看到的只是数据本身。格式化元素不可见的原因有如下一些：

- 像回车或换行符这些控制字符，不管在哪个平台下，它们默认通常都是不可见的；
- 应用程序依赖特殊字符组合（比如逗号和双引号）来分隔数据项，应用程序读取数据时会用到这些特殊的字符组合；
- 读取过程中应用程序会把字符转换为另一种形式，例如当文字处理文件读入带格式的内容时，经过格式化的文本会显示在屏幕上，但是在背后这个文件包含着对文本进行格式化的 特殊字符；
- 事实上，文件都处在某种格式化语言的控制之下，比如可扩展标记语言XML。应用程序会解释这些格式化语言，并以用户能够理解的方式呈现在屏幕上。

格式化数据可能有其他规则。例如，Microsoft 实际上使用 .zip 文件来保存其最新的文字处理软件产生的文件（.docx）。借助压缩文件格式（比如 .zip），我们可以把大量信息存储在较小的空间中。学习别人存储数据的方式很有用，你可以借鉴他们使用的方法让自己的程序在数据存储方面更有效率、更安全。

到这里，你已经较为深入地了解了准备磁盘存储内容时会发生什么，接下来让我们看个例子。在这个例子中，格式化策略非常简单。这个例子所做的全部工作就是接受输入，为存储进行格式化，然后在屏幕上显示格式化的内容（而非将其保存到磁盘上）。

1. 新打开一个 Notebook。

你还可以直接使用 BPPD_16_Storing_Data_in_Files.ipynb 和 BPPD_16_Storing_Data_in_Files. ipynb 这两个文件，前者包含程序代码，后者包含 FormatData 类的代码。

2. 在 Notebook 中输入如下代码，每输完一行按一次回车键。

```
class FormatData:
   def __init__(self, Name="", Age=0, Married=False):
      self.Name = Name
      self.Age = Age
      self.Married = Married

   def __str__(self):
      OutString = "'{0}', {1}, {2}".format(
         self.Name,
         self.Age,
         self.Married)
      return OutString
```

上面这个类的代码很短。通常，我们在创建类时会添加访问方法（取值方法和赋值方法）和错误捕获代码。（请注意，取值方法只用来读取类数据，赋值方法只用来写入类数据。）不过，就演示而言，这个类已经够用了。

在 FormatData 类代码中，我们主要看 _ _str_ _() 这个函数，它以特定方式对输出数据进行格式化。字符串值（self.Name）使用单引号括起来，各个值之间使用逗号分隔。事实上，这是一种标准的输出格式，其名称叫 CSV（逗号分隔值），很多平台都采用这种格式，因为它很容易翻译，并且采用的是纯文本形式，处理起来也很简单。

3. 把代码保存为 BPPD_16_FormattedData.ipynb。

本章其余部分会用到这个类，为此，我们需要把它保存到磁盘上，有关内容请参考第 15 章"保存类到磁盘"一节。我们还要创建 BPPD_16_FormattedData.py 文件，用以把这个类导入到应用程序代码中。

4. 新打开一个 Notebook。

5. 输入如下代码，每输完一行按一次回车键。

```
from BPPD_16_FormattedData import FormatData
NewData = [FormatData("George", 65, True),
           FormatData("Sally", 47, False),
           FormatData("Doug", 52, True)]
for Entry in NewData:
    print(Entry)
```

上面代码中，第一行代码使用了 from...import 语句，用来从 BPPD_16_FormattedData 导入 FormatData 类。就本例来说，我们可以不用 from...import 语句，而直接使用 import 语句，因为目前 BPPD_16_FormattedData 只包含 FormatData 这一个类。不过，from...import 这条语句你一定要记住，你可以使用它从某个模块中只导入指定的类。

大多数情况下，当你把数据保存到磁盘时，你都得处理多个记录。你面对的可能是一个文本文档的多个段落或者多条记录，就像本例这样。这个例子创建了一系列记录，并将它们放到 NewData 中。在本例中，NewData 表示整个文档。在实际应用程序中，可能会采用其他的形式来表示整个文档，但思路是一样的。

所有保存数据的应用程序都要用到某种循环来输出数据。就本例来说，for 循环只用来把数据打印到屏幕上。接下来，我们会尝试把数据输出到一个文件中。

6. 单击"Run"按钮。

代码输出结果如图 16-1 所示，这就是数据存储在文件中的样子，每个记录由回车和换行分隔。换言之，在文件中，George、Sally 和 Doug 都是相互独立的记录。每个字段（数据元素）由逗号分隔。文本字段以引号括起，这样就不会与其他数据类型产生混淆。

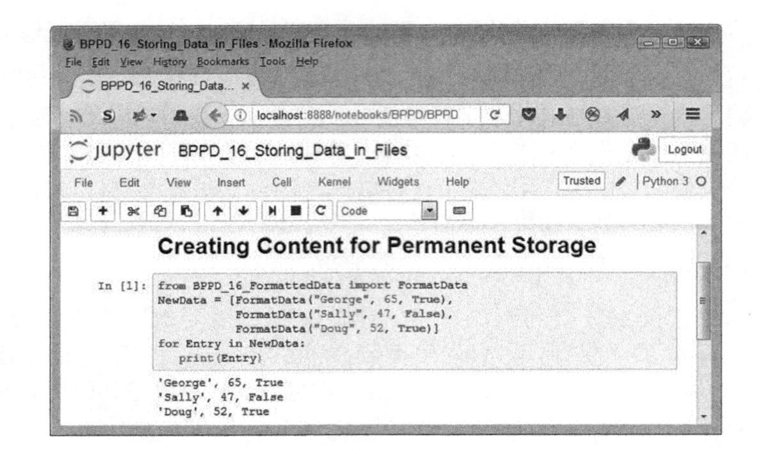

图16-1 输出结果表示的是数据存储成CSV格式的样子

16.3 创建文件

用户创建的所有数据，以及要多次使用的数据都必须存放在某种永久性介质上。在 Python 中，创建文件并将数据放入其中是经常的。你可以使用如下步骤编写代码，用来把数据写入硬盘中。

1. 打开上一节保存的 BPPD_16_FormattedData.ipynb 文件。

   在这个文件中，你可以看到上一节编写的代码。接下来，我们将向其中新添加一个类，以便实现把文件保存到磁盘中。

2. 在 Notebook 中输入如下代码，每输完一行按一次回车键。

```
import csv

class FormatData2:
   def __init__(self, Name="", Age=0, Married=False):
      self.Name = Name
      self.Age = Age
      self.Married = Married

   def __str__(self):
      OutString = "'{0}', {1}, {2}".format(
         self.Name,
         self.Age,
         self.Married)
      return OutString

   def SaveData(Filename = "", DataList = []):
       with open(Filename,
                 "w", newline='\n') as csvfile:
```

```
        DataWriter = csv.writer(
            csvfile,
            delimiter='\n',
            quotechar=" ",
            quoting=csv.QUOTE_NONNUMERIC)
        DataWriter.writerow(DataList)
        csvfile.close()
        print("Data saved!")
```

csv 模块中包含了处理 CSV 文件所需要的一切。

实际上，Python 本身就支持大量的文件类型，此外还有大量提供更多功能的库可供我们使用。如果你需要使用某种类型的文件，但 Python 本身并不支持它，这时你通常可以找到一个第三方库来支持它。不过，遗憾的是，并不存在所有支持文件的完整列表，你需要在线搜索一下，以了解 Python 是否支持你需要的文件。Python 文档把所支持的文件按类型进行了划分，但并没有提供完整的列表。你可以在 Python 官网中找到所有的归档格式和各种文件格式。

本示例中，我们还是使用了之前为 FormatData 类编写的代码，并新添加了 SaveData() 方法，这个方法用来把格式化后的数据存到磁盘上。之所以要编写一个新类是为了告诉大家我们添加了新功能，也就是说，FormatData2 和 FormatData 类是相同的类，只是添加了更多的功能。

请注意，SaveData() 方法有两个参数：一个是用于存储数据的文件名，另一个是要存储的元素列表。SaveData() 是一个类方法而不是实例方法，后面你会看到使用类方法的好处。DataList 参数默认为空列表，这样在调用这个方法时即使不传递任何东西，它也不会抛出异常。相反，它会生成一个空的输出文件。当然，如果需要，你还可以添加代码把空列表作为错误看待。

with 语句告诉 Python 针对特定资源执行一系列任务，这里的“特定资源”指的是一个打开的 CSV 文件（Testfile.csv）。open() 函数可以接受多个参数，这取决于你如何使用它。在这个例子中，我们在写模式（由 w 指定）下打开 CSV 文件，newline 属性告诉 Python 把 \n 控制字符（换行）当作换行字符。

在向文件写数据时，我们需要用到一个 writer 对象。DataWriter 对象以 CSV 文件作为输出文件，使用 /n 作为记录分隔符，使用空格引用记录，并只提供对非数字值的引用。

稍后这个设置会产生一些有趣的结果，但是现在，假设这就是使输出可用所需要做的。

事实上，用来写数据的代码比你想的要简单，只需调用 DataWriter.writerow() 并提供 DataList 即可。当文件写完之后，一定要关闭它。这个操作会把数据刷入到磁盘上（确保数据真正被写入磁盘）。最后一行代码用来打印一条信息，告诉你数据已经保存完毕。

3. 把代码保存为 BPPD_16_FormattedData.ipynb。

   要在本章其余部分使用这个类，我们需要先把它保存到磁盘，相关方法请参考第 15 章“保存类到磁盘”一节。然后还必须重新创建 BPPD_16_FormattedData.py 文件，以便把类导入到应用程序代码中。如果你不重新创建这个 Python 文件，客户端代码将无法导入 FormatData2。并且，在导入 BPPD_16_FormattedData.py 之前，一定要确保把旧的 BPPD_16_FormattedData.py 文件从代码库中删除了（或者你也可以简单地告诉 Notebook 把旧版本覆盖掉）。

4. 在 Notebook 中输入如下代码，每输完一行按一次回车键。

```
from BPPD_16_FormattedData import FormatData2
NewData = [FormatData2("George", 65, True),
           FormatData2("Sally", 47, False),
           FormatData2("Doug", 52, True)]
FormatData2.SaveData("TestFile.csv", NewData)
```

   上面的代码看上去和本章“创建永久存储内容”一节中的代码差不多。数据同样存放在 NewData 列表中。但是，我们并没有把这些数据显示在屏幕上，而是通过调用 FormatData2.SaveData() 将其存入到文件中。这种情况不太适合使用实例方法。要使用实例方法，我们必须先创建一个 FormatData 实例，而它实际上不会为你做任何事情。

5. 在菜单栏中，依次选择 Kernel➪Restart，或者直接单击 restart the kernel 按钮，重启内核。

   这一步用来卸载旧的 BPPD_16_FormattedData。否则，即使代码目录中有新的 BPPD_16_ FormattedData.py，示例也不会运行。

6. 单击“Run”按钮。

   程序运行后，你会看到一条“Data saved!”信息。当然，这不能告诉你任何有关数据的信息。在源代码文件中，你会看到一个名为 Testfile.csv 的新文件。大多数平台都有一个打开此类文件的默认应用程序。在 Windows 平台下，你可以使用 Excel 和 WordPad（以及其他应用程序）打开它。图 16-2 显示的是使用 Excel 打开文件所呈现出的结果，而图 16-3 显示的则是使用 WordPad 打开的结果，它们与图 16-1 所示的输出惊人地相似。

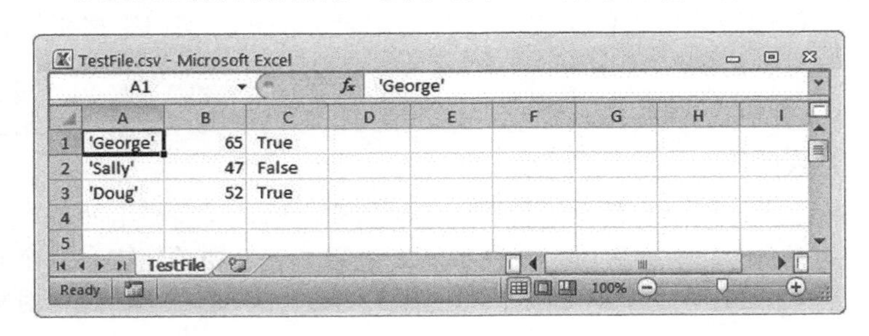

图16-2 在Excel中打开Testfile.csv文件

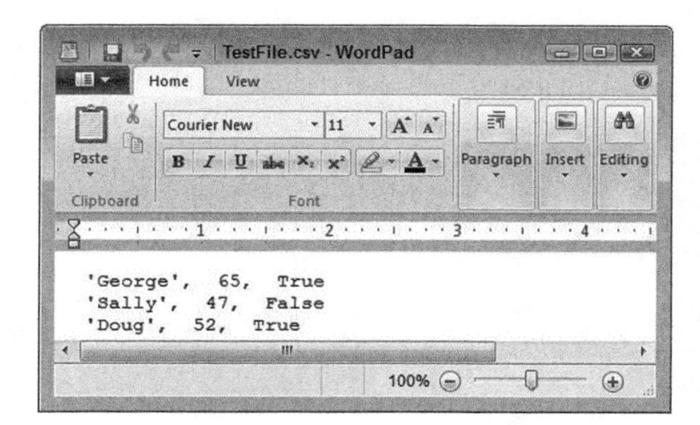

图16-3 在WordPad中打开Testfile.csv文件

16.4 读取文件内容

到这里，数据已经存储到你的磁盘上了。当然，数据存储在磁盘上很好，也很安全，但却没什么用，因为你看不见它们。要查看磁盘上的数据，我们必须先把它们读入内存中，然后再进行进一步处理。下面步骤演示了如何从磁盘中读取数据，并将其读入内存，然后在屏幕上显示。

1. 打开前面保存的 BPPD_16_FormattedData.ipynb 文件。

   里面的代码是我们在"创建永久存储内容"一节中创建好的。接下来，我们会向其中添加一个新类，用来把文件存储到磁盘。

2. 在 Notebook 中输入如下代码，每输完一行按一次回车键。

```
import csv

class FormatData3:
   def __init__(self, Name="", Age=0, Married=False):
      self.Name = Name
      self.Age = Age
      self.Married = Married

   def __str__(self):
      OutString = "'{0}', {1}, {2}".format(
         self.Name,
         self.Age,
         self.Married)
      return OutString

   def SaveData(Filename = "", DataList = []):
      with open(Filename,
                "w", newline='\n') as csvfile:
         DataWriter = csv.writer(
            csvfile,
```

```
            delimiter='\n',
            quotechar=" ",
            quoting=csv.QUOTE_NONNUMERIC)
        DataWriter.writerow(DataList)
        csvfile.close()
        print("Data saved!")

def ReadData(Filename = ""):
    with open(Filename,
              "r", newline='\n') as csvfile:
        DataReader = csv.reader(
            csvfile,
            delimiter="\n",
            quotechar=" ",
            quoting=csv.QUOTE_NONNUMERIC)
        Output = []
        for Item in DataReader:
            Output.append(Item[0])
        csvfile.close()
        print("Data read!")
        return Output
```

打开文件读取和打开文件写入差不多。最大的区别是在打开文件时要使用 r（用于读取）而非 w（用于写入），并且要调用 csv.reader() 函数。csv.reader() 和 csv.writer() 两个函数的参数完全相同，工作方式也一样。

务必记住，处理 .csv 文件时，你面对的其实是一个文本文件。是的，.csv 文件中包含分隔符，但它本质上仍然是文本。在把文本读入内存时，你必须重建 Python 结构。在本例中，Output 一开始是一个空列表。

TestFile.csv 文件中包含 3 条记录，它们由 /n 控制字符分隔。Python 使用一个 for 循环读取每个记录。注意 Item[0] 这个奇怪的用法。Python 在读取记录会把非终结记录（不在文件最后的记录）视为两个列表元素，第一个元素包含数据，第 2 个元素是空白。这里我们只需要第一个元素，它们会被依次追加到 Output 中，最终你会得到文件中记录的完整列表。

和前面一样，读完文件之后，我们一定要把文件关闭。数据读取完毕后，ReadData() 会打印一条数据读取完毕信息，而后把读取的内容（一个由记录组成的列表）返回给调用者。

3. 把代码保存为 BPPD_16_FormattedData.ipynb。

要在本章其余部分使用这个类，我们需要先把它保存到磁盘，相关方法请参考第 15 章“保存类到磁盘”一节。然后还必须重新创建 BPPD_16_FormattedData.py 文件，以便把类导入到应用程序代码中。如果你不重新创建这个 Python 文件，客户端代码将无法导入 FormatData3。并且，在导入 BPPD_16_FormattedData.py 之前，一定要确保把旧的 BPPD_16_FormattedData.py 文件从代码库中删除了。

4. 在 Notebook 中输入如下代码，每输完一行按一次回车键。

```
from BPPD_16_FormattedData import FormatData3
NewData = FormatData3.ReadData("TestFile.csv")
for Entry in NewData:
   print(Entry)
```

上面 ReadCSV.py 代码中，先使用 from...import 语句导入 FormatData3 类。而后，调用 FormatData.ReadData() 创建 NewData 对象，它是一个列表。请注意，示例中，使用类方法是个正确的选择，因为它使代码更短、更简单。然后使用 for 循环把 NewData 中的内容打印出来。

5. 重启内核，然后单击“Run”按钮。

代码输出结果如图 16-4 所示。请注意，这个输出结果与图 16-1 中的输出相似，但是在背后数据被写入磁盘而后又被重新读取出来。这就是程序读写数据的工作原理。你写入磁盘的数据是什么样子，读取出来的数据也应该是什么样子。否则，这个程序就是失败的，因为它修改了数据。

Reading File Content

```
In [3]: from BPPD_16_FormattedData import FormatData3
        NewData = FormatData3.ReadData("TestFile.csv")
        for Entry in NewData:
           print(Entry)

        Data read!
        'George', 65, True
        'Sally', 47, False
        'Doug', 52, True
```

图16-4 从磁盘读取并显示数据

16.5 更新文件内容

有些开发人员觉得更新文件是件很复杂的事情。如果你把它看成是一个单一的任务，那它可能会很复杂。但，更新实际上包含如下 3 个活动：

1. 读文件内容到内存中；
2. 修改内存中的数据；
3. 把修改后的数据从内存写入永久存储介质。

在大多数应用程序中，你可以对第二步（修改内存中的数据）进行进一步分解。应用程序在修改过程中可以提供如下这些特性（部分或全部）：

- 把数据呈现在屏幕上；
- 允许向数据列表中添加新数据；
- 允许从数据列表中删除数据；
- 对现有数据的更改实际上可以通过添加新记录和删除旧记录来实现。

到目前为止，在本章中，你几乎已经做完了针对列表的所有操作，但还有一个没做。前面我们已经学习了读取文件内容和写入文件内容的方法。在修改列表过程中，我们已经向列表中添加了数据，并在屏幕上把数据显示出来。到现在为止，我们唯一还没有做的是从列表中删除数据。

通常，修改数据分为两个步骤进行：首先以旧记录中的数据为基础新建一条记录，然后新记录在列表中就位之后删除旧记录。

REMEMBER

请不要错误地认为，我们必须为每个应用程序做本节中提到的所有行为。比如，监控程序就不需要在屏幕上显示数据，事实上，这样做可能是有害的（或者至少是不方便的）；数据记录器只创建新数据，而从来不删除或修改既有的数据；电子邮件应用程序通常允许添加新记录和删除旧记录，但不允许修改现有记录。另一方面，文字处理程序实现了上面提到的所有功能。实现什么以及如何实现完全取决于你创建的应用程序类型。

把用户界面和其背后的行为分开是很重要的。为了简单起见，本例将重点介绍更新“创建文件”一节中创建的文件时都需要做些什么。下面步骤演示更新文件时如何读取、修改和写入文件。更新包括添加、删除和更改。为了多次运行应用程序，更新实际上被保存到另一个文件中。

1. 在 Notebook 中输入如下代码，每输完一行按一次回车键。

```
from BPPD_16_FormattedData import FormatData3
import os.path

if not os.path.isfile("Testfile.csv"):
   print("Please run the CreateFile.py example!")
   quit()

NewData = FormatData3.ReadData("TestFile.csv")
for Entry in NewData:
   print(Entry)

print("\r\nAdding a record for Harry.")
NewRecord = "'Harry', 23, False"
NewData.append(NewRecord)
for Entry in NewData:
   print(Entry)

print("\r\nRemoving Doug's record.")
Location = NewData.index("'Doug', 52, True")
Record = NewData[Location]
NewData.remove(Record)
for Entry in NewData:
   print(Entry)

print("\r\nModifying Sally's record.")
Location = NewData.index("'Sally', 47, False")
```

```
Record = NewData[Location]
Split = Record.split(",")
NewRecord = FormatData3(Split[0].replace("'", ""),
                        int(Split[1]),
                        bool(Split[2]))
NewRecord.Married = True
NewRecord.Age = 48
NewData.append(NewRecord.__str__())
NewData.remove(Record)
for Entry in NewData:
   print(Entry)

FormatData3.SaveData("ChangedFile.csv", NewData)
```

这个例子中有很多地方值得关注。首先，检查待处理的 Testfile.csv 文件是否存在。如果你希望某个文件存在，你就必须这样检查。本示例中，我们不是要创建一个新文件，而是更新一个现有文件，因此这个文件必须存在。如果文件不存在，应用程序就会终止退出。

接下来，把数据读入 NewData，这个过程看起来很像本章前面读取数据的那个例子。

我们已经在第 13 章中见过使用列表函数的代码。这个示例使用这些函数来执行实际的工作。append() 函数的作用是向 NewData 添加一条新记录。但是，请注意，我们添加的是字符串，而不是 FormatData 对象。数据以字符串的形式存储在磁盘上，所以当从磁盘读回数据时，我们得到的也是字符串。你既可以以字符串的形式添加新数据，也可以创建 FormatData 对象，然后使用 __str__() 方法把数据输出为字符串。

下一步是从 NewData 中删除一条记录。为此，你必须首先找到要删除的记录。当然，如果只处理 4 条记录，这很容易（记住 NewData 现在已经添加了 Harry 的记录）。当处理大量记录时，我们必须首先使用 index() 函数找到要删除的记录。这个函数会返回待删记录在列表中的索引，你可以使用这个索引获取实际记录。有了实际记录之后，你就可以使用 remove() 函数删除它。

乍一看，修改 Sally 的记录看起来很麻烦，但这些代码中的大部分都是用来处理字符串在磁盘上的存储问题的。当你从 NewData 获取记录时，你得到的是一个包含 3 个值的字符串。split() 函数生成了一个列表，其中包含 3 个字符串形式的元素，但这个列表并不适合直接在程序中使用。另外，Sally 的名字用双引号和单引号括起来了。

管理记录的最简单方法是创建 FormatData 对象，并把每个字符串转换成恰当的形式。这就是说，我们要从名字中删除额外的引号，把第 2 个值转换为 int，并将第 3 个值转换为 bool。FormatData 类并未提供访问器，因此程序直接修改了 Married 和 Age 字段。事实上，使用访问器（只提供读访问的

getter 方法和只提供写访问的 setter 方法）是更好的策略。

然后，程序把新记录追加到 NewData 中，并从 NewData 中删除现有记录。请注意代码中是如何使用 NewRecord.__str__() 把新记录从 FormatData 对象转换为所需字符串的。

最后保存已更改的记录。通常，你会使用同一个文件来保存数据。不过，在示例中，我们将数据保存到了另一个文件中，以方便检查新旧数据。

2. 单击“Run”按钮。

TIP

你将看到如图 16-5 所示的输出。请注意，每次更改后程序都会把记录列出来，这样你可以看到 NewData 的状态。其实这是一个非常有用的故障排除方法。当然，在你正式发布应用程序之前，需要把这些代码删除掉。

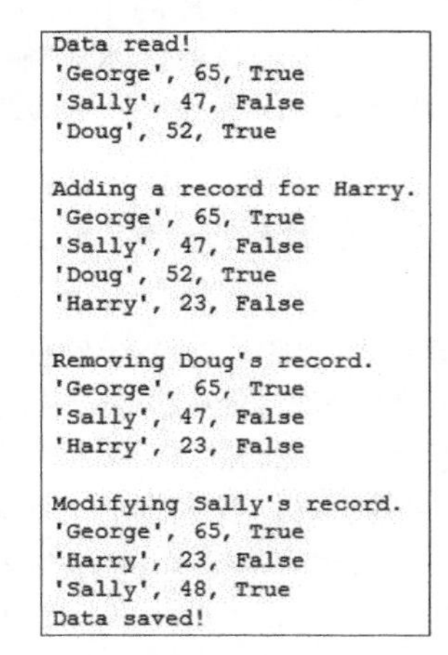

```
Data read!
'George', 65, True
'Sally', 47, False
'Doug', 52, True

Adding a record for Harry.
'George', 65, True
'Sally', 47, False
'Doug', 52, True
'Harry', 23, False

Removing Doug's record.
'George', 65, True
'Sally', 47, False
'Harry', 23, False

Modifying Sally's record.
'George', 65, True
'Harry', 23, False
'Sally', 48, True
Data saved!
```

图16–5 程序依次显示每个修改

3. 使用合适的应用程序打开 ChangedFile.csv 文件。

你会看到类似图 16-6 的输出结果。这是 ChangedFile.csv 文件使用 WordPad 打开呈现出的样子，当你使用其他程序打开这个文件时，其中的数据是不会变的。所以，即使你看到的数据呈现的样子和图 16-6 不完全一样，但数据本身应该是一模一样的。

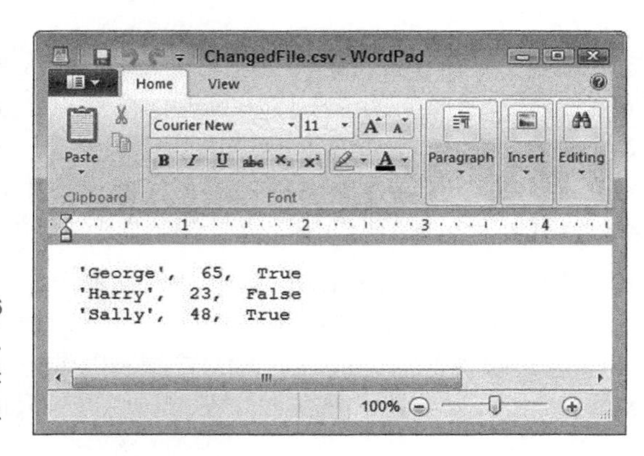

图16–6 在ChangedFile.csv文件中显示出了更新信息

16.6 删除文件

本章上一节“更新文件内容”讲了如何在文件中添加、删除和更新记录。不过，某个时候，你可能需要删除某个文件。下面的步骤描述了如何删除不再需要的文件。你还可以在 DeleteCSV.py 中找到示例代码。

1. 在 Notebook 中输入如下代码，每输完一行按一次回车键。

```
import os
os.remove("ChangedFile.csv")
print("File Removed!")
```

如上面的代码所示，删除文件看上去很简单，事实也的确如此。要删除某个文件，只需调用 os.remove() 函数，并提供要删除的文件名和路径即可（Python 默认目录为当前目录，如果要删除的文件在默认目录下，你就不需要额外为它指定路径了）。删除文件这个任务轻松地让人觉得不可思议，因为它实在太容易了。设置安全措施是个好想法。你可能还想要删除其他项目，下面是另外一些你需要了解的函数。

- os.rmdir()：删除指定的目录。这个目录必须是空的，否则 Python 会显示一条异常信息。
- os.rmdir()：删除指定的目录，包括所有子目录和文件。这个函数用起来有很大的风险，因为它会删除一切内容，并且不进行检查（Python 会假设你知道自己在做什么），这样你很可能会因误操作而丢失重要的数据。

2. 单击“Run”按钮。

程序显示“File Removed!”这条信息。进入 ChangedFile.csv 文件所在的目录，你会发现这个文件的确不见了。

本章概要

定义发送电子邮件的一系列事件

开发电子邮件程序

测试电子邮件程序

第17章 发送电子邮件

本章帮助你理解使用 Python 发送电子邮件的过程。更重要的是，本章还会帮助大家了解本地 PC 在和外界通信时会发生什么。尽管本章是专门讲电子邮件的，但其中也包含了执行其他任务时可以应用的原则。例如，在使用外部服务时，通常需要创建与电子邮件相同的数据包。所以，你在本章学到的内容将有助于你理解各种通信需求。

为了帮助大家轻松地理解电子邮件，本章将把它和真实世界中的邮件进行类比。这种类比是合理的，因为电子邮件实际模拟的是真实世界中的邮件。最初，"电子邮件"一词指的是传输的任何形式的电子文档，有些要求发送方和接收方同时在线。你可以在网上找到一些关于电子邮件起源和发展的资料。本章中，我们会把电子邮件看成一种用于交换各种文档的存储转发机制。

运行本章示例要用到简单邮件传输协议（SMTP）服务器。如果不懂，请阅读本章后面"SMTP 服务器"中的内容。你可以在 BPPD_17_Sending_an_Email.ipynb 文件中找到本章的示例代码。

17.1 发送电子邮件时发生了什么

如今，电子邮件已经变得非常可靠、平凡，大多数人都不知道它的工作有多神奇。实际上，真正的邮件服务也是如此。认真思考一下，你会发现一封信从一个地点准确到达目标地点几乎是不可能的，甚至还有点令人难以置信。然而，电子邮件和现实世界中的邮件有许多共同点，它们确保投递得以顺利进行。下面几节将讲解你写电子邮件、单击发送，以及收件人在另一端收到它时会发生什么。你可能会对这些内容感到惊讶不已。

简单邮件传输协议（SMTP）

使用电子邮件时，你会看到许多对简单邮件传输协议（SMTP）的引用。这个术语看起来很有技术范儿，底层原理技术性很强，你只需要知道它可以正常工作就行了。另一方面，大家可以把 SMTP 理解为一个“黑盒”，它的一端从发件人那里接收电子邮件，在另一端把邮件“吐”给收件人。把这个术语的各个部分拆开（按照相反的顺序），你可以看到如下几个部分。

- **协议（Protocol）**：一套标准规则。电子邮件正常工作有赖于每个人都按照这些规则行事。否则，电子邮件会变得不可靠。
- **邮件传输（Mail transfer）**：文件从一个地方发送到另一个地方，就像邮局投递真正的邮件一样。就电子邮件来说，传输过程依赖于你的电子邮件应用程序向 SMTP 服务器发出的简短命令。例如，MAIL FROM 命令告诉 SMTP 服务器是谁在发送电子邮件，而 RCPT TO 命令则指明邮件发送给谁。
- **简单（Simple）**：指出参与这个活动的因素要尽可能少。参与的因素越少，就越可靠。

如果你去看看传递信息的规则，你会发现它们其实一点都不简单。比如，RFC1123 这个标准规定了 Internet 主机应该如何工作。这些规则被多种互联网技术所采用，这就解释了为什么大多数规则看起来都差不多（当然它们的资源和目标可能是不一样的）。

另一个完全不同的标准 RFC2821 描述了 SMTP 如何具体地实现 RFC1123 中的规则。关键是，很多规则都是用专门术语写的，只有真正的极客才有可能看得懂（这个也不一定）。

17.1.1 像看信一样看电子邮件

查看电子邮件的最佳方式和查看信件的方式相同。当你写一封信时，你至少要有两张纸，第 1 个包含信的内容，第 2 个是信封。如果邮政服务是诚实可靠的，那么除了收件人之外，其他任何人都不会看到信件的内容。电子邮件也是如此。一封电子邮件实际上由以下几个部分组成。

» **信息（Message）**：电子邮件内容，包含如下几部分。

- 邮件头（Header）：包括标题、收件人列表和其他特征，比如邮件的紧急程度等。

- 邮件体（Body）：指邮件的正文内容，可以是普通文本、格式化的 HTML、一个或多个文档，或者是这些元素的混合。

» **信封**：盛放信息的容器，提供发送方和接收方的信息，就像真实的信封一样。但是，电子邮件是没有邮票的。

使用电子邮件时，我们要使用电子邮件应用程序创建消息。在安装电子邮件应用程序时，你还可以定义账户信息。当你单击发送时：

1. 电子邮件应用程序将消息（必须包含邮件头）封装在一个信封中，信封发件人和收件人的信息；
2. 电子邮件应用程序使用账户信息联系 SMTP 服务器，并为发送信息；
3. SMTP 读取信封上的信息，然后把信件发送给收件人；
4. 收件人的电子邮件应用程序登录到本地服务器，收取邮件，然后把邮件内容呈现给用户。

这个过程比解释要复杂一些，但这基本上就是事实。实际上，这与真实信件的投递过程非常相似，它们的基本步骤都是一样的。在真实邮件的投递过程中，电子邮件应用程序的一端由你取代，另一端由收件人取代，SMTP 服务器被邮局及其员工（包括邮政运营商）所取代。有人生成了一条消息，消息被发送到接收者，接收者在上面两种情况下都能接收到消息。

17.1.2 定义信封的各个部分

电子邮件信封的配置方式和实际处理方式是有区别的。当你查看一封电子邮件的信封时，它看起来就像一封信，里面包含了发件人和收件人的地址。或许，它看起来和真实的信封不太像，但它们的组成元素都是一样的。在真实的信封上，你会看到某些特定信息，比如发件人的姓名、街道地址、城市、州和邮政编码。对于收件人也是如此。这些元素用物理术语定义了邮递员应该把信件投递到哪里以及在无法投递的情况下把信件退往何处。

当 SMTP 服务器处理电子邮件的信封时，它必须查看具体的地址信息，这些信息和真实信封上的信息有些不一样。电子邮件地址中包含的信息和真实地址不同。下面是电子邮件地址包含的内容。

» **主机**：主机类似于真实信封上的城市和州。主机地址是实际连接到 Internet 的网卡所使用的地址，网卡负责连接计算机和互联网。一台 PC 机可以用多种方式使用互联网资源，但是主机地址只有一个。

» **端口**：端口类似于真实信封上的街道地址。它指定系统的哪个部分应该接收消息。例如，SMTP 服务器通常使用 25 端口发送信息。而 POP3 服务器通常使用 110 端口来接收电子邮件。一般，我们的浏览器使用 80 端口与网站通信。但是，一般的安全网站（指那些使用 https 而不是 http 协议的网站）会使用 443 端口。

» **本地主机名**：本地主机名是主机和端口组合的一种可读表示形式。例如，网站 myplace 可能会被解析为 55.225.163.40:80（其中前 4 个数字是主机地址，冒号后面的数字是端口）。Python 会在幕后为你处理这些细节，你通常不需要担心它们，而且让人开心的是这些信息都是可以通过网络获取的。

到这里，你已经对地址的组合方式有了更好的了解。接下来，让我们更深入地了解一下。下面几节我们会对电子邮件的信封进行更为细致准确的讲解。

17.1.2.1 主机

主机地址是服务器连接的标识符。正如信封上的地址不是实际位置一样，主机地址也不是真实的服务器，它只指定服务器的位置。

REMEMBER

我们把用于访问主机地址和端口组合的连接称为套接字。至于是谁想出了这个奇怪的名字以及原因，并不重要。重要的是，我们可以使用套接字找到各种有用的信息，帮助我们更好地了解电子邮件是如何工作的。下面几个步骤可以帮助你查看主机名和主机地址。更重要的是，这有助于你理解电子邮件信封的整个概念及其包含的地址。

1. 新打开一个 Notebook。

   你也可以直接使用 BPPD_17_Sending_an_Email.ipynb 这个文件，里面有程序代码。

2. 输入 import socket，按回车键。

   使用套接字之前，必须先导入套接字库。这个库中包含了各种各样令人困惑的属性，使用的时候要小心。不过，这个库还包含了一些有趣的函数，它们可以帮助你了解 Internet 地址是如何工作的。

3. 输入 print(socket.gethostbyname(“localhost”))，按回车键。

   代码会输出主机地址。本例中，输出的主机地址为 127.0.0.1，localhost 是一个标准的主机名，它对应的主机地址就是 127.0.0.1。

4. 输入 print(socket.gethostbyaddr(“127.0.0.1”))，单击“Run”按钮。

   看到代码的输出结果，你会大吃一惊。代码最终输出的是一个元组，如图 17-1 所示。你得到的不是主机名 localhost，而是机器名。你可以把 localhost 用作本地机器的通用名，但是当你指定地址时，你会得到机器名。在本例中，Main 是我的个人计算机的名称。你在屏幕上看到将是你的计算机名。

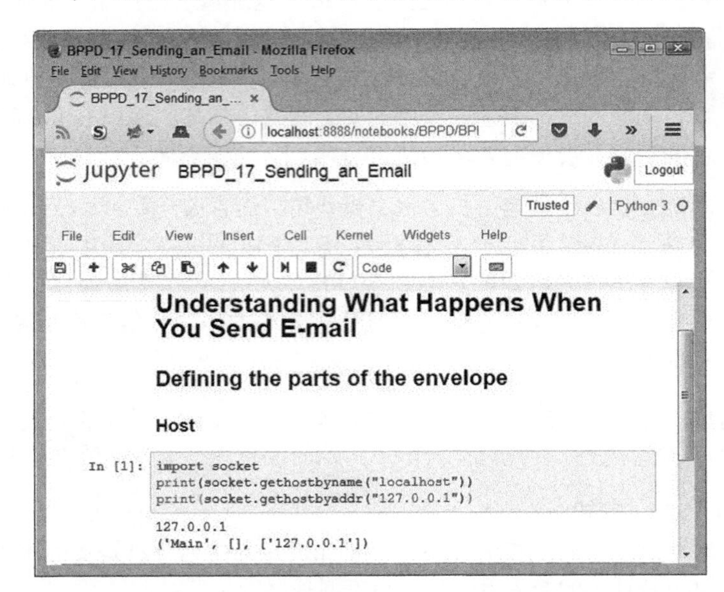

图17-1 localhost地址实际对应着你的机器

5. 输入 print(socket.gethostbyname(“www.johnmuellerbooks.com”))，单击“Run”按钮。

   代码输出结果如图 17-2 所示。这是我网站的 IP 地址。关键是，无论你在哪里，无论你在做什么，这些地址都能工作，就像你写在真实信封上的那些地址一样。真实邮件使用的地址在全世界是独一无二的，IP 地址也是一样。

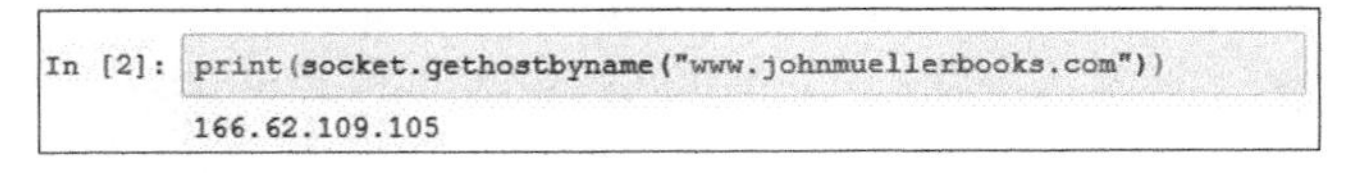

图17-2 你用来发送电子邮件的地址在整个互联网上是唯一的

17.1.2.2　端口

端口是服务器位置的一个特定入口通道。主机地址指定了机器的位置，但是端口定义了要进入到哪里。即便你每次使用主机地址时没有特意指定端口，这些端口也是隐式指定的。访问权限是使用主机地址和端口组合授予的。下面的步骤帮助说明端口如何与主机地址一起提供服务器访问。

1. 输入 import socket，按回车键。

   请记住，套接字同时提供主机地址和端口信息。你可以使用套接字来创建包含这两个项的连接。

2. 输入 socket.getaddrinfo(“localhost”, 110)，单击“Run”按钮。

   第 1 个值是一个主机名，你想获取关于它的信息。第 2 个值是该主机上的端口。在本例中，我们要获取与 localhost 110 端口相关的信息。

输出结果如图 17-3 所示，其中包含了两个元组：一个是 IPv6 地址，另一个是 IPv4 地址。每个元组由 5 部分组成，前 4 部分你不需要了解，你可能永远都不会用到它们。但是，最后一部分（('127.0.0.1', 110)）给出了 localhost 110 端口的地址和端口。

图17-3 localhost主机同时给出了IPv6和IPv4地址

```
Port
In [3]: import socket
        socket.getaddrinfo("localhost", 110)
Out[3]: [(<AddressFamily.AF_INET6: 23>, 0, 0, '', ('::1', 110, 0, 0
        )),
         (<AddressFamily.AF_INET: 2>, 0, 0, '', ('127.0.0.1', 110))
        ]
```

3. 输入 socket.getaddrinfo("johnmuellerbooks.com", 80)，按回车键。

代码输出结果如图 17-4 所示。请注意，这个 Internet 位置只为端口 80 提供一个 IPv4 地址，没有 IPv6 地址。getaddrinfo() 这个方法很有用，我们可以通过它确定如何访问某个特定的位置。虽然使用 IPv6 会比 IPv4 有更大的优势，但是目前许多 Internet 位置只提供对 IPv4 的支持。（如果你居住在较大的城市，你可能会同时看到 IPv4 和 IPv6 地址。）

图17-4 大多数Internet位置只提供IPv4地址

```
In [4]: socket.getaddrinfo("johnmuellerbooks.com", 80)
Out[4]: [(<AddressFamily.AF_INET: 2>, 0, 0, '', ('166.62.109.105',
        80))]
```

4. 输入 socket.getservbyport(25)，按回车键。

你会看到如图 17-5 所示的输出。我们可以通过 socket.getservbyport() 方法获取指定端口的用途。服务器的 25 号端口专门用于提供 SMTP 服务。在访问 127.0.0.1:25 时，你访问的是本地主机上的 SMTP 服务器。简而言之，在许多情况下，端口提供了一种特殊的访问。

图17-5 服务器上每个标准端口都提供了不同服务

```
In [5]: socket.getservbyport(25)
Out[5]: 'smtp'
```

REMEMBER

有些人认为我们不必特意指定要使用的端口。但，这样会带来一些问题。如果你不指定端口，Python 会采用默认端口，但是使用默认端口不是一个好的做法，因为你不能确定哪个服务会被访问。另外，基于安全性考虑，一些系统会使用非标准端口来提供某项服务。请大家养成指定端口号的习惯，并确保你有适合的端口可用。

17.1.2.3 本地主机名

简单地说，主机名是主机地址的一种易读形式。我们人类不能很好地理解 127.0.0.1（IPv6 地址就更没有意义了）。但，我们能很好地理解了本地主机。网络中有一种特殊的服务器和设备，它们可以将人类可读的主机名转换成主机地址，在本书中（或一般编程中），你真的不需要担心这个问题。但是，当你的应用程序突然无缘无故地中断时，你应该知道的确有这样的设备存在。

前面“主机”一节中，我们通过使用 socket.gethostbyaddr() 方法（用来把地址转换为主机名）大致介绍了主机名，还学习了如何使用 socket.gethostbyname() 方法进行反向操作。下面几个步骤帮助大家理解使用主机名时的一些细微差别。

1. 输入 import socket，按回车键。
2. 输入 socket.gethostname()，单击“Run”按钮。

   你会看到本地系统的名称，如图 17-6 所示。你看到的系统名称可能和我的不一样，也就是说，你看到的输出结果可能和图 17-6 不同，但是不论你使用什么系统，所体现出的思想都是一样的。

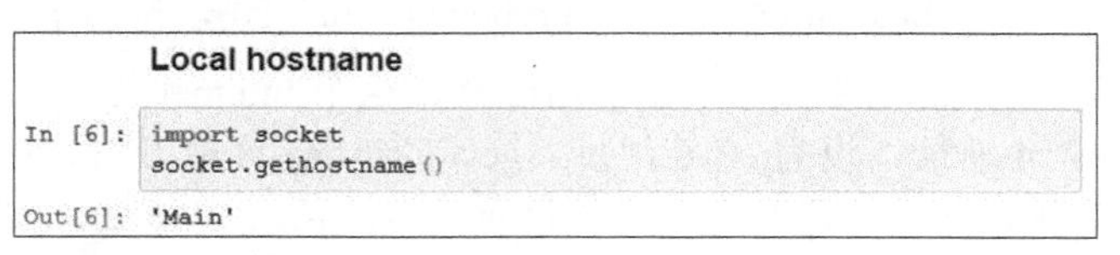

图17–6 有时你需要知道本地系统名称

3. 输入 socket.gethostbyname(socket.gethostname())，单击“Run”按钮。

   你会看到本地系统的 IP 地址，如图 17-7 所示。同样，你的设置可能和我的不同，所以你看到的输出可能和图中不一样。需要时，你可以在应用程序中使用这个方法来确定发件人的地址。由于不需要依赖任何硬编码值，所以这个方法可以工作在任何系统下。

```
In [7]: socket.gethostbyname(socket.gethostname())
Out[7]: '192.168.0.101'
```

图17–7 尽可能避免为本地系统使用硬编码值

17.1.3 定义信件的各个部分

SMTP 服务器使用电子邮件“信封”上的地址来发送邮件。但是，信封不包含任何内容，内容包含在信件之中。许多开发人员会把这两者混淆，因为信中还包含发送方和接收方的信息。这些信息出现在信件之中，就像商业信函中的地址信息一样——这是给查看者的。当你发送一封商务信函时，邮递员不会打开信封看里面的地址信息，他关心的只是信封上的信息。

这是因为电子邮件中的信息与信封中的信息是分开的，不怀好意的人可能会伪造电子邮件地址。信封可能包含合法的寄件人信息，但信件可能不包含。（当你在电子邮件应用程序中看到电子邮件时，你所看到的只是信件，而不是信封——信封已经被电子邮件应用程序剥离了。）就此而言，你在电子邮件阅读器的屏幕上看到的信中，发送人和接收人的信息有可能都是不对的。

事实上，电子邮件的信件部分也是由不同部分组成的，就像信封一样，主要包含如下 3 部分。

- **发送方**：发送方信息告诉你是谁发送了这个信件，它只包含发送方的电子邮件地址。
- **接收方**：接收方信息指出谁将接收这个信件。这实际上是一个收件人电子邮件地址的列表。即使你只想把信件发送给一个人，你也必须把那个收件人的电子邮件地址放入列表之中。
- **信息**：是指你想要收件人看到的内容，包含如下几部分。
  - 发送方（From）：以易读形式呈现出来的发送方。
  - 收件人（To）：以易读形式呈现出来的接收方。
  - 抄送（CC）：指出同时有哪些人可以接收这个信件，但这些人不是主要的收件人。
  - 主题：信件的目的。
  - 文档：包含一个或多个文档，包括邮件中的文字信息。

实际上，电子邮件有可能会相当复杂和冗长。根据发送的电子邮件类型，一个信件可以包含各种附加信息。不过，大多数电子邮件都包含上面这些简单的部分，这也是从应用程序发送电子邮件所需的全部信息。接下来的几节，我们会更详细地讲解创建信件及其组件的过程。

17.1.3.1　定义MIME邮件

你可以给别人寄一个空信封，但这样做没什么意义。为了让你的电子邮件信息有价值，你需要定义一条消息。Python 支持多种创建消息的方法。不过，创建消息时最简单和最可靠的方法是使用 Python 提供的“多用途互联网邮件扩展”（MIME）功能。请注意，这里的 MIME 是 Multipurpose Internet Mail Extensions（多用途互联网邮件扩展）的缩写，并非“默剧”的意思。

和许多电子邮件功能一样，MIME 是标准化的，无论在哪种平台下，其工作原理都是一样的。此外，还有许多形式的 MIME，它们都是 email.mime 模块的一部分。下面是处理电子邮件时你最需要考虑的内容。

- **MIMEApplication**：提供收发应用程序输入输出的方法。
- **MIMEAudio**：包含音频文件。
- **MIMEImage**：包含图像文件。
- **MIMEMultipart**：允许单个邮件包含多个子部分，比如同时包含文本、图像等。
- **MIMEText**：包含的文本数据可以是 ASCII、HTML，或其他标准格式。

尽管你可以使用 Python 创建任何类型的电子邮件消息，但最容易创建的类型还是包含纯文本的。这种消息内容没有格式，这可以让你把重点放在创建消息的技术上，而不是消息内容上。下面几个步骤可以帮助你了解消息创建过程是怎么样的，但我们实际上不会发送它。

1. 输入如下代码，每输完一行按一次回车键。

```
from email.mime.text import MIMEText
msg = MIMEText("Hello There")
msg['Subject'] = "A Test Message"
msg['From']='John Mueller <John@JohnMuellerBooks.com>'
msg['To'] = 'John Mueller <John@JohnMuellerBooks.com>'
```

这是一条基本的纯文本消息。在进行任何操作之前，我们必须先导入所需要的类，即 MIMEText。如果你想创建其他类型的消息，则需要导入其他类或把 email.mime 模块整个导入。

MIMEText() 构造函数接收文本消息输入。这个文本消息就是你的消息主体，它有可能会很长。本例中，所用的文本消息相对较短，只是简单的一句问候。

此时，我们还得为标准属性赋值。上面这个例子给出了 3 个常见属性：Subject、From 和 To。其中，两个地址字段（From 和 To）都包含一个对人友好的名字和电子邮件地址，你所需要填入的只是电子邮件地址。

2. 输入 msg.as_string()，单击“Run”按钮。

你会看到如图 17-8 所示的输出。这就是消息的实际样子。如果你曾经看到过电子邮件应用程序生成的邮件消息，那你可能会图 17-8 中的输出很熟悉。

Content-Type 是指你创建的消息类型，这里是纯文本消息。charset 指出消息中使用了哪种类型的字符，这样接收方才知道如何处理它们。MIME-Version 指定用来创建消息的 MIME 版本，这样接收方才能知道自己是否能够处理这个内容。最后，Content-Transfer-Encoding 指定消息在被发送至接收方之前怎样转换成位流。

Defining the parts of the letter

Defining the message

```
In [8]: from email.mime.text import MIMEText
        msg = MIMEText("Hello There")
        msg['Subject'] = "A Test Message"
        msg['From']='John Mueller <John@JohnMuellerBooks.com>'
        msg['To'] = 'John Mueller <John@JohnMuellerBooks.com>'

        msg.as_string()

Out[8]: 'Content-Type: text/plain; charset="us-ascii"\nMIME-Version:
        1.0\nContent-Transfer-Encoding: 7bit\nSubject: A Test Message
        \nFrom: John Mueller <John@JohnMuellerBooks.com>\nTo: John Mu
        eller <John@JohnMuellerBooks.com>\n\nHello There'
```

图17-8 Python添加了一些额外的信息，确保你的消息能够正常工作

17.1.3.2 指定传输方法

前面一节（“定义信件的各个部分”）讲解了如何使用信封把消息从一个位置传递到另一个位置。要发送消息，必须先定义一个传输方法。实际上，Python 会为我们创建信封并进行传输，但是你仍然需要定义传输细节。下面的步骤帮助你学习使用 Python 传递消息的最简单的方法。这些步骤还无法实现真正的传输，除非你根据自己的系统设置修改了一些代码。更多内容，请阅读“SMTP 服务器”部分的内容。

1. 输入如下代码，每输完一行按一次回车键，最后一行后按两次回车键。

```
import smtplib
s = smtplib.SMTP('localhost')
```

smtplib 模块包含创建和发送邮件信封所需的一切。第一步是创建一个到 SMTP 服务器的连接，你可以在构造函数中给出要连接的 SMTP 服务器名称（字符串）。如果你提供的 SMTP 服务器不存在，则应用程序会失败，并指出主机拒绝连接。

2. 输入 s.sendmail('SenderAddress', ['RecipientAddress'], msg.as_string())，单击“Run”按钮。

WARNING

要让这个步骤正常执行，你必须将 SenderAddress 和 RecipientAddress 替换为实际地址。这次不要使用人类可读的形式——服务器只需要一个地址。如果不使用真实地址，单击 Run 按钮后，你肯定会看到错误的消息。如果你的电子邮件服务器暂时脱机、网络连接出现故障，或发生其他一些奇怪的事，你可能还会看到其他一些错误。如果你确信所有输入都是对的，那就再发一次试试。更多详细信息，请参阅“SMTP 服务器”中的内容。

实际在这一步中，创建了信封、打包了电子邮件消息，并将其发送给收件人。请注意，你要把发送方和接收方信息与邮件消息分开指定，SMTP 服务器不会读邮件消息。

17.1.3.3 消息子类型

本章前面“定义 MIME 邮件”一节讲解了电子邮件消息的主要类型，比如应用程序和文本。不过，如果电子邮件只使用这些类型，那么向他人发送连贯信息将会很困难。问题是信息的类型不够明确。如果你要给别人发一条文本信息，在处理之前，你需要知道是什么类型的文本，靠猜并不是一个好办法。文本消息可以格式化为纯文本，也可以是 HTML 页面。你不可能只依靠类型进行判断，消息还需要有子类型。当你向某人发送 HTML 页面时，类型是文本，子类型是 html。类型和子类型用斜杠分隔，如果查看消息，你会看到 text/html 的字样。

REMEMBER

理论上，只要平台为子类型定义了处理程序，子类型的数量就可以是无限的。不过，实际情况是，每个人都需要就子类型达成一致，否则就不会有处理程序（除非你指的是自定义应用程序，并且双方事先约定了自定义子类型）。有鉴于此，你可以在 freeformatter 网站找到标准类型和子类型的列表。这个站点中表格的优点是它同时提供了与子类型相关的通用文件扩展名以及相关链接，方便你获取更多信息。

17.2 创建电子邮件消息

到目前为止，你已经了解了信封和消息的工作原理。接下来，我们会把它们放在一起，看看它们是如何工作的。下面几节将演示如何创建两个消息。第一个消息是纯文本消息，第二个消息使用 HTML 格式。这两种消息在大多数电子邮件阅读器中都能很好地工作，它们没有涉及什么花哨的东西。

17.2.1 使用文本消息

文本消息是发送邮件最高效和耗费资源最少的方法。不过，文本消息传达的信息也最少。当然，你可以使用表情符号来协助表达观点，但是在某些情况下没有格式可能会成为一个大问题。下面的步骤演示了如何使用 Python 来创建简单的文本消息。

1. 在 Notebook 中输入如下代码，每输完一行按一次回车键。

```
from email.mime.text import MIMEText
import smtplib
msg = MIMEText("Hello There!")
msg['Subject'] = 'A Test Message'
msg['From']='SenderAddress'
msg['To'] = 'RecipientAddress'
s = smtplib.SMTP('localhost')
s.sendmail('SenderAddress',
           ['RecipientAddress'],
           msg.as_string())
print("Message Sent!")
```

这个例子是到目前为止你在本章学过的所有知识的综合。相信，这也是你第一次看到这些知识组合在一起。请注意，我们要先创建消息，然后再创建信封（这跟现实中是一样的）。

如果不使用实际地址替换 SenderAddress 和 RecipientAddress，例子运行时会显示错误，SenderAddress 和 RecipientAddress 只是占位符。与前一节的例子一样，当出现其他情况时，你可能也会遇到错误，当遇到错误时，请尝试多发几次。其他更详细的信息，请参阅“SMTP 服务器”部分。

2. 单击“Run”按钮。

程序会告知你邮件已经发送给收件人。

SMTP 服务器

如果你没有对代码进行任何修改而直接运行示例，那么代码都会运行失败，你现在可能正在挠头，试图找出哪里出了问题。你的系统不太可能有一个 SMTP 服务器连接到本地主机。示例中使用的 localhost 只是一个占位符，实际运行时你要使用具体的信息换掉它才行。

为了让示例正常运行，我们需要一个 SMTP 服务器以及一个真实的电子邮件账户。当然，你可以在自己的系统上安装相关软件，创建这样一种环境，一些经常使用电子邮件应用程序的开发人员就是这样做的。大多数平台都有可安装的电子邮件包，或者你也可以使用一个免费的替代品，比如 Sendmail，它是一个开源产品，你可以从其官网下载它。查看示例是否正常工作的最简单方法是使用你的电子邮件应用程序所用的 SMTP 服务器。安装电子邮件应用程序时，你要么要求电子邮件应用程序检测 SMTP 服务器，要么自己提供 SMTP 服务器。电子邮件应用程序的配置文件中应该包含了我们所需要的信息。这些信息的确切位置会因你使用的电子邮件应用程序的不同而有很大的差异，因此你需要查看所用产品的文档。

不论你最终选用何种 SMTP 服务器，大多数情况下，你都需要在这个服务器上拥有一个账户，这样才能使用它提供的功能。运行示例之前，我们要把示例中的相关信息替换成 SMTP 服务器（例如 smtp.myisp.com）的信息，还有发送方和接收方的电子邮件地址。否则，示例将无法正常运行。

17.2.2 使用HTML页面

本质上，HTML 消息是具有特殊格式的文本消息。下面几个步骤帮助你创建要发送的 HTML 电子邮件。

1. 在 Notebook 中输入如下代码，每输完一行按一次回车键。

```
from email.mime.text import MIMEText
import smtplib
msg = MIMEText(
    "<h1>A Heading</h1><p>Hello There!</p>","html")
msg['Subject'] = 'A Test HTML Message'
msg['From']='SenderAddress'
msg['To'] = 'RecipientAddress'
s = smtplib.SMTP('localhost')
s.sendmail('SenderAddress',
          ['RecipientAddress'],
          msg.as_string())
```

```
print("Message Sent!")
```

这个例子的创建流程和前一节文本消息的创建流程是一样的。但是，请注意，这个消息现在包含 HTML 标记。我们创建的是 HTML 主体，而不是整个页面。这条消息由一个 H1 标题和一个段落组成。

REMEMBER

这个示例中最重要的部分是消息后面的文本。“html”参数把子类型从 text/plain 更改为 text/html，这样接收者就会把消息看作 HTML 内容。如果不进行这样的改动，收件人将看不到 HTML 输出。

2. 单击“Run”按钮。

   程序正常运行，并告诉我们邮件已经发送给指定收件人。

17.3 查看电子邮件

此时，你的收件箱中有 1 ～ 3 个应用程序生成的消息（这取决于你如何阅读本章内容）等待处理。要查看你在前面创建的消息，你的电子邮件应用程序必须能够接收来自服务器的消息，就像接收其他电子邮件一样。图 17-9 显示的是 HTML 邮件在 Outlook 中呈现的结果。（如果你使用的平台和电子邮件应用程序不同，那你看到的消息可能也会有所不同。）

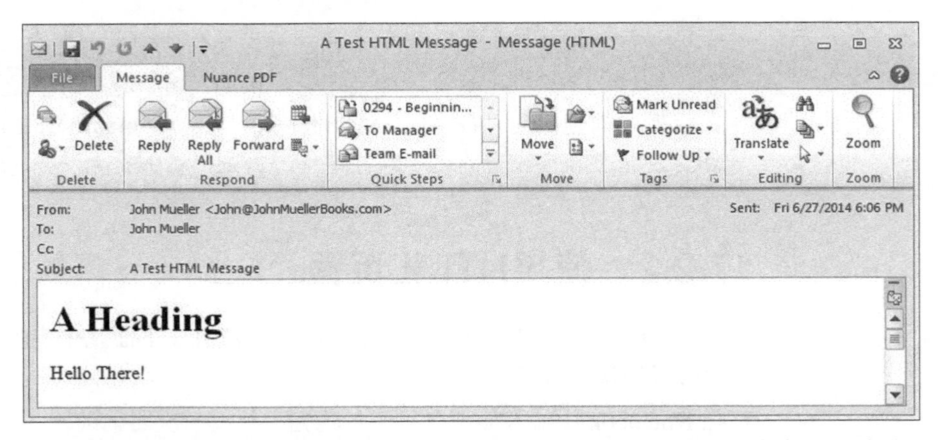

图17-9 HTML邮件包含一个标题和一个段落

如果你的电子邮件应用程序提供了查看消息源代码的功能，你会发现消息实际上包含了你在本章前面看到的内容。并且，没有任何改变或有什么不同之处，因为消息离开程序之后在传递过程中不会有任何改变。

REMEMBER

其实，创建自己的应用程序来发送和接收电子邮件并不方便，使用现成的电子邮件应用程序会更好。但自己创建电子邮件应用程序能够给你带来极大的灵活性。从本章讲解的内容可以看出，我们在创建自己的电子邮件应用程序时，可以灵活地控制消息的各个方面。并且，Python 为我们隐藏了很多细节，我们真正需要考虑的是如何使用正确的参数来创建和传输消息。

第 5 部分
几个“十大”

内容概要

继续学习 Python 相关知识

使用 Python 谋生

几款让 Python 更易用的工具

使用各个库增强 Python 功能

本章概要

获取有关 Python 的更多信息

使用 Python 创建在线程序

扩展 Python 编程环境

提高程序性能和开发者水平

第18章 十大优秀编程资源

这本书是你积累 Python 编程经验一个很好的起点，但某些时候你可能需要使用其他更多的资源。本章为你列出了十大令人惊叹的编程资源，你可以使用它们来积累更多的开发经验。创建 Python 应用程序时，使用这些资源可以帮助我们大大地节省时间和精力，并且让我们创建出更棒的程序。

当然，本章只介绍一部分 Python 资源。网络上有大量的 Python 文档，以及数不清的 Python 代码。就拿 Python 库来说，其数量也多得惊人，要全面介绍它们，你得写整整一本书（或许两本）才行。本章的主要目的还是为了启发大家的思维，让大家知道去哪里查找自己需要的资料。搜索资料时，请不要局限于本章介绍的内容，而要以它们为起点，奔向更广阔的领域。

18.1 使用Python在线文档

使用 Python 的一个主要部分是了解这种语言中有哪些内容可用以及如何扩展它来做其他任务。在线 Python 文档（写作本书时的版本为 3.6.x，当你读到这里时文档版本很可能已经更新了）提供了更多有关 Python 的参考资料，包括如下主题：

- 当前 Python 版本添加的新特征；
- 完整教程；
- 完整库参考；

- 完整语言参考；
- 如何安装和配置 Python；
- 如何使用 Python 执行特定任务；
- 从其他源安装 Python 模块（作为 Python 扩展的手段）；
- 发布自己创建的 Python 模块，供其他人使用；
- 如何使用 C/C++ 扩展 Python，以及嵌入你创建的新特征；
- 面向 C/C++ 开发者（想使用 Python 扩展他们的应用程序）的完整参考；
- FAQ 页面。

上面所有信息都是以易于访问和使用的形式提供的。查找信息时，除了使用常见的内容目录之外，你还可以使用索引进行查找。例如，如果你只对特定的模块、类或方法感兴趣，那么你可以使用全局模块索引（Global Module Index）查找。

此外，你也可以把自己使用 Python 时遇到的问题在官网中进行提交。虽然解决与产品相关的问题很重要，但是和其他语言一样，Python 中也会存在 bug。找出和修正这些 bug 会让 Python 变得更好。

在线文档使用起来很灵活。在文档页面的左上角有两个下拉列表框：第一个是语言下拉列表框，从中你可以选择自己喜欢的语言（写作本书时，只有英语、法语和日语 3 种语言可供选择）；第二个是 Python 版本选择下拉列表框，里面提供了一些 Python 早期版本，包括 Python 2.7。

18.2 使用LearnPython.org教程

网上 Python 学习教程有很多，大都做得很不错，但相比于 LearnPython 网站上的教程，它们都有一个不足，那就是缺少交互性。在 LearnPython 网站上学习 Python 时，你不只是在阅读有关 Python 的知识，还可以使用网站提供的交互环境亲自动手试一试。

到这里，本书中的简单教程你可能都学过了。但 LearnPython 网站上的一些高级教程你可能还没学过。这些教程主要讲解以下主题。

- **生成器**：返回迭代器的特殊函数。
- **列表生成式**：一种基于现有列表生成新列表的方法。
- **可变函数参数**：对第 15 章“使用带有可变参数列表的方法”内容的补充。
- **正则表达式**：用于匹配字符模式的通配符设置，比如电话号码。

- **异常处理**：对第 10 章内容的扩展。
- **集合**：这是一种特殊的列表，里面不包含重复元素。
- **序列化**：讲解如何使用 JSON 这种数据存储技术。
- **偏函数**：用于创建派生于较复杂函数的简单函数的专门化版本。比如，你有一个带有两个参数的 multiply() 函数，那么名为 double() 的偏函数可能只需要一个参数，这个参数总是要乘以 2。
- **代码审查**：提供检查类、函数、关键字的能力，用于判断用途和功能。
- **装饰器**：一种对可调用对象进行简单修改的方法。

18.3 使用Python做Web编程

本书探讨了基本编程的来龙去脉，其中涉及的都是很简单的桌面应用程序。有许多开发人员专门使用 Python 创建各种各样的在线应用程序。Python Web 编程网站可以帮助你从桌面程序开发转向在线应用程序开发。它并非只讲解一种在线应用程序，而是涵盖了几乎所有应用程序（免费提供整本书）。教程分为如下 3 个主要部分（和许多次要部分）。

- 服务器
  - 开发应用程序服务器端框架
  - 创建 CGI 脚本
  - 提供服务器应用程序
  - 开发内容管理系统（CMS）
  - 通过 Web 服务方案设计数据访问方法
- 客户端
  - 使用浏览器和基于浏览器的技术
  - 创建基于浏览器的客户端
  - 通过各种技术（包括 Web 服务）访问数据
- 相关
  - 为基于 Python 的在线计算创建通用方案
  - 使用数据库管理系统（DBMS）

- 设计应用程序模板
- 构建内部网解决方案

18.4 获取更多库

或许你会认为 Pythonware 这个站点平淡无奇，但当你进入这个网站后，你就会被它深深吸引。这个网站提供了大量第三方库，借助这些库，你可以使用 Python 做更多的工作。

网站里面有大量链接，为我们提供了很多有用的资源。其中，通过“Downloads”这个链接你可以访问如下库。

- **aggdraw**：这个库帮助你绘制平滑的线条。
- **celementtree**：这个库是 elementtree 库的扩展库，可以让你更快、更高效地使用 XML 数据。
- **console**：这是一个窗口界面，帮助我们创建出更好的控制台程序。
- **effbot**：包含了许多有用的附加组件和实用程序，包括 E ➪ News RSS 新闻阅读器。
- **elementsoap**：这个库可以帮助我们创建到 Web 服务提供者的 SOAP（简单对象访问协议）连接。
- **elementtidy**：这是对 elementtree 库的扩展，可以帮助我们创建出更好看、功能更强大的 XML 树。
- **elementtree**：这个库可以帮助我们更高效地使用 XML 数据。
- **exemaker**：这是一个从 Python 脚本创建可执行程序的实用程序，借助它，你可以在机器上像运行其他应用程序一样运行脚本。
- **ftpparse**：这个库用来使用 FTP 站点。
- **grabscreen**：这个库用来截屏。
- **imaging**：向 Python 图像处理库（PIL）提供源代码分发，该库允许你向 Python 解释器添加图像处理功能。通过它，你可以定制 PIL 来满足自己特定的需求。
- **pil**：PIL 的二进制安装程序，它可以让 PIL 库更容易地安装到你的系统中。（还有其他基于 PIL 的库，比如 pilfont 库，这个库用于向基于 PIL 的应用程序添加字体增强功能）。

» **pythondoc**：这个实用程序用来从 Python 代码中的注释创建文档，其工作原理与 JavaDoc 类似。

» **squeeze**：这个实用程序用于将包含在多个文件中的 Python 程序转换为单文件或双文件的发行版，并能够在 Python 解释器中正常执行。

» **tkinter3000**：这个库是 Python 的标准 GUI 部件库，包含许多子产品。这些部件本质上是一些代码，用于创建 GUI 应用程序中的控件，如按钮。tkinter3000 库有许多附加组件，例如 wckgraph，它帮助你向应用程序添加图形支持。

18.5 使用IDE快速创建应用程序

交互式开发环境（IDE）帮助你使用特定语言创建应用程序。Python 本身自带了一个集成开发环境——IDLE，适合用来做代码实验，但用过一段时间之后你就会发现它有不少局限性，例如，IDLE 并不提供许多开发人员喜欢的高级调试功能。另外，当你要创建图形应用程序时，IDLE 很难帮你做到这一点。

由于 IDLE 本身存在诸多的局限性，所以本书才决定采用 Jupyter Notebook 来代替 IDLE（本书第一版采用的是 IDLE）。不过，在某些情况下，你还是会发现 Jupyter Notebook 并不能满足你的需求。如果你问 50 个开发人员哪些工具（尤其是问 IDE 时）是最好用的万金油，他们的回答大都不一样，几乎很难达成共识。每个开发人员都有自己喜欢的工具，也都不太愿意去尝试其他工具。通常，开发人员会花很多时间来学习某款 IDE 工具，并通过扩展它以满足自己特定的需求（当然，这要求 IDE 本身支持扩展）。

REMEMBER

在选定某个 IDE 之前要多尝试几种不同的 IDE，这点很重要，因为一旦你选定了某种 IDE，以后就很难再做出改变了。（一旦你选中某个 IDE 之后，就不想再换成其他 IDE 了，其中最常见的原因是项目类型不兼容，每次换 IDE 时，你都必须重新创建项目，此外还有许多其他原因，你可以在网上找到）。PythonEditors 维基主页列出了许多 IDE，你可以尝试一下它们。并且表格中为你提供了每个 IDE 的详细信息，你可以根据这些信息和自己的需求立即排除某些 IDE。

18.6 更容易地检查语法

IDLE 提供了某种程度的语法高亮显示功能，这有助于我们查找代码中的错误。比如，如果你输入错误的关键字，IDLE 就不会将其颜色更改为系统中定义好的关键字颜色。这样，你就可以立即知道错误出在哪里，以及如何修改它，而不必等到应用程序运行后才发现错误（有时需要经过几个小时的调试才能找到错误）。

Jupyter Notebook 也提供了语法高亮显示功能，还有一些标准 IDE 所不具备的高级错误检查功能。不过，对于某些开发人员来说，它本身可能也有一些不足，比如你必须实际运行单元格才能看到错误信息。有些开发人员更喜欢交互式语法检查方式，在这种检查方式中，IDE 会立即标记出代码中的错误，甚至在开发人员离开错误代码行之前，其中错误就已经被标识出来了。

python.vim 实用程序提供了增强型的语法突出显示功能，使得在 Python 脚本中查找错误更加容易。这个实用程序以脚本形式运行，这使得它可以在任何平台上都能快速、高效地使用。此外，你还可以根据需要调整其源代码以满足特定的需求。

18.7 使用XML

现在大多数应用程序都使用可扩展标记语言（XML）来进行各种类型的数据存储工作。你的系统中可能就有很多 XML 文件，但你可能认不出它们，因为 XML 数据存在于许多文件扩展名之下。比如，许多用来保存应用程序设置的 .config 文件使用的就是 XML。简而言之，现在的问题不是编写 Python 应用程序的过程中你会不会遇到 XML，而是你什么时候会遇到它。

与其他存储数据的方法相比，XML 有许多优点，比如，XML 是平台独立的。你可以在任何系统上使用 XML，只要系统认识这种文件格式，同一个文件在不同系统上就都是可读的。由于 XML 是平台独立的，所以你可以在许多其他技术（比如 Web 服务）中看到 XML 的身影。此外，XML 学起来相对容易，而且还是文本的，所以你可以大量使用它，而不用担心会引起太多问题。

REMEMBER

学习 XML 本身是很重要的，你可以在类似 W3Schools 的教学网站上查找相关教程来学习。有些开发人员在没有掌握 XML 文件相关知识的情形下就急于着手做各种工作，后来他们发现有些 Python 资料看不懂，因为这些资料往往会假设读者知道如何编写基本的 XML 文件。W3Schools 这个网站很不错，它把整个学习过程分成若干章节，这样每次你就可以使用一些 XML，如下：

- XML 基础教程；
- 验证你的 XML 文件；
- XML 和 JavaScript（JavaScript 看上去不重要，但在许多在线应用场景中，JavaScript 应用广泛）配合使用；
- 了解与 XML 相关的技术；
- 使用 XML 高级技术；

» 使用 XML 示例使 XML 更易用。

利用 W3Schools 学习计算机技术

在线学习计算机技术最常用的网站是 W3Schools，你可以在其官网中找到要学习的内容。在这个网站中，你可以找到创建各种应用程序所需要的 Web 技术。所涉及的主题包括：

- HTML；
- CSS；
- JavaScript；
- SQL；
- JQuery；
- PHP；
- XML；
- ASP.NET。

但是，你应该知道，这对 Python 开发人员来说只是一个起点。先利用 W3Schools 中的学习资料来切实掌握底层技术，然后通过 Python 专门资料来提升你的技能。大多数 Python 开发人员都需要综合各种学习资料来提升自己的技能，从而在编写应用程序的过程中展现出与众不同的一面。

掌握了有关 XML 的基础知识之后，你需要学习如何在 Python 中使用 XML。网上有各种技术专题，你可以在各个网站中找到关于使用 Python 处理 XML 的教程。通过学习这些教程，你可以快速了解有关 XML 的知识，并让你能够快速创建出使用 XML 的 Python 应用程序。

18.8 克服常见的Python新手错误

毫无疑问，每个人编写代码时都会犯错误，即便那些有着 30 多年编程经验的老程序员（他们大概从幼儿园就开始学习编程了）也不例外。每个人都会犯错，但没人喜欢犯错，有些人犯了错还不愿意承认，其实没这必要，犯了错时，不要太沮丧，只要把错误改正过来，你的生活就可以继续下去。

当然，犯错误和犯可以避免的常见错误是有区别的。不错，即使是专业人士有时也会犯一些本可以避免的常见错误，但这种可能性要小很多，因为他们过去已经经历过这种错误，并训练自己去避免它。你可以通过避免新手错误来获得竞争优势。

对于刚开始学习 Python 的人来说，还有许多其他资料可用，但是相比之下，上面这些资料内容简洁且容易理解。你可以在较短的时间内读完它们，做一些笔记以备用，并避免那些让每个人都会记住的尴尬错误。

18.9 了解Unicode

尽管本书试图回避 Unicode 这个棘手的话题，但是当你开始编写正规应用程序时，你最终还是会碰到它。不过，遗憾的是，Unicode 是由一个委员会来决定的，所以最终就有了不止一个定义和标准。简而言之，Unicode 没有一个统一的定义。

当你开始使用更高级的 Python 应用程序时，你会遇到大量的 Unicode 标准，特别是当你的程序要在多种语言（每种语言似乎都有自己的 Unicode）下运行时。请记住，我们需要了解 Unicode 是什么，下面提供给你一些学习主题：

- Unicode 和字符集；
- Python 中的 Unicode 更新；
- Python 编码和 Unicode ；
- Unicode 概述，参见 Unicode 官网。

18.10 加快Python程序的运行速度

就应用程序来说，没有什么比性能差更能吓跑用户的了。当应用程序性能很差时，用户根本就不愿意使用它。事实上，糟糕的性能是造成应用程序在企业环境中失败的一个重要原因。即便有组织愿意花费大量金钱去创建一个万能的应用程序，但是如果这个程序的运行速度太慢，或者有严重的性能问题，也不会有人愿意使用它。

事实上，性能是可靠性、安全性和速度的综合，这 3 个因素构成了“性能三角”。你可以在作者的博客中读到有关性能三角形的内容。许多开发人员只关注性能的速度部分，但最终没能实现他们的目标。重要的是查看应用程序使用资源的各个方面，并确保你使用了最好的编码技术。

网上有很多资源可以帮助你理解 Python 应用程序的性能，希望读者可以广泛学习。

本章概要

使用 Python 做 QA

在公司谋求工作机会

教授编程技术

做某些专门工作

第19章 Python十大赚钱之道

只要付出足够的时间、耐心和努力，你就可以使用任何语言编写出你想要的任何应用程序。但是，有些工作非常复杂和耗时，做的过程中，你会遭遇很多挫折。简而言之，大多数（可能是所有）事情都是可以实现的，但并非所有事情都值得付出努力。在一个把时间当作稀缺资源又不舍得浪费的世界里，使用合适的工具来完成工作必定是件值得赞扬的事。

Python 很擅长做某些类型的任务，非常适合做某些类型的编程任务。你能做什么样的编程工作，决定了你能谋得什么样的工作以及靠什么谋生。比如，就编写设备驱动程序来说，相比于 C/C++，Python 可能不是一个很好的选择，所以作为一个 Python 程序员，你可能不适合在硬件公司工作。同样，Python 虽然可以用来和数据库打交道，但在深度上又比不过结构化查询语言（SQL）等其他语言，所以你也不适合参与大型企业数据库项目。不过，你有可能会在学术环境下大量使用 Python，因为 Python 确实是一个很好用的学习工具。

接下来的几节中，我们会向大家介绍有哪些工作会经常用到 Python，通过这些内容，你可以了解到使用 Python 都可以做些什么事情。当然，这里我们不可能列出所有适合使用 Python 来做的工作，主要介绍其中一些最常见的。

19.1 使用Python做QA

许多公司、机构都有独立的质量保证（QA）部门来检测应用程序，以确保它们像广告中宣传的那样工作。市场上有许多不同的测试脚本语言，但是在这方面，Python 有很大的优势，因为它使用起来非常灵活。此外，你还可以在客户机和服务器的多个环境中使用这种语言。Python 应用非常广泛，只要学会 Python 这门语言，你就可以在任何需要测试的地方和任何环境中使用它进行测试。

在这种情况下，开发人员通常还会懂另外一门语言，比如 C++，他们使用 Python 测试使用 C++ 编写的应用程序。不过，QA 人员并非总需要懂另外一门语言。在某些情况下，盲测（blind testing）可以用来确保应用程序以实际方式运行，或者作为一种检测外部服务提供者功能的方法。在加入某个公司之前，你最好先跟公司确认好：做这份工作都需要掌握什么语言。

为何你需要了解多种编程语言

考察应聘人员时，大多数公司都会把掌握多种编程语言看作一个加分项（有些公司甚至会明确提出这个要求）。当然，如果你是一个雇主，在雇佣新员工时，如果你招入的新员工同时懂得多门编程语言，那你肯定美滋滋的，心想这人招得真值。一个员工同时掌握多种编程语言，这意味着他可以胜任更多的工作岗位，并为公司贡献更大的价值。另一方面，由于使用另外一种语言重写现有应用程序往往比较耗时、容易出错，而且成本高昂，所以大多数公司都在寻找那些能够使用原有语言维护应用程序的人员，而不是从头重新构建那个应用程序。

从个人的角度看，掌握更多语言意味着你有机会得到更多有趣的工作，这样就不会因为每天做同样的事情而感到厌烦。另外，了解多种语言有助于减少挫败感。如今，大多数大型应用程序都是使用多种编程语言编写的。要想更好地理解应用程序及其工作原理，你就需要了解编写它的每种语言。

掌握多种语言还有助于你更快地学习新语言。经过一段时间，你会了解计算机语言的组织模式，这样你大可不必在基础知识上投入太多时间，可以直接进入高级主题的学习。你学习新技术的速度越快，你在计算机热门领域获得工作的机会就越大。简而言之，你掌握的语言越多，你眼前的门路就越广。

19.2 在一家小公司谋得一份IT工作

一家小公司可能只有一两个 IT 员工，这意味着你必须快速高效地做大量工作。使用 Python，你可以快速编写出各种实用程序和内部程序。Python 可能无法满足大型公司的需求，因为它是解释型语言（而且可能会被非技术人员窃取或篡改），但在较小的公司中使用 Python 是有意义的，因为它会让你拥有更大的访问控制，进行修改时也非常快。此外，Python 的应用场景很广泛，你几乎只需要使用 Python 就能解决遇到的所有问题，无需再借助别的工具。

TIP

有些开发人员并不知道，Python 也可以间接用在一些产品中。例如，尽管我们不能直接在 Internet Information Server（IIS）中使用 Python 脚本，但是你可以参照 Microsoft 知识库中一篇文章的步骤，向 IIS 添加 Python 脚本支持。如果你不确定某个应用程序是否支持使用 Python 编写的脚本，请到网络上查找答案。

你还可以在一些你认为不可能支持 Python 的产品中获得 Python 支持。例如，你可以在 Visual Studio 中使用 Python 来使用微软的技术。Visual Studio 网站中提供了关于 Python 支持的更多细节。

19.3 为软件产品编写脚本

有许多软件产品支持使用 Python 编写脚本。例如，Maya 就支持使用 Python 编写脚本。你可以先了解一下有哪些高端产品支持 Python 编写脚本，你可以为这些产品编写 Python 脚本来谋生。下面这些产品支持使用 Python 编写脚本：

- 3ds Max；
- Abaqus；
- Blender；
- Cinema 4D；
- GIMP；
- Google App Engine；
- Houdini；
- Inkscape；
- Lightwave；
- Modo；
- MotionBuilder；
- Nuke；
- Paint Shop Pro；
- Scribus；
- Softimage。

这只是冰山一角。你还可以使用 Python 和 GNU 调试器为复杂结构创建更容易理解的输出，比如那些在 C++ 容器中的结构。一些电子游戏也把 Python 作为脚本语言。简而言之，你可以使用 Python 这门编程语言为很多软件产品编写脚本，并把这作为一份工作。

19.4 管理网络

很多管理员会使用 Python 做各种各样的管理工作，比如监视网络健康状况或者创建自动执行某些任务的实用程序。管理员做管理工作时所拥有的时间通常会比较紧张，所以他们把一些任务做成自动化处理是非常好的做法。事实上，有些网络管理软件就是使用 Python 编写的，例如 Trigger。这些软件大部分都是开源的，你可以免费下载，并在你的网络上试用它们。另外，还有一些有趣的文章讨论了使用 Python 进行网络管理的内容，例如《网络工程师 Python 与自动化入门》（Intro to Python & Automation for Network Engineers）。最关键的是知道如何在网络上使用 Python，这可以大大减轻你的工作负担，并帮助你更轻松地完成任务。如果你想看一些网络管理的脚本，你可以在 freecode 网站上查看有“网络管理”（Network Management）标记的 25 个项目。

19.5 教授编程技术

许多教师都在寻找一种更快、更一致的计算机技术教学方法。Raspberry Pi 是一种单板电脑，成本低，适用于学校教学。这种小巧的设备可以连接到电视或电脑显示器，安装相当简单，但提供了完整的计算能力。有趣的是，在把树莓派变为编程教学平台的过程中，Python 扮演着十分重要的角色。

TIP

事实上，教师经常使用 Python 对树莓派的原有功能进行扩展，这样它就可以执行各种有趣的任务。有个名叫“鲍里斯”（Bris）的 Twitter 机器人非常有趣。如果你有明确的教学目标，那把树莓派和 Python 结合起来将是一个很棒的创意。

19.6 帮助人们确定地理位置

地理信息系统（Geographic Information System，GIS）提供了一种把商业需求和地理信息相结合的方法。比如，你可以使用 GIS 来确定新业务的最佳投放地点，或者确定货物运输的最佳路线。不过，GIS 可不仅仅用于确定地理位置，它还提供了一种比地图、报告和其他图形更好的传递位置信息的方法，以及向其他人展示物理位置的方法。同样有趣的是，许多 GIS 产品都使用 Python 作为编写语言。事实上，目前有大量与 GIS 有关的 Python 信息可用，例如：

- GIS 和 Python 软件实验室（The GIS and Python Software Laboratory）；
- Python 和 GIS 资源（Python and GIS Resources）；
- GIS 编程和自动化（GIS Programming and Automation）。

许多特定于 GIS 的产品，比如 ArcGIS 都使用 Python 做任务自动化。整个社区围绕这些软件产品进行开发，例如用于 ArcGIS 的 Python。总而言之，你可以在计算之外的领域使用你的新编程技能来赚取收入。

19.7 数据挖掘

每个人都在收集自己和周围其他事物的数据。如果没有大量经过精密调校的自动化的辅助，从海量数据中筛选有用数据是一项不可能完成的任务。Python 是一门灵活、简洁的语言，这让它成为数据挖掘从业人员的最爱。事实上，你可以找到关于这个主题的一本在线图书《程序员数据挖掘指南》（A Programmer's Guide to Data Mining），Python 让数据挖掘变得更加容易。数据挖掘的目的是识别趋势，即寻找隐藏在数据中的各种模式。在 Python 中应用人工智能技术让模式识别成为可能。有一篇关于这个主题的论文"数据挖掘：使用 Python 发现和可视化模式"（Data Mining: Discovering and Visualizing Patterns with Python），它会帮助你理解这种分析是如何实现的。你可以使用 Python 创建合适的工具来查找模式，而这些模式可能会帮助你找到一些被竞争对手忽视的销售机会。

REMEMBER

当然，数据挖掘不仅仅用于促进销售。例如，人们可以使用数据挖掘来增加我们对宇宙的了解，比如在恒星周围寻找新行星或其他分析。Python 也被应用到这种数据挖掘中。对于你想做的数据挖掘，你可能会找到许多相关书籍和资源，这些书籍和资源中的大部分都会把 Python 作为首选语言。

19.8 嵌入式系统

嵌入式系统几乎无处不在。比如，你家里的可编程恒温器就是一个嵌入式系统。我们在本章前面提到过的树莓派是一个更复杂的嵌入式系统。许多嵌入式系统都把 Python 作为它们的编程语言。实际上，这些设备使用的是一种特殊版本的 Python，叫嵌入式 Python。你甚至可以在 YouTube 上看到一个关于如何使用 Python 构建嵌入式系统的视频。

有趣的是，你现在可能已经在用由 Python 驱动的嵌入式系统了。例如，Python 是许多汽车安全系统的首选语言。你使用的远程启动功能就是借助 Python 来工作的。你家里的自动化和安全系统使用的也可能是 Python。

Python 之所以在嵌入式系统中广受欢迎，是因为它不需要编译。嵌入式系统厂商可以为所有嵌入式系统创建一个更新，并简单地上传 Python 文件。解释器会自动使用这个文件，你无需上传任何新的可执行文件，也不会遇到使用其他语言会碰到的一大堆问题。

19.9 做科学计算任务

与许多计算机语言相比，Python 似乎在科学计算和数值处理方面投入了更多的时间。Python 的科学计算和数值处理包的数量惊人。科学家们喜欢使用 Python，因为它体积小、易于学习，而且处理起数据来也相当精确。你只需要敲几行代码就可以获得结果。当然，你可以使用另外一种语言来得到一样的结果，但是另一种语言中可能不包含用于执行指定任务的预构建包，即便有，也需要使用很多行代码才能搞定。

空间科学和生命科学这两门科学都有专用的 Python 包。比如，有一个 Python 包专门用于执行与太阳物理学相关的任务。你还可以找到专门用于基因组生物学的 Python 包。如果你从事科研工作，那你掌握的 Python 知识会大大加快你出科研成果的能力，相比之下，你的同事仍在试图搞清如何分析数据。

19.10 实时数据分析

做决策需要及时、可靠和准确的数据。这些数据的来源各种各样，在使用之前我们需要对数据进行一些分析。很多人都会使用 Python 来进行数据分析。他们使用 Python 调查这些不同的信息源，进行必要的分析，最后把获取的信息上报给经理。这类任务是经常出现的，每次采用手工来做都会耗费大量的时间。事实上，这纯粹是浪费时间。当经理刚着手去做相关工作时，做决定的时机可能早已经过去了。借助 Python，我们可以快速执行指定的任务，进而对决策产生重大影响。

前面几节我们讲了 Python 在数据挖掘、数值计算和图形处理方面的应用。Python 学起来没有 C++ 那么复杂，通过使用它，管理人员都可以把上面这些优点综合起来，运用到实际工作中。另外，使用 Python 时，更改变得很容易，而且管理人员不必学习程序编译等编程技术，只需要将包中的代码进行少许更改就能顺利完成指定的任务。

就像本章提供的其他职业线索一样，找工作的时候，跳出思维定势是很重要的。很多工作都需要实时分析。比如，向太空发射火箭、控制产品流通、确保包裹按时送达，以及其他各种依赖及时、可靠和准确数据的工作。所以，只要你 Python 水平好，就完全可以谋得一份进行实时数据分析的工作。

本章概要

调试、测试、部署程序

为程序编写文档和版本控制

编写程序代码

使用交互式环境

第20章

十大提升你Python技能的工具

与其他大多数编程语言一样，Python 拥有强大的第三方支持，它们提供了各种各样的工具。这些工具在创建应用程序的过程中能够大大增强 Python 的功能。调试器是一种工具，因为它是一种实用程序，而库不是，库是用来创建更好的应用程序的（第 21 章我们会讲一些常用库）。

即使我们把工具和非工具（比如库）区分开，也不能让工具的数量明显减少。Python 有大量常规工具和特殊工具的支持，这些工具被分成以下 13 类：

- 自动化重构工具；
- Bug 跟踪工具；
- 配置和构建工具；
- 部署工具；
- 文档工具；
- 集成开发环境；
- Python 调试器；
- Python 编辑器；
- Python Shell ；

- Skeleton Builder 工具；
- 测试软件；
- 有用模块；
- 版本控制。

值得注意的是，Python DevelopmentTools 页面上的列表是不完整的。除此之外，你还可以在其他一些网页中看到大量的 Python 工具。

其实，只使用一个章节是不可能介绍完所有 Python 工具的，本章只挑选了几个需要特别关注的工具进行讲解。如果你对本章内容感兴趣，你可以自己去网上查找一些其他工具学习一番。你可能会发现，有些自己想创建的工具其实早就有了，而且不止一种。

20.1 使用Roundup Issue Tracker跟踪Bug

现在有很多 bug 跟踪站点可供我们使用，比如：Github、Google Code、BitBucket、Launchpad。不过，这些公共站点用起来通常都没有你自己定制的本地化 Bug 跟踪软件那样方便。你可以在本地机器上选用多种跟踪系统，但是 Roundup Issue 跟踪器是其中更好的一个。Roundup 可以运行在所有支持 Python 的平台下，提供了如下基本功能：

- Bug 跟踪；
- 管理 TODO 列表。

如果你愿意在安装上多下点功夫，你就可以获得更多的功能，这些额外功能体现的正是 Roundup 和其他产品不同的地方。但是，要获取这些功能，你可能需要安装其他产品，比如数据库管理系统（DBMS）。Roundup 的产品说明中指出了你要安装什么以及它和哪些第三方产品是兼容的。安装完成后，你会获得如下这些功能。

- 客户支持，包含如下：
  - 电话应答向导；
  - 网络链接；
  - 系统和开发问题跟踪工具。
- 互联网工程任务组（Internet Engineering Task Force，IETF）的问题管理。
- 销售趋势跟踪。

- 会议论文投稿。
- 双盲评审管理。
- 博客（目前还很简陋，以后会变得很强大）。

20.2 使用VirtualEnv创建虚拟环境

创建虚拟环境的理由很多，但主要原因还是为了创造一个安全、已知的测试环境。每次都使用相同的测试环境，这样可以保证应用程序拥有稳定的测试环境，直到你在类似产品的环境中完成足够的测试。VirtualEnv 为我们提供了创建虚拟 Python 环境的方法，你可以使用它进行早期测试，或者诊断由环境原因引发的问题。请务必记住，你最少需要做 3 个标准级别的测试。

- **Bug**：检查程序中的错误。
- **性能**：验证程序是否满足运行速度、可靠性、安全性方面的要求。
- **可用性**：验证程序是否符合用户需求，是否能够按照用户期望的方式响应用户输入。

根据大多数 Python 应用程序的使用方式（相关内容参阅第 19 章），Python 应用程序在实际工作环境中通常不需要运行在虚拟环境下。大多数 Python 应用程序都需要访问外部环境，但虚拟环境会阻止这种外部访问行为。

永远不要在生产服务器上测试程序

一些开发人员常犯的一个错误是在生产服务器上测试尚未发布的程序，这使得用户可以很容易地访问到它。永远不要在生产服务器上测试你的程序，原因有很多，其中最重要的一个是这样做会导致数据丢失。如果允许用户访问尚未正式发布的程序，而这个程序又包含可能会损坏数据库或其他数据源的 Bug，这样就有可能造成数据的永久丢失或损坏。

你还要注意，你只有一次赢得别人好感的机会。许多软件项目的失败是因为用户最终抛弃了它。即便应用程序是完整的，但是没有人会使用它，因为用户认为应用程序在某些方面存在缺陷。用户心中只有一个目标，那就是尽快完成工作，然后回家。当用户发现某个程序在浪费他们的时间时，他们就不会再使用它了。

此外，未发布的应用程序有可能存在安全漏洞，心怀恶意的人可能利用这些漏洞非法访问你的网络。如果你的门是开着的，任何人都能进来，那不管你的安全软件有多棒都没什么用。当他们进来之后，你再想摆脱他们几乎是不可能的，即使你真的摆脱了他们，但这时对数据的损害已经发生了。从安全漏洞恢复是很难的，有时甚至是不可能的。简而言之，永远不要在生产服务器上测试你的应用程序，这样做的成本太高了。

20.3 使用PyInstaller安装你的应用程序

一般，用户都不希望在应用程序安装上花费太多时间，不管这个程序最终会给他们带去多大的帮助都是如此。即使你可以让用户去尝试安装程序，但不太懂计算机的用户也有可能会安装失败。简而言之，你需要有一种万无一失的方法，帮助用户把程序顺利地安装到自己的计算机中。PyInstaller 可以帮你做到这一点，它会为你的应用程序生成了一个安装包，用户使用这个安装包就可以很容易地把程序安装到自己的系统中。

幸运的是，PyInstaller 可以在所有支持 Python 的平台上工作，所以你只需要一个工具就可以满足所有安装需求。另外，必要时，你还可以获得特定平台的支持。例如，在 Windows 平台下，你可以创建有代码签名的可执行文件。Mac 开发人员很喜欢 PyInstaller 为 bundle 提供了支持。大多数情况下，尽量避免使用特定于平台的特性，除非你真的需要它们。当你使用了特定于某个平台的特性时，安装只能在这个平台上才能成功。

不要使用孤立的工具

网络上有一些 Python 工具是孤立的，其开发者已不再支持它们。但有些开发人员仍然在使用这些工具，因为他们喜欢这些工具所支持的特性或工作方式。但是，这样做是有风险的，因为你不能确定这个工具是否能和最新版本的 Python 协同工作。选择工具时，要尽量选择那些受生产厂商完全支持的工具。

如果你必须使用孤立的工具（例如做某个工作时只有孤立的工具可用），那请你确保所用的工具仍然有良好的社区支持。或许工具的生产商已经不再存在了，但至少在你需要支持时，有社区为你提供有用的信息。请注意，使用那些不受支持的工具可能会浪费你大量的时间，因为它们可能无法正常工作了。

我们在网上找到的许多安装工具都是特定于某个平台的。例如，当你寻找一款用于创建可执行文件的安装工具时，你需要注意这个工具创建出的可执行文件是不是特定于某个平台的（至少在你指定的平台上可以运行）。重要的是，你选用的安装工具在任何地方都能正常工作，这样就不会创建出用户无法使用的安装包。如果安装包有问题，那不管你选用什么样的跨平台语言都无济于事。

20.4 使用pdoc创建开发人员文档

与应用程序有关的文档有两种：用户文档和开发人员文档。用户文档介绍如何使用应用程序，而开发人员文档则描述应用程序如何工作。库只需要一种文档，即开发者文档，而桌面应用程序则只需要用户文档。但是，服务可能同时需要这两种文档，这取决于用户是谁以及服务如何组合在一起。大多数文档可能都会影响到开发人员，而 pdoc 是一个创建它的简单解决方案。

pdoc 实用工具使用你插入到代码中的文档字符串和注释来创建文档，其输出是文本文件或 HTML 文档。你还可以让 pdoc 以 Web 服务器的方式运行，这样人们可以直接在浏览器中查看文档。pdoc 实际是 epydoc 的替代品，现在 epydoc 的发起人已经不再支持 epydoc 了。

什么是文档字符串?

第 5 章和本章中都提到了文档字符串（docstrings）。文档字符串是一种特殊注释，使用三重引号括起，如下所示：

```
"""This is a docstring."""
```

你可以把文档字符串和一个对象关联起来，例如包、函数、类和方法。在 Python 中，你创建的任何代码对象都可以有一个文档字符串。文档字符串的目的是描述对象，因此要使用描述性的语句。

查看文档字符串最简单的方法是在对象名称之后使用 __doc__() 方法。比如，键入 print(MyClass.__doc__()) 将显示 MyClass 的文档字符串。此外，你还可以使用帮助（比如 help(MyClass)）来访问文档字符串。好的文档字符串用来指出对象做什么，而非如何去做。

此外，第三方实用工具也可以使用文档字符串。借助于合适的实用工具，你可以为整个库编写文档，而不必亲自动手编写。你使用的实用工具会通过库中的文档字符串来创建文档。如此看来，即使文档字符串和注释有着不同的用途，但它们在 Python 代码中同样重要。

20.5 使用Komodo Edit编写程序代码

本书有几章讲到了有关交互式开发环境（Interactive Development Environment，IDE）的内容，但并未给出具体的建议（除了本书使用 Jupyter Notebook）。选择 IDE 时，主要看开发者的需求、技能水平以及要创建的应用程序类型。具体到某类应用程序的开发，有些 IDE 的确要比其他的好用。对开发新手来说，最好用的 IDE 当数 Komodo Edit。你可以免费下载这个 IDE，它包含了丰富的特性，让你获得比使用 IDLE 更好的编码体验。下面是 Komodo Edit 提供的一些功能：

- 支持多种编程语言；
- 关键字自动补全；
- 缩进检查；
- 项目支持，自动生成部分程序代码；
- 良好支持。

但是，Komodo Edit 和其他 IDE 有个明显的不同，那就是它提供了一个升级路径。当你发现 Komodo Edit 无法再满足你的需求时，你可以升级到 Komodo IDE，Komodo IDE 包含对许多专业级特性的支持，比如代码分析（检查应用程序速度的功能）和数据库浏览器（让数据库更易用）。

20.6 使用pydbgr调试程序

高端 IDE（如 Komodo IDE）都会带有完整的调试器，就连 Komodo Edit 也带有一个简单的调试器。但是，如果你选用的是体量更小、价格更便宜、功能更少的 IDE，那你可能根本就看不到有调试器存在。调试器可以帮你找出程序中的错误并修复它们。调试器越好，查找和修复错误所需要的工作量就越少。如果你使用的代码编辑器不带调试器，那你一定要找个外部调试器使用，比如 pydbgr。

REMEMBER

一款好的调试器包含许多标准特性，比如代码着色（使用颜色来表示关键字之类的内容）。除此之外，不同调试器各自还有一些非标准特性，这使它们彼此不同。下面是 pydbgr 的一些标准和非标准特性，如果你用的代码编辑器没有附带调试器，pydbgr 会是一个不错的选择。

- **智能求值：** 求值命令帮助我们了解执行某行代码时会发生什么，当然指的是这行代码在程序中实际运行之前。它有助于我们进行假设分析，用以了解程序中有哪些地方可能会出现问题。

- **跨进程调试**：一般来说，我们只能调试驻留在同一台机器上的应用程序。实际上，调试器是应用程序进程的一部分，这意味着调试器本身可能会妨碍到调试过程。为此，我们可以使用跨进程调试，这样调试器就不会影响到应用程序，你甚至可以不必在与调试器相同的机器上运行应用程序。
- **全面字节码检查**：有时，查看代码转换为字节代码（Python 解释器真正理解的代码）的过程有助于我们解决棘手的问题。
- **事件过滤和跟踪**：当你的程序在调试器中运行时，它会产生一些事件，这些事件可以帮助调试器了解发生了什么。比如，移动到下一行代码会产生一个事件，从函数调用返回会产生另一个事件，等等。借助这个功能，我们可以控制调试器如何跟踪应用程序以及对哪些事件做出反应。

20.7 使用IPython进入交互环境

Python Shell 可以很好地应用在许多交互任务中。但是，如果你使用过它，你可能已经发现它有一些缺陷。其中，最大的缺陷是 Python Shell 是纯文本环境，你必须在其中键入命令来执行给定的任务。更高级一点的 Shell，比如 IPython，支持 GUI 界面，这使交互环境更友好，这样你就不必记忆各种古怪的命令了。

REMEMBER

其实，IPython 不仅仅是一个简单的 Shell。它提供了一个环境，你可以在这个环境中以新的方式和 Python 进行交互，例如以图形方式显示你使用 Python 创建的公式的结果。此外，IPython 还是一个容纳其他语言的前端。IPython 应用程序向后台的真正的 Shell 发送命令，因此你可以使用其他语言的 Shell，比如 Julia 和 Haskell。（即使你从未听说过这些语言，也不必担心。）

IPython 最令人兴奋的特性之一是它能够在并行计算环境下工作。一般 Shell 都是单线程的，这意味着什么并行计算都做不了，你甚至不能创建多线程环境。仅凭这个特性，IPython 就值得你试一试。

20.8 使用PyUnit测试Python应用程序

某些时候，你需要测试一下自己的应用程序，以确保它们按照预期工作。测试时，你可以通过一次输入一个命令并验证结果来进行测试，或者将这个过程自动化。显然，自动化这个方法会更好，因为你可不想把所有时间都花在测试上，连回家吃饭的时间都没有了，而且手工测试非常非常慢（尤其是当你犯了错误时，这种情况肯定会发生）。PyUnit 等工具极大地简化了单元测试（对单个特性进行的测试）过程。

PyUnit 的优点是允许你创建真实的 Python 代码来执行测试。简单地说，你编写的脚本是另一个专门的程序，用于测试主应用程序是否有问题。

或许你会觉得脚本（非你专门编写的应用程序）中可能会有很多 Bug。其实，测试脚本一般都设计得非常简单，这会大大减少脚本中的错误，并让脚本中的错误很容易被发现。即便如此，错误有时还是会出现。因此，当你无法找到应用程序中的问题时，你就的确需要检查一下脚本了。

20.9 使用Isort整理代码

整理代码看上去像是一件很小的事，但是如果你不注意这一点，你的代码很可能会变得乱糟糟的，尤其是当你没有把所有 import 语句按照字母顺序放到文件顶部时，代码看起来会更乱。在某些情况下，如果你的代码不够整洁，你就很难（并非不可能）弄清楚它到底怎么了。Isort 实用程序只对 import 语句进行排序，并确保它们全部位于源代码文件的顶部，这看上去微不足道，但对你理解和修改源代码有很大的帮助。

有时只要了解某个特定模块需要哪些模块，就可以帮助我们快速找出潜在的问题。例如，你的系统中安装了某个老版本的模块，那了解应用程序都需要哪些模块就可以使查找那个模块的过程变得更容易。

此外，在把应用程序分发给用户时，了解应用程序需要哪些模块也很重要。只有用户的系统中安装了程序所需要的模块，才能确保程序按照预期运行。

20.10 使用Mercurial进行版本控制

你在学习本书的过程中创建的那些应用程序其实都不复杂。事实上，在你读完这本书并转向更高级的学习之后，你都不太可能需要版本控制。不过，当你进入一个有组织的开发环境中工作、实际开发满足用户需求的应用程序时，版本控制就变得非常重要。简单地说，版本控制就是跟踪发布到实际生产环境中的不同程序版本，并记录不同程序版本之间发生的变化。当你说你在使用 MyApp 1.2 时，你指的是 MyApp 应用程序的 1.2 版。为程序打版本标识很有意义，当程序修改了缺陷或进行了改进之后，版本标识能够让人们知道自己使用的是哪一个版本。

Python 版本控制工具有很多种，其中比较有趣的工具是 Mercurial。对于几乎所有可运行 Python 的平台，Mercurial 都提供了相应版本，这样在更换平台时你就不必再担心无法使用 Mercurial 了。（对于你使用的平台，如果 Mercurial 没有提供相应的可执行文件，你可以从官方站点下载 Mercurial 源代码自己构建一个。）

与其他产品不同，Mercurial 是免费的。即便你打算以后改用其他更高级的产品，你也可以从使用 Mercurial 管理一个或两个项目的过程中获得有用的经验。

源代码管理（SCM）是指把应用程序的各个版本存储在不同的地方，以便根据需要撤消或重做对源代码所做的修改。对许多人来说，源代码管理似乎是一项艰巨的任务。Mercurial 环境相当友好，你可以在其中学习 SCM。当你需要返回到程序的旧版本或修复新版本中出现的问题时，应用程序各个版本的源代码必须可用才行。

Mercurial 最棒的地方在于它有一个很好的在线教程。学习 SCM 最好的方法是在你自己的机器上一步步地跟学，哪怕只是翻一翻这些材料也是很有用的。教程的第一部分是关于如何安装 Mercurial 的。然后，教程讲解如何创建存储库（存储应用程序各个版本的地方），并在创建应用程序代码时使用存储库。学完这个教程之后，你会对源代码控制的原理以及为什么版本控制是应用程序开发的一个重要部分有很好的了解。

本章概要

使用 cryptology 保护数据

管理和显示数据

使用图形

查找所需信息

访问 Java 代码

第21章

你必须知道的十大Python库

Python 提供了非常强大的功能，我们可以使用它轻松地创建各种应用程序。有些应用程序专用性较强，需要对它们进行某种特殊处理，才能让它们正常工作。而这就是各种 Pyton 库发挥作用的地方。一个好的库会大大扩展 Python 的功能，以满足你的特殊编程要求。比如，有时你可能需要绘制统计数据，或者使用科学仪器，这时就要用到一些专门的 Python 库。

TIP

在线查找库的最佳地点之一是 UsefulModules 站点。除此之外，你还通过其他各种手段来查找库。比如《你应该知道的 7 个 Python 库》（7 Python Libraries you should know about）这篇文章就为我们相对完整地介绍了 7 个 Python 库。如果你在特定平台（比如 Windows）下工作，可以找到特定于该平台的站点，比如 Python 扩展包的非官方 Windows 二进制文件。在网络的各个地方，你都可以找到各种 Python 库的列表。

本章精心挑选了 10 个常用的 Python 库进行介绍，这些库几乎可以工作在各种平台下，它们所提供的服务几乎每个人都会用到。本章介绍的 Python 库实用性很强，掌握了这些库之后，你可以直接把它们应用到自己编写的应用程序中，这样不仅能大大加快程序的开发速度，还能保证程序的质量。

21.1 使用PyCrypto保护数据安全

数据安全是编程工作的一个重要组成部分。应用程序之所以如此受重视，是因为我们可以借助应用程序很轻松地操作和使用各种类型的数据。另一方面，应用程序必须要保护数据，否则处理数据的努力就会付诸东流。数据是企业最宝贵的资产，而应用程序只是一个工具。数据保护的部分原因是确保没有人能够窃取它或者以原作者所不希望的方式使用它，这正是 PyCrypto 等加密库要发挥作用的地方。

PyCrypto 库主要用来把你的数据转换成其他人无法识读的形式，并把数据保存到永久存储介质中。这种对数据进行有目的的修改的方式称为加密。但是，当你将数据读入内存时，解密程序会读取加密数据并将其转换回原始形式，以便应用程序做进一步处理。这个过程中，起关键作用的是密钥，它用于加密和解密数据。确保密钥安全也是应用程序开发的一部分。你之所以能够释读加密数据是因为你有密钥，而别人不能，因为他们没有密钥。

21.2 使用SQLAlchemy与数据库交互

本质上，数据库是在磁盘上存储重复或结构化数据的一种组织方式。例如，客户记录（数据库中的一个条目）是重复的，因为每个客户都有相同的信息需求，比如姓名、地址和电话号码。数据的精确组织决定了你使用的数据库类型。有些数据库产品专门针对文本数据的组织，有些专门针对表格信息，还有一些专门针对随机数据（比如从科学仪器中获得的读数）。数据库可以采用树状结构或平面文件来存储数据。当你开始学习数据库管理系统（DBMS）技术时，你会听到各种古怪的术语——其中大部分只对数据库管理员（DBA）有意义，我们并不需要了解它们。

最常见的数据库类型称为关系数据库管理系统（RDBMS），这种数据库使用数据表来存储数据，数据表由记录和字段组成，就像你在纸上绘制的表格一样。每个字段都是列（包含同类型信息）的一部分（比如客户名）。数据表之间以各种方式相互关联，这样就能创建出各种复杂的关系。例如，在采购订单表中，每个客户可能有一个或多个条目，所以客户表和采购订单表是相互关联的。

RDBMS 使用“结构化查询语言”（Structured Query language, SQL）这种特殊的语言来访问数据库中的各个记录。当然，你需要一些与 RDBMS、SQL 打交道的方法，这正是 SQLAlchemy 发挥作用的地方。使用 SQLAlchemy 可以大大减少要求数据库执行诸如返回特定客户记录、创建新客户记录、更新现有客户记录和删除旧客户记录等任务所需要的工作量。

21.3 使用谷歌地图看世界

地理编码［从地理数据（例如地址）中找到地理坐标，如经纬度］在现实世界有很多应用。人们可以利用这些信息来做很多事情，比如查找好的餐馆、帮助高山徒步者定位等。今天人们最常用的导航也是建立在地理编码基础上的。谷歌地图允许你向应用程序添加方向数据。

除了导航和定位之外，谷歌地图还可以应用在地理信息系统（GIS）应用程序中。第 19 章的“帮助人们确定地理位置”一节更为详细地介绍了这种特殊的技术，但本质上，GIS 主要用来确定某个东西的位置或者为某项任务选择合适的地点。简而言之，谷歌地图可以让你的应用程序查看相关的地理信息，这有助于用户做出正确的决策。

21.4 使用TKInter创建图形用户界面

用户更喜欢图形用户界面（GUI），因为它更友好，并且用起来比命令行界面更简单。有许多库都可以为你的 Python 应用程序提供 GUI。其中，最常用的是 TkInter 库。开发人员非常喜欢使用它，因为 TkInter 用起来很简单。TkInter 实际上是 Python 对 Tcl/Tk 的一个封装。许多语言都把 Tcl/Tk 用作创建 GUI 的基础。

TIP

你可能不喜欢为自己的应用程序中添加 GUI。因为这样做往往会很耗时，并且也不能为应用程序增加新功能（在许多情况下，GUI 还会拖慢应用程序的运行速度）。可问题是用户喜欢使用 GUI，如果你希望自己的应用程序有很大的用户群，那你就需要为程序添加 GUI，以满足用户的这种需求。

21.5 使用PrettyTable以表格形式呈现数据

以用户能够理解的方式显示表格数据非常重要。从本书的示例可以知道，Python 以最适合编程需求的形式存储这种类型的数据。但是，用户需要的是一种自己可以理解并具有视觉吸引力的组织方式。借助 PrettyTable 库，我们可以很容易地向命令行应用程序添加吸引人的表格呈现形式。

21.6 使用PyAudio为程序添加声音

声音是一种向用户传达某种信息的有效方式。当然，你在使用声音时必须小心，因为有些特殊用户可能无法听到声音，并且，对于那些能够听到声音的用户来说，过多地使用声音有可能会干扰正常的业务操作。不过，声音有时的确是一种向用户传递更多信息的有效手段（或者只是向程序添加一些装饰性的声音，以增加应用程序的趣味性）。

PyAudio 库是跨平台的，它可以让声音和 Python 应用程序一起工作。使用这个库，我们可以根据需要轻松地录制和播放声音（比如用户可以先针对要做的任务录制音频备忘，然后根据需要播放列表中的任务）。

Python 声音分类技术

声音在计算机中有多种形式。Python 的基础多媒体服务提供了基本的回放功能。你还可以编写某些类型的音频文件，但是可选的文件格式受到限制。另外，有些包是平台相关的，比如 winsound，你不能在平台无关的应用程序中使用它们。标准的 Python 包只为回放系统声音提供了基本的多媒体支持。

音频增强功能是为提高应用程序的可用性而设计的，它由 PyAudio 等库提供。不过，这些库通常只关注于业务需求，例如录制备注并稍后回放。高保真输出并不在这些库的计划之内。

游戏玩家需要特殊音频的支持，才能确保他们能够听到特殊音效，比如怪物在他们身后走动的声音。这些需求由 PyGame 等库来解决。使用这些库时，你需要更高端的设备，并且必须拿出相当多的时间投入到应用程序的声音功能上。

在计算机上处理声音总要涉及权衡取舍问题。比如，如果你要使用某个独立于平台的库，那意味着你可能无法利用特定平台的特殊特性。此外，你使用的库可能不支持特定平台中的所有文件格式。使用独立于平台的库是为了确保你的应用程序为与之交互的所有系统提供最基本的声音支持。

21.7 使用PyQtGraph操作图像

人类是视觉性动物。在向人们传递同样一段信息时，有两种不同的方式，一种是表格形式，另一种是图形形式，就信息传递效果来说，图形总是赢家。图形可以帮助人们了解趋势，理解数据为何会这样变化。不过，从屏幕上获取这些表示表格信息的像素是很困难的，这正是我们需要使用 PyQtGraph 这类库的原因，使用这些库可以大大简化这个过程。

尽管 PyQtGraph 库是围绕工程、数学和科学需求设计的，但是你完全可以把它用在其他用途中。PyQtGraph 库支持 2D 和 3D 显示，你可以使用它基于数字输入生成新的图形。输出完全是可交互的，用户可以选择图像的各个区域进行增强或进行其他操作。此外，PyQtGraph 库还提供了大量有用的控件（比如可以在屏幕上显示的按钮等），这大大简化了编码过程。

与本章提到的其他库不同，PyQtGraph 不是一个独立的库，这意味着你必须安装其他库才能使用它。这并不出人意料，PyQtGraph 可以做很多很多工作，这必然需要许多其他库的支持。你必须在自己的系统中安装如下内容才能使用它：

- Python 2.7 或更高版本；
- PyQt 4.8 或更高版本或 PySide；
- numpy；
- scipy；
- PyOpenGL。

21.8 使用IRLib查找信息

当信息规模增大到一定程度后，信息查找起来就会很难。我们可以把计算机硬盘看作一个大型的、自由格式的、基于树的数据库，只是这个数据库没有索引。当这样的结构变得很大很大时，数据就会丢失（不信？你可以试着找找去年夏天拍的照片，看能否快速找到）。所以，在应用程序中内置某种搜索功能就显得格外重要，这样做可以方便用户查找丢失的文件或其他信息。

Python 的搜索库有很多，大多数搜索库的问题是很难安装或者不能提供一致的平台支持。事实上，其中有些库只能在一两个平台下工作。但是，IRLib 是用纯 Python 编写的，这使得它可以工作在各个平台下。如果你觉得 IRLib 无法满足你的需求，你可以选用其他库，但是要保证所选用的库在你选择的各个平台上都能提供所需要的搜索功能，并且安装较为简单。

IRLab 工作时会为你要使用的信息创建搜索索引。你可以把索引保存到磁盘上以备后用。搜索机制通过使用度量工作，你可以找到一个或多个最适合搜索条件的条目。

21.9 使用JPype创建可互操作的Java环境

Python 确实有大量库可用，而且这些库你不见得都用。有时，你可能会遇到这样一种情况：你找到了一个非常适合的 Java 库，但是你的 Python 程序却不能直接使用它，你必须解决一大堆问题才可以使用它。这时 JPype 库就派上用场了，借助 JPype 库，我们可以直接让 Python 代码访问大多数（但不是全部）Java 库。这个库工作时会在字节码级别上搭建一座沟通两种语言的桥梁，你不需要做任何事，就能让 Python 应用程序使用 Java。

把 Python 程序转换为 Java

有许多不同的方法可以在两种语言之间实现互操作。像 JPype 库那样，在两种语言之间搭建一座桥梁也是一种方法。另一种方法是把一种语言编写的代码转换为另一种语言代码，Jython 就采用了这种方法。Jython 会把 Python 代码转换为 Java 代码，这样你就可以在应用程序中充分利用 Java 的功能，同时又有自己喜欢的 Python 特性。

不论使用哪种方法，你都需要在语言互操作性方面进行权衡。如果使用 JPype 库，那么有些 Java 库你将无法访问。并且，使用 JPype 库会导致程序的运行速度有一定下降，这是因为 JPype 桥在不断地转换调用和数据。Jython 的问题在于转换之后你将失去修改代码的能力。你所做的任何改动都会在原始 Python 代码与相对应的 Java 代码之间造成不兼容。简而言之，对于如何把两种语言的最好特性整合到一个应用程序这个问题，至今没有一个完美的解决方案。

21.10 使用Twisted Matrix访问本地网络资源

根据你的网络设置，你可能需要访问无法通过平台自身访问的文件和其他资源。在这种情况下，你就需要使用类似 Twisted Matrix 这样的库来帮你实现这种访问。这个库的基本思想就是为你提供建立连接所需的调用，不论你使用哪种协议都可以。

WARNING

Twisted Matrix 库之所以如此有用，是因为它是事件驱动的。也就是说，在等待网络响应期间，你的应用程序无需挂起。此外，事件驱动方式让异步通信（一个例程发送请求，然后由另一个完全独立的例程处理）很容易实现。

21.11 使用httplib2访问网络资源

虽然使用 Twisted Matrix 这样的库可以轻松地处理在线通信，但在使用 Internet

时，最好是使用专门的 HTTP 协议库，因为这样的库运行速度更快，功能也更完备。当你特别需要 HTTP 或 HTTPS 的支持时，最好选用 httplib2 这样的库。httplib2 库是用纯 Python 编写的，使用它处理特定于 HTTP 的需求（比如设置 Keep-Alive 值）会更容易。（Keep-Alive 值用于确定端口保持打开状态等待响应的时间，这样应用程序就不必不断地重新创建连接，从而避免了资源和时间的浪费。）

你可以把 httplib2 应用到特定于 Internet 的方法上，它提供了对 GET 和 POST 请求方法的全面支持。这个库还支持标准 Internet 压缩方法，比如 deflate 和 gzip，还有一定程度的自动化，例如，当资源缓存好之后，httplib2 会把 ETags 放回到 PUT 请求中。